本书来源　科技部科技惠民计划项目“蓟县水源保护区农村生态环境改善科技惠民综合示范项目”

农村生态环境改善适用技术与工程实践

李燃　常文韬　闫平　编著

图书在版编目（CIP）数据

农村生态环境改善适用技术与工程实践 / 李燃，常文韬，闫平编著.
— 天津 ：天津大学出版社，2018.1
科技部科技惠民计划项目《蓟县水源保护区农村生态环境改善科技惠民综合示范项目》
ISBN 978-7-5618-6039-7

Ⅰ. ①农… Ⅱ. ①李… ②常… ③闫… Ⅲ. ①农村生态环境—环境保护—研究—中国 Ⅳ. ①X322.2

中国版本图书馆 CIP 数据核字（2018）第 024917 号

出版发行　天津大学出版社

地　　址　天津市卫津南路 92 号天津大学内（邮编 300072）
电　　话　发行部：022-27403647
网　　址　publish.tju.edu.cn
印　　刷　廊坊市瑞德印刷有限公司
经　　销　全国各地新华书店
开　　本　185mm x 260mm
印　　张　14.75
字　　数　360 千
版　　次　2018 年 1 月第 1 版
印　　次　2018 年 1 月第 1 次
定　　价　69.00 元

编委会

前　言

随着经济的快速稳步发展和国家对农村经济的支持，农村的生活条件和生活水平有了显著提高。然而，大城市中心城区周边的农村地区，在享受大城市发展福利的同时，也受到大城市资源黑洞的影响，使得农村环境问题逐渐突显。长期以来，对农村环境保护工作重视不足所形成的城市化周边“灯下黑”问题日益突出，特大型缺水城市周边村镇在城乡一体化过程中所暴露的城市环境基础设施辐射不足、垃圾堆存、土壤污染且退化等问题已从更广泛的层次上威胁到了城乡居民的群体健康和社会稳定。特别是大型城市饮用水源地保护区、水源补给区内的农村地区，其生态环境的破坏直接影响到几百万人的饮水安全。

本书依托科技部科技惠民计划项目“蓟县水源保护区农村生态环境改善科技惠民综合示范项目”，针对当前新型城镇化进程中农村地区日益突出的饮水安全、生活污水、生活垃圾和土壤污染等生态环境问题，以改善民生为出发点和落脚点，以提升和改善农村生态环境、推动农村地区可持续发展为目标，汇总梳理适用于农村地区的安全供水、生活污水和垃圾处理、农业废弃物资源化利用、土壤修复、畜禽养殖污染处理等先进成熟技术，为农村生态环境保护和治理提供技术选择。依托项目开展的农村饮用水安全供水系统、农村污水处理系统、农村生活垃圾收集处理资源化利用和污染土壤修复与重建推广体系等综合示范工程，为农村地区开展适用技术优选、系统集成、工程实施、推广应用等提供实践借鉴。同时，以农村基础设施和公共服务设施均等化为目标，从道路、环境、绿化、景观等基础设施和卫生、文化、宣教、体育等公共服务设施方面，提出农村基础设施和公共服务设施建设和提升综合规划技术，为农村环境整体改善、建成农民群众满意的农村公共服务体系提供规划和管理对策建议。

本书分为3个篇，共15章。

第一篇，综合规划篇，包括第1至5章，以农村基础设施和公共服务设施均等化为目标，结合农村实际，从道路、环境、绿化、景观等基础设施和卫生、文化、宣教、体育等公共服务设施方面，提出农村基础设施和公共服务设施建设和提升综合规划技术，为农村环境整体改善、建成农民群众满意的农村公共服务体系提供规划和管理对策建议。

第二篇，工程实践篇，包括第6至10章，依托科技部科技惠民计划项目“蓟县水源保护区农村生态环境改善科技惠民综合示范项目”开展的农村饮用水安全供水系统、农村污水处理系统、农村生活垃圾收集处理资源化利用和受污染土壤修复与重建推广体系等综合示范工程，为农村地区开展适用技术优选、系统集成、工程实施、推广应用等提供实践借鉴。

第三篇，技术理论篇，包括第11至15章，汇总梳理适用于农村地区的安全供水、生活污水和垃圾处理、农业废弃物资源化利用、土壤修复、畜禽养殖污染处理等先进成熟技术，为农村生态环境保护和治理提供技术选择。

本书兼顾农村生态环境改善和公共服务体系建设的理论与实践，具有较强的理论性和应用价值，可供从事环境管理，农业农村决策、规划、建设和管理等相关领域的科研人员、技术人员、管理及工作人员参考。

在本书编著过程中，参考了国内外农村环境保护和公共设施建设相关研究领域的众多资料和科研成果，在此向有关作者致以衷心的感谢。

由于编写时间紧张，编著者水平有限，书中难免出现错误、疏漏之处，敬请专家、学者及广大读者批评指正。

李燃 常文韬 闫平

2017年12月

目　录

第一篇 综合规划篇

第 1 章 概述

1.1 背景和意义

我国长期以来的城乡二元分治使得城市和农村的发展现状差异明显，为了缩小城乡间的这种差异，加快农村地区的发展，国家近年来提出城乡统筹发展、城乡一体化发展、城乡公共服务均等化发展等战略。党的十六届五中全会第一次正式提出“公共服务均等化”的命题，之后党的十六届六中全会、党的十七大报告均对其进行了讨论。党的十八大报告指出：“加快完善城乡发展一体化体制机制，着力在城乡规划、基础设施、公共服务等方面推进一体化，促进城乡要素平等交换和公共资源均衡配置。”这就意味着我国三农发展将在统筹城乡发展的新理念带动下，呈现出新趋势。目前我国总体上已经进入“以工促农、以城带乡”的发展阶段，当务之急就是把统筹城乡发展作为全面建设小康社会的根本要求。通过促进先进生产要素向农村流动、基础设施向农村延伸、公共服务向农村覆盖、现代文明向农村传播的方式，逐步打破城乡二元结构，努力实现“城市现代化、城乡一体化”的发展总目标；积极稳妥推进城镇化，着力提高城镇化质量，应当把生态文明理念和原则全面融入城镇化全过程。这不仅是对未来城镇化的发展方向提出的新要求，同时也对环境保护工作提出了更高、更明确的要求。在新形势下，环境保护工作应适应新型城镇化发展的需求，进一步统筹城乡、协调区域，以推进环境基本公共服务均等化为契机，保障国家新型城镇化健康发展。快速的经济发展和城镇化进程以及国家层面积极推动的城乡统筹发展战略，推动了政府财力支持下的乡村基本公共服务设施的快速发展进程，为改善农村地区总体上严重落后的公共服务水平提供了重要契机。

“十三五”时期是全面深化改革、建设美丽中国的关键时期，是全面建成高质量小康社会的决胜阶段。建立健全基本公共服务体系、促进基本公共服务均等化，既是加快转变经济发展方式的迫切需要，也是全面建设服务型政府的内在要求，其对推进改善民生为重点的和谐社会建设，切实保障人民群众最关心、最直接、最现实的基本利益，维护社会公平正义，让经济社会发展的成果更公平、更全面地惠及人民群众，具有十分重要的意义。

1.2 形势与挑战

1.2.1 农村公共服务体系存在的问题

由于多年以来地方各级政府对农村公共服务工作的重视不足，加之农村基层领导普遍注重短期经济效益，而缺乏可持续发展观念，忽视环境保护，农村脏、乱、差的现象仍然存在；村庄绿化美化不足，环境面貌有待提升。农村居民环保意识普遍不高，广大农民群众长期形成的生产生活习惯还难以改变，农业生产方式仍较为粗犷，仍然存在生活垃圾乱扔乱倒、生活污水随意排放的现象。

1. 各类基础设施仍不健全

1）村庄道路建设有待提升

部分村庄道路建设水平低下，管护不力，破损较严重。部分村庄道路仍为土路，坑洼不平，遇雨雪天气泥泞不堪；少量道路现为混凝土面或沥青，标准较低宽度不足，影响当地村民及车辆出行。道路两侧杂草丛生，绿化不到位的现象也比较明显。此外，部分村内道路由于缺乏统一规划，导致出现有路无灯现象，原有一些虽已安装路灯设施，但由于没专业队伍维护，路灯失修、长期不亮，给群众生活带来极大不便和隐患。

2）污水收集处理设施仍不完善

农村污水收集处理设施还未健全，已建成的污水处理站运行仍不稳定。部分农村地区受农村经济发展整体水平和环保建设能力限制，缺乏系统的污水处理设施，农村生活污水处理设施能力不足，污水处理效率低，且农村居民的环保意识比较薄弱，生活污水乱泼乱倒、随意排放的现象屡见不鲜。尤其是一些生态旅游业发展迅速的地区，与旅游配套的污水处理设施相对滞后，旅游业产生的生活污水随意排放，已成为农村区域比较突出的环境问题。

3）垃圾分类收集体系尚不健全

农村垃圾乱堆乱放现象仍然存在。长期以来，由于农村人口居住比较分散，农村生活垃圾没有得到适当处理，原有的垃圾随意堆放在道路两旁、田边地头、水塘沟渠，直接被风吹走或随雨水冲入河渠等水体中，对生态环境造成巨大威胁，造成的农村空气、水源以及土地污染尚未完全解决。同时，农村垃圾资源化利用水平较低，分类体系有待建立。一方面，农村生活垃圾分类、收集与处理设施建设滞后，导致有机垃圾或可堆腐的垃圾未得到有效利用。另一方面，现有设施分类体系建设不完善，无法满足垃圾分类收集的需求。

4）农村饮用水源管护设施缺乏

部分农村饮用水水源地仍存在安全隐患。单村集中供水设施管护设施缺乏，管理不规范。目前，农村地区多数集中供水设施周边无标识牌、警示牌等保护设施，环境管理粗放，保护设施简陋，存在一定环境安全隐患。

2. 公共服务设施有待提升

据调查，各地村庄卫生便民服务等设施，如卫生所（室）、便民超市等仅镇乡政府所在村庄及周边部分人口密集的村庄设有，仍未达到全覆盖，给当地村民的日常生活带来不便。农家书屋、健身广场及宣传栏（橱窗）等文体宣教设施在一些村庄也很不完善，有的村庄没有固定的健身设施，有的村庄健身广场十分简陋，甚至没有硬化的地面。这些公共服务设施的缺失及不完善，与村民日益增长的提升生活水平的要求相矛盾，阻碍了农村社会经济的健康持续发展。

3. 建设与管理资金投入存在缺口

农村公共服务设施涉及的面广，地域范围大，道路、污水处理等基础设施建设需要投入的大量资金镇村级财政难以承担，且由于投资大、见效慢，导致融资渠道单一，所需建设资金仍存在很大缺口。同时，各类基础设施建成后维持良好稳定的运行还需要有长期资金的支撑。因此，资金问题也是农村公共服务设施建设和正常运行面临的巨大瓶颈。

4. 长效管理机制还需完善

农村基础设施重建设、轻管理的问题还比较突出，长效管理机制不健全。部分垃圾、污水设施建成后未按照规划进行管理维护，难以稳定达标运行，未能发挥出应有的环境效益，也进一步影响了从政府到村民的重视度与参与的积极性。还有些设施设计未考虑农村实际，技术不适宜，导致不能正常运行，造成设施闲置浪费，影响农村环境综合治理的总体效果。如何保障垃圾收集、转运与处理等环节稳定运行，保持环境治理成效，仍是农村地区面临的一项突出问题，主要原因是相应的运行维护资金以及相关人员缺乏、配套制度建设不全面等。农村环境监管保障体系不健全，农村环境保护监督管理滞后。农村环境治理的范围广，牵涉部门多，监测、监管难度大，现行的监管体系很难延伸到农村。职能部门各自为政，没有全面形成衔接协调的执法管理网络。管理人员不足，装备器材落后，监管能力亟待提高。

1.2.2 城镇化进程中环境公共服务的发展形势

1. 城镇化对农村环境公共服务提出更高的要求

随着城镇社会经济的发展，我国政府和社会对环境保护的重视日益加深，人民群众对环境质量的要求不断提高。

首先，城镇化带来的人口快速集聚和城市建成区面积的不断增长，导致城市环境形势更趋严峻。对于大型城市，人口、产业的不断集聚使得区域的社会经济负荷有突破环境及资源承载力底线的危险。京津冀等区域特大型城市对水资源的需求和对流域、区域水体、大气环境的压力就是实例。对于中小城市，相应的变化则对原本脆弱的环境基础设施带来更大的压力，存在重走“先污染、后治理”老路的风险。对于小城镇，则更是面临缺乏基本的环境基础设施、众多人口难以得到安全饮水等环境基本公共服务的尴尬境地。

其次，城镇化带来的生活水平和人口素质的提升，对环境基本公共服务的范围和质量提出了更高的要求。我国近年来每年新颁布环境标准百余项，PM2.5 等新指标不断纳入监管范围。城乡居民对安全饮水、洁净空气和优美生态的需求以及对环境知情权的需求更为强烈，对环境风险的敏感度更高，对关系到切身利益的环境问题的参与热情更高。已有的环境公共服务水平已逐渐难以满足不断发展的社会需求，这就迫切需要政府加大环境基本公共服务的投入，加强环境基础设施的建设，加快区域重点环境问题的解决，加速环境质量的改善，拓宽环境监测监管和信息公开范围，拓展公众参与环境保护事务的渠道。

最后，伴随城镇化推进的工业化和农业现代化将在一定程度上改变目前的环境状况格局，引发环境保护工作重点的调整。党的十八大提出“推进工业化和城镇化良性互动、城镇化和农业现代化相互协调”的要求。在新型城镇化的发展过程中，城镇化对工业和农业的影响主要体现在如下方面：①城镇化对传统工业产生挤出效应，工业企业逐渐搬离城区，工业园区进一步发展，产业跨区域转移增加，污染出现集中和转移趋势；②城镇化与工业化的相互依赖关系更强，工业化的发展使更多的农业人口转变为城镇人口，形成更大规模的城镇化，城镇化的发展需要工业化提供就业岗位和经济支持，这样就出现城镇和工业区域紧密依托、交错布局的局面；③城镇化和工业化的发展将进一步带动农业产业化，形成新的污染源和污染类型；④城镇化的发展对环境风险防控和突发事件应急提出了更高要求。这些都要求环境基本公共服务能够紧跟产业和人口布局调整，实现均等化发展。

2. 城镇化为环境公共服务均等化发展提供新的机遇

新型城镇化需要在生态文明理念的指导下，统筹考虑人口、土地、矿产、生态、环境等要素，形成节约资源和保护环境的空间格局、产业结构和生产生活方式。

一是新型城镇化将逐渐打破原有经济、社会格局，促进各类要素的空间重构，为环境基本公共服务的优化布局提供机遇。如工业企业从城区退出，有利于城市环境改善；工业园区的发展，有利于污染的统一治理和监管；产业的转移和承接，有利于从源头建立全过程的环境监管；农业的集中和产业化，有利于控制农业面源等污染类型；新城区的开发，有利于环境基础设施的统一规划和建设等。

二是新型城镇化强调城乡统筹，打破城乡二元体制，为推进环境基本公共服务均等化提供客观条件。一方面，城镇化会促使人口向城镇集中，这有利于采用集约的方式为更多人口提供更好的安全饮水、污水和垃圾处理等服务，同时也有利于缓解对农村资源环境的压力。另一方面，城镇的发展有利于带动周边农村地区发展，增强区域经济实力，提高农村地区环境基本公共服务水平。此外，统一的城乡基本公共服务均等化体系的推进，相关公共财政和供给渠道的建立，也将为环境基本公共服务均等化的实施提供良好的环境和平台。

三是新型城镇化需要环境基本公共服务均等化的引导和保障。这就迫切需要在社会经济和城市发展的规划阶段提供诸如城市环境总体规划等环境服务，构建环境先行的城市规划体系，从源头解决环境资源超载、城市建设与区域环境系统不协调等问题。完备的城市生态环境功能是新型城镇化的重要内容，安全饮水、污水垃圾处理、环境事故应急、环境监测监管、环境信息公开等环境基础设施的建设和运行，是城市生态环境功能实现的必要保障。同时，享受基本的环境公共服务也将成为未来城乡居民的必然需求。

3. 加快推进农村环境公共服务均等化发展的途径

推进农村环境基本公共服务均等化和推进新型城镇化是两项紧密结合、相辅相成、互为因果的工作。抓好推进环境基本公共服务均等化的若干重点工作，为新型城镇化的健康发展保驾护航。

一是以城市环境总体规划统领城乡生态发展。提升包括城市环境总体规划在内的环境咨询服务，保证城市环境总体规划对区域、城乡的完整覆盖，将生态文明要求纳入社会经济发展总体规划中。以当地资源环境承载力为基础，以自然规律为准则，以可持续发展为目标，统筹优化城市经济社会发展空间布局，落实质量基线、格局红线、排放上线、安全防线、资源底线等基础要求。保障社会和公众对城市环境总体规划及其实施情况的知情权、参与权和监督权，保证各项规划措施的有效实施。

二是以环境基础设施建设和运行保障城市健康发展。推进安全饮水，污水、垃圾处理，环境应急等城市环境基础设施的建设和运行，消除城市发展带来的环境问题，满足公众在基本民生、环境安全和生态享受等方面的基本需求。通过环境基础设施的前置规划，解决与城镇化发展的匹配问题，通过其与城镇建设同步实施，为城镇化发展提供基本保障，通过多渠道、多模式的供给方案适应不同区域的差异化需求，通过财政投入和经济政策的制定保证基础设施的正常运行和环境服务的持续供给，从而解决城市发展过程中的诸多环境问题。

三是以乡镇环境基本公共服务水平的提升促进城乡协调发展。新型城镇化必须注重城乡统筹，同步解决农村地区的问题。应进一步完善转移支付等财政手段，加大对农村地区环境基本公共服务的投入。完善农村安全饮水、污水和垃圾处理等环境基础设施建设。根据需求加强农村地区的环境监测和监管能力，防治农业源污染，防止污染向农村地区转移。结合社会主义新农村建设，开展农村环境保护，开展生态村镇创建。提升环境信息对农村的服务和开放水平，逐步缩小城乡差距，实现城乡共享优美环境。

四是以流域水污染综合防治和区域大气污染联防联控促进城镇群共同发展。环境基本公共服务在区域之间的非均等化带来的矛盾，目前较为突出地体现在流域上下游城市水环境和邻近区域内不同城市之间的大气环境污染防治上。应统筹考虑流域和区域内各地区环境基本公共服务的需求和标准，建立流域区域协调工作机制，对规划、投资、监测、监管、评估等进行统一部署；同时对区域的环境基本公共服务均等化情况进行定期评估，及时解决制约流域和区域协调发展的不平衡因素，以均等化促进城镇群共同发展，以中小区域均等化的实现促进全国范围均等化的发展。

五是以环境监测、监管水平和环境信息服务水平的提升保障城市公平发展。环境监测和监管是各项环境保护工作实施的重要保证。环境信息服务是公众表达环境需求、参与环境事务、监督环境状况的重要渠道，是提升全民族生态文明素养的重要手段。应努力提升环境保护重点地区、产业转移承接地区、乡镇地区的环境监测、监管和环境信息服务水平。避免环境污染从发达地区向欠发达地区转移，从城市向农村转移，保障区域、城乡公平发展。

第 2 章 规划思路

2.1 规划原则

开展农村公共服务规划工作，既要最大程度满足人民群众对基本公共服务多层次、多样化的需求，又要实事求是、量力而行，按照“保基本、强机制、上水平、可持续”的总体要求，稳步拓展基本公共服务项目，优化保障标准，提升覆盖水平，有针对性地解决人民群众最关心、最直接、最现实的基本公共服务问题，努力实现人人享有、城乡统筹、较高水平的基本公共服务均等化。规划可突出以下几个基本原则。

（1）因地制宜、发挥特色。立足当地资源条件、经济基础和发展状况，充分考虑农民意愿和承受能力，切实解决农民最关心的实际问题，讲究实效，不搞形象工程，不做表面文章。注意体现农村特点，保留乡村风貌，避免千篇一律和照搬城市建设的做法。确保制定的规划切实可行，争取通过规划的实施全面改善农村基本的生产生活条件，完善公共服务设施体系。

（2）统筹兼顾、突出重点。加强城乡之间、区域之间以及人群之间的基本公共服务统筹安排，提升区、镇、村三级统筹规划建设能力。从农民群众的需求出发，突出建设重点，对农村主干道路、里巷道路、文体场所、街道绿化、亮化等基础建设和公共服务设施进行提升改造。针对当前存在的城乡差别、区域差别，突出城乡一体化建设、基本公共服务均等化建设，提高基本公共服务设施的公平性、均衡性，进一步促使全民共享。

（3）借力宅改、多规协调。以推进农村宅基地改革为契机，依据宅基地改革模式以及镇村体系发展规划与定位，结合镇村城乡建设规划、土地利用规划、农村产业发展规划，针对不同类型的村庄分类考虑公共服务设施建设，提升工程设计并实施安排，近期重点对规划保留村庄开展农村基础设施及公共服务体系建设，中远期根据村庄迁并发展情况，不断完善农村公共服务设施建设与管理，积极提升农村公共服务发展水平。

（4）循序渐进、分期实施。坚持规划先行，尊重农村发展规律，循序渐进，使规划编制与实施紧密结合，坚持一张蓝图绘到底，分期分批逐步实施。坚持优先安排原则，对经济条件相对落后、基础设施较差的村庄，优先安排资金予以解决。要根据村庄实际状况，科学确定整治方案和建设计划，对不同类型的村庄予以分类指导。

（5）创新机制、增强活力。不断创新社会主义新农村建设机制，政府给政策，鼓励企业参与，集体出主意，民主管理，分工合作，增强活力，注重建立长效机制。加强基本公共服务设施能力建设，完善区、乡（镇）、村三级服务网络配置体系，明确层级管理服务分工，加快完善基本公共服务网络服务体系。

（6）尊重主体、全民参与。在加大政府政策和项目扶持的同时，要充分发挥广大农民群众的主体作用，共建美好家园。严禁大拆大建，严禁损害农民利益，严禁增加农民负担。公共服务设施建设是社会建设的基础工程，要以解决广大农民群众最关心、最直接、最现实的利益问题为根本任务，要倾听民众呼声，体现民众意愿，自觉接受人民监督，确保各项任务措施落到实处，让人民满意。

2.2 规划指标

全面落实党的各项强农惠农政策，以不断改善农民生产生活条件、提高农民生活质量为目标，加大对农村基础设施建设的投入，不断完善农村基础设施功能，开展农村公共服务设施建设与提升，优化农村人居环境、完善农村公共基础设施，实现道路硬化、街道亮化、能源清洁化、垃圾污水处理无害化、村庄绿化美化、生活健康化，建成一个党员活动室（村民学校）、一个文化活动室（农家书屋）、一个便民超市、一个村卫生室、一个村邮站、一个健身广场，实现“六化”“六有”目标，为美丽村庄建设奠定基础。

结合我国农村实际和农村公共服务设施建设的相关政策要求，农村公共服务设施建设规划可参考表 2-1 中所列指标。

表 2-1 农村公共服务设施建设参考指标

序号	指标分类	指标名称	达标要求
1	道路建设	道路硬化率	100%
2		太阳能路灯或节能路灯普及率	80%
3	饮水安全	饮用水卫生合格率	100%
4	环境基础设施	农村无害化卫生户厕普及率	100%
5		生活垃圾无害化处理率	90%
6		生活污水无害化处理率	80%
7	绿化美化	村庄绿化率	35%
8		宜林道路、沟渠、坑塘绿化率	95%
9		村民人均公共绿地面积	4 ～ 6 m^2
10	卫生便民	村卫生室	60 m^2
11		村邮站	20 m^2
12		便利超市、农资超市	100 m^2
13	文体宣教	文化活动室（可与党员活动室、农家书屋结合设置）	150 m^2
14		健身广场	1 000 m^2
15		宣传橱窗	5 m^2

2.3 规划建设布局

2.3.1 分区原则

根据规划区土地利用、遥感影像图，结合规划区镇村分布的自然及社会特征，结合城乡空间结构、农业产业布局、生态环保分区等相关布局结构与规划，可对规划区村庄进行分区。针对不同区域采取不同解决策略，开展农村公共服务设施规划方案分区研究，对村庄公共服务基础设施进行优化配置，确保符合不同村庄农户的实际需求，满足人民群众对农村公共服务体系不断增长的要求，保障农村生产生活水平的有效提升。

2.3.2 村庄分布特征

按照村庄的空间地形特征，村庄可分为山区村庄、平原村庄和水库周边村庄等。

（1）山区村庄。山区村庄地形比较陡峭，乡村旅游发展较好，分布比较分散，往往聚集在山谷、河流周边。

（2）平原村庄。平原村庄地势平缓，村庄空间分布集中，呈“网状”散落在平原或洼地。

（3）水库周边村庄。水库周边村庄围绕水库，集中分布在山谷盆地的汇水区域。

按照分布情况，村庄可分为棋盘集聚式村庄、山区条纹式村庄以及零星散点式村庄。

（1）棋盘集聚式村庄。棋盘集聚式村庄（见图 2-1）多分布在平原区、社会经济集中发达地区。村庄规模较大，人口集中，公共服务设施建设可多村统筹考虑，建立组团式污水、垃圾处理体系。

图 2-1 棋盘集聚式典型村庄分布遥感示意

（2）山区条纹式村庄。条纹式村庄形态（见图 2-2）多位于山区，受山地环境因素制约而自然顺应地势，村落沿山谷形成，用地相对紧张，建设农村公共服务设施可联村优化设计。

图 2-2　山区条纹式典型村庄分布遥感示意

（3）零星散点式村庄。零星散点式村庄有的位于平原区（见图 2-3），有的分布于地形复杂的山区（见图 2-4）。村庄分布零散，彼此存在一定距离，联系较弱，这类村庄需独立考虑各项公共服务设施的建设和管理。

图 2-3　平原零星散点式典型村庄分布遥感示意

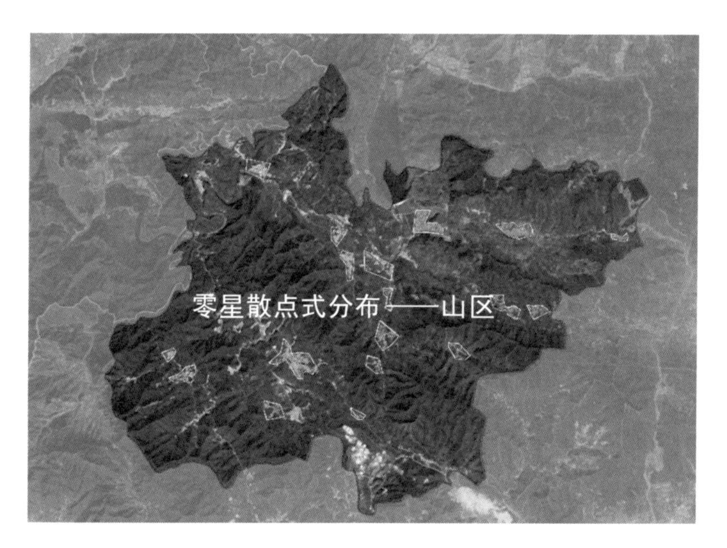

图 2-4 山区零星散点式典型村庄分布遥感示意

2.3.3 建设用地布局

1. 建设用地选择

选择建设用地时应注意以下几点。

（1）应避开易受自然灾害影响和生态敏感的地段。

（2）应避开水源保护区、文物保护区、自然保护区和风景名胜区。

（3）应避免被铁路、高等级公路和高压输电线路所穿越。

（4）应避开有开采价值的地下资源和地下采空区、文物埋藏区。

（5）在不良地质地带严禁布置居住．教育、医疗及其他公众活动密集的建设项目。

（6）不得随意占用耕地。

2. 建设用地标准

（1）人均规划建设用地标准。制定相关措施，鼓励在美丽村庄建设及公共服务设施建设中节约利用土地；人均规划建设用地指标应逐步缩减至 150 m^2。

（2）宅基地标准。新增宅基地的每户用地标准应参照各地农村宅基地管理规定执行。

3. 公共建筑用地

公共建筑用地选址应注意以下几点。

（1）体育和医疗保健机构用地必须独立选址，其他公共建筑用地宜相对集中布置于村庄中部、主要出入口处或新旧村庄的接合部。

（2）学校、幼儿园、托儿所应选址在阳光充足、环境安静、远离污染和不危及学生、儿童安全的地段，距离铁路干线应大于 300 m，主要入口不应开向公路。

（3）卫生所的选址应方便群众使用，同时避开人流、车流量大的地段。

4. 环境基础设施用地

环境基础设施用地的布置应方便作业、运输和管理，位于常年最小频率风向的上风侧及河流的下游，应符合国家标准《村镇规划卫生规范》（GB 18055—2012）的有关规定。

5. 养殖类生产厂（场）用地

养殖类生产厂（场）用地选址应满足卫生和防疫要求，布置在村庄常年盛行风向的侧风位和通风、排水条件良好的地段，应符合国家标准《村镇规划卫生规范》（GB 18055—2012）的有关规定，防止对环境造成污染和干扰。

6. 绿化用地

绿化用地的选址应该注意以下几点。

（1）根据地形地貌、现状绿地的特点和生态环境建设的要求，结合用地布局，统一安排公共绿地、防护绿地，形成绿地系统。

（2）公共绿地主要包括村内小游园、路旁和水旁大于 5 m 的绿带。

（3）防护绿地主要包括水源保护区、工矿企业、养殖场、铁路和公路、高压走廊周边的防护绿地以及村庄外围的环村林、片林等。

2.4 村庄分类

2.4.1 规模分级

按照《村镇规划标准》，对村庄进行人口规模分级（见表 2-2）。从人口分布来看，小于 200 人的村庄多分布于山区，村落规模较小，分布零散。平原经济发达地区，村庄规模大，人口聚集度较高。

表 2-2 村庄人口规模分级表

规模分级	人口 / 人
特大型	＞ 1 000
大型	601 ～ 1 000
中型	201 ～ 600
小型	≤ 200

2.4.2 生态保护对象

按照村庄所在区域生态保护要求，筛选出生态保护重点村，以自然保护区、饮用水水源保护区、风景名胜区、森林公园、国家地质公园等生态区域保护及管理相关要求为指导，开展农村公共服务设施的建设与提升。各类生态区域管控要求如下。

1. 自然保护区管控要求

自然保护区依据《中华人民共和国自然保护区条例》《森林和野生动物类型自然保护区管理办法》《自然保护区土地管理办法》，有效保护各级、各类自然保护区。按核心区、缓冲区和实验区分类管理各级设立的各类自然保护区。核心区是自然保护区内保存完好的天然状态的生态系统以及珍稀、濒危动植物的集中分布地，严禁任何生产建设活动；缓冲区是自然保护区内天然状态生态系统向人为影响下的天然状态生态系统的过渡地带，是隔离核心区和实验区之间的区域，除进行必要的科学实验外，严禁各类生产建设活动；实验区是自然保护区内探索可持续发展和适度合理利用的区域，可开展必要的科学实验以及符合自然保护区规划的旅游、种植和畜牧等活动，严禁其他生产建设活动。按国家、市级自然保护区的先后序列，按核心区、缓冲区和实验区的先后秩序，分期分批转移自然保护区的人口，缓解自然保护区的承载压力。加强自然保护区的管理和建设，保护自然环境和自然资源，拯救濒危生物物种，维持生态平衡。规范和统一管理保护区内的基础设施建设，正确处理基础设施建设与环境保护的关系，尽可能降低建设项目对生态环境的影响。

2. 饮用水水源保护区管控要求

饮用水水源保护区依据《中华人民共和国水污染防治法》和地方饮用水水源保护区等的要求进行管理，切实保障居民饮水安全，禁止在饮用水水源一级保护区内新建、改建、扩建与保护水源无关的建设项目；禁止在饮用水水源二级保护区内新建、改建、扩建排放污染物的建设项目；禁止在饮用水水源准保护区内新建、扩建对水体污染严重的建设项目。严格饮用水水源地环境执法，开展饮用水水源污染排查和整治。强化水源地环境监管能力，完善和提高饮用水水源地环境有毒有机物质的监测分析能力。加快饮用水水源应急能力建设，提高饮用水水源地应对突发环境事件的能力。严防饮用水水源环境风险，严格水源地上游高污染、高风险行业环境准入，建设和完善水源保护区公路、水路运输管理系统，全面禁止在水源保护区运输危险品。

3. 国家森林公园管控要求

森林公园依据《中华人民共和国森林法》《中华人民共和国森林法实施条例》（国务院令第278号）、《中华人民共和国野生植物保护条例》（国务院令第204号）、《国家级森林公园管理办法》和森林公园规划进行管理。除必要的保护设施和附属设施外，禁止从事与资源保护无关的任何生产建设活动。在森林公园内以及可能对森林公园造成影响的周边地区，禁止进行采石、取土、开矿、放牧等活动。建设旅游设施及其他基础设施必须符合森林公园规划。不得随意占用、征用和转让林地。园区内需加强对林地和野生动植物的保护管理，坚持以保护自然景观为主的建设方向，确保各项建设与自然环境相协调。

4. 国家地质公园管控要求

地质公园及地质地貌景观区严格依据地质公园规划进行管理，除必要的保护设施和附属设施外，禁止其他生产建设活动：擅自挖掘、损毁被保护的地质遗迹；采石、取土、开矿、爆破等；修建可能对地质遗迹造成破坏的建筑设施；未经批准擅自采集地质标本和化石；围堵或填塞河道、山泉、瀑布等；其他毁坏地质遗迹和地貌景观的行为。区内现有镇、村由区县政府组织编制相关规划，报经市政府批复后，逐步实施迁并。

5. 重要湿地管控要求

重要湿地依据《国务院办公厅关于加强湿地保护管理的通知》（国办发〔2004〕50号）、《中国湿地保护行动计划》等进行管理。湿地范围内严禁开（围）垦湿地、猎捕鸟类以及从事房地产开发等任何不符合主体功能定位的建设项目和开发活动；区内的土地利用、开发和各项建设必须符合防洪的要求；新建、改建、扩建建设项目，应当符合市政府批复和审定的规划，并满足防洪规划和有关技术标准、规范的要求。

第 3 章 规划方案

3.1 道路建设与提升

3.1.1 基本要求

1. 道路建设原则

道路建设有以下原则：与村庄体系、镇村体系规划相协调，支持新农村建设；与当前工作重心相结合，保护耕地和生态环境；与主干道路网规划相衔接，优化乡村路网结构；现状与长远需求相结合，合理确定规划目标；加强城乡交通一体化，促进全域协调发展；选用经济适用的技术标准，节约造价和成本；积极和优先发展绿色交通，突出地方特色。

2. 具体要求

道路建设的具体要求如下。

（1）建立与镇区、村域规模相适应的布局合理、快速畅通的道路网，明确划分镇区、村域道路系统，综合确定道路等级、道路断面、路网密度，合理布局各项道路交通设施。

（2）处理好镇区道路与过境交通的关系，尽可能避免与过境干线公路相交，既保证过境交通安全地通过，又尽可能减少对镇区内部的干扰。

（3）村庄道路规划布局应合理保留原有路网形态和结构，必要时应打通断头路，保证有效连通性。

（4）应结合路面情况完善各类交通设施，若规划道路通过学校、集市、商店等人流较多路段时，应设置“限制速度”“注意行人”等标志及减速坎、减速丘等减速设施，并配合划定人行横道线及设置其他交通安全设施；交通标志和标线的形状、规格、图案及颜色应符合现行国家标准《道路交通标志和标线》（GB 5768—2009）的规定。

（5）重视道路系统与绿地系统、景观系统、照明系统的整体协调建设。

（6）提倡“绿色交通”，镇区必须设置各种明显的交通指示标志，建立完善的无障碍交通体系，方便绿色出行。

（7）关键道路区域必须建设配置一定规模的公交停车场、公交起讫站、公共停车场等基础设施。

3.1.2 道路类别分级

由于新农村城镇化建设步伐的加快，镇村道路的性质随之发生变化。现状条件下，结合《天津市生态文明村规划建设导则》等相关规定要求，村庄内部道路等级按照村庄规模大小可分 2 ～ 3 级。1 000 人以上的村庄宜按 3 级道路进行布置；1 000 人以下的村庄可酌情选择道路等级与宽度。按功能及作用分类，乡村道路可分为主要道路、次要道路和村级巷道。按材料及施工方法不同道路路面可分为沥青路面、水泥混凝土路面、砌块路面、碎石路面、稳定土路面等。

1. 按功能及作用分类

（1）主要道路。主要道路一般是将村内主要街道与村口连接起来的道路，解决村内车辆的对外交通需要，为村民的生产、生活提供集散及机动车通行条件，宽度较宽，一般要求 4 m 及以上。路面两侧设置路缘石，考虑地下排水管或边沟排水，有条件可设人行步道（辅道）。

（2）次要道路。村级支路以生活性服务功能为主，在交通上起汇集性作用，是村庄组团间连接宅间道路与主要道路的集散路。

（3）村级巷道。里巷道路是直接为用地服务的生活性道路，是村民宅前屋后、连接村庄次要道路的集散路。宅间道路一般较窄，以车行道宽度作为规划控制指标，一般宽度在 3 ～ 4 m 之间，满足机动车或农用车通行要求。

乡村道路分级示意如图 3-1 所示。

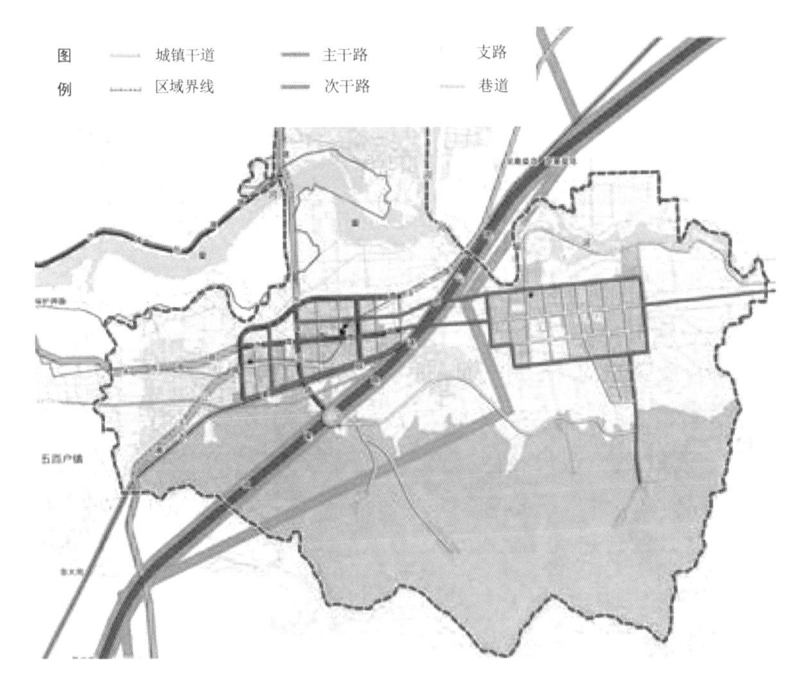

图 3-1　乡村道路分级示意

2. 按材料及施工方法分类

(1) 沥青路面。常用的沥青类路面还可进一步细分为沥青混凝土、热拌沥青碎石、沥青贯入式、沥青表面处置 4 种类型。其中，沥青混凝土路面的强度是按嵌挤密实原则构成的，因此可以承受比较繁重的车辆交通任务，一般适用于高速公路及一、二级公路面层。热拌沥青碎石路面的高温稳定性好，路面不易产生波浪，冬季不易产生冻缩裂缝，行车荷载作用下裂缝少，适宜用于一般公路，不宜用于高等级公路。沥青贯入式路面的强度与稳定性主要由石料相互嵌挤作用构成，贯入式路面需要 2 ～ 3 周的成型期，在行车碾压与重力作用下，沥青逐渐下渗包裹石料，填充空隙，形成整体的稳定结构层，温度稳定性好，热天不易出现推移、拥包，冷天不易出现低温裂缝，适用于二、三级公路，也可作为沥青混凝土面层的连接层。沥青表面处置可改善路面行车条件，减弱行车磨耗及大气的作用，延长路面使用年限，一般用于三级公路，也可用作沥青路面的磨耗层、防滑层。沥青路面结构示意如图 3-2 所示。

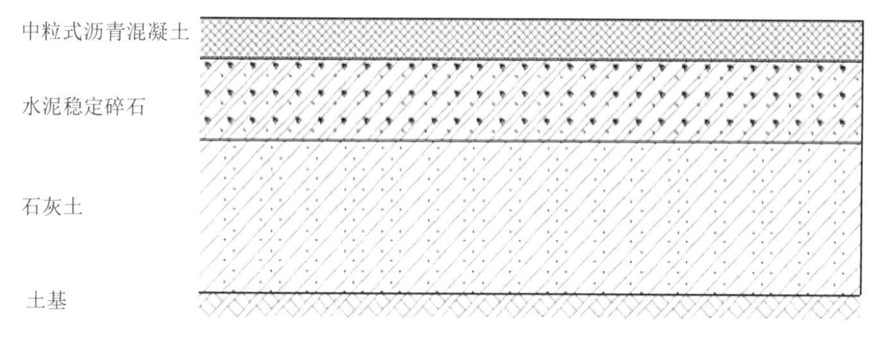

图 3-2　沥青路面结构示意

(2) 水泥混凝土路面。水泥混凝土路面是指以水泥混凝土为主要材料做面层的路面，具体可细分为素混凝土、钢筋混凝土、连续配筋混凝土、预应力混凝土等各种类型。与其他类型路面相比，水泥混凝土路面具有较高的抗压、抗弯和抗磨耗的力学强度，因而耐久性好，使用年限较长；路面的力学强度不受自然气候温度和湿度的影响，因而热稳定性、水稳定性和时间稳定性都较好，特别是它的强度能随着时间而逐渐增高，不易“老化”；平整度和粗糙度好，通行各种重型车辆均能够保持良好的平整度，路面在潮湿时仍能保持足够的粗糙度，而使车辆不打滑，能够保持较高的安全行车速度；色泽鲜明，反光力强，有利于夜间行车安全。水泥混凝土路面结构示意如图 3-3 所示。

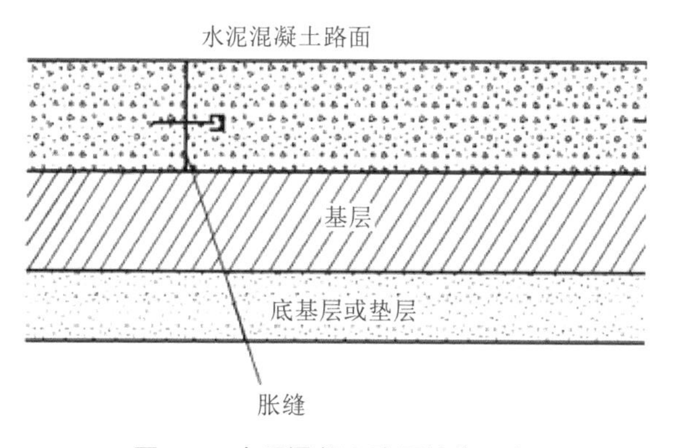

图 3-3　水泥混凝土路面结构示意

(3) 砌块路面。砌块路面采用普通混凝土预制块和天然石材砌块铺筑而成的路面结构形式，具有较高的结构强度和良好的表面特性，广泛用于各类景观路面。砌块路面结构示意如图 3-4 所示。

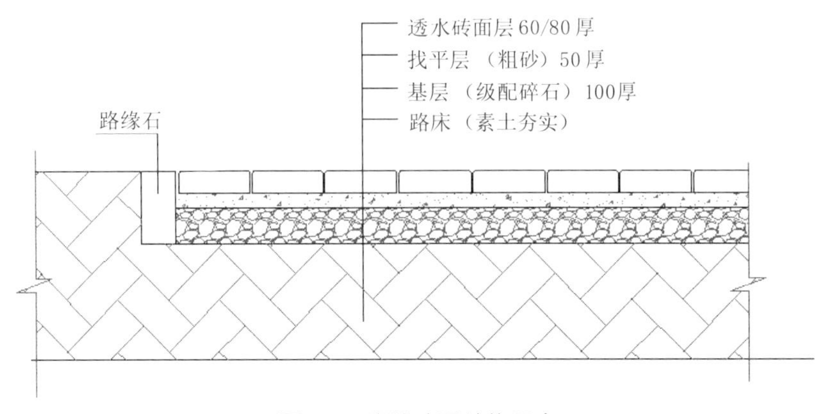

图 3-4 砌块路面结构示意

(4) 碎石路面。碎石路面是用轧制的碎石按嵌挤原理铺压而成的路面，也可用作路面的面层或基层。碎石路面的结构强度主要依靠石料颗粒的嵌挤锁结作用以及灌浆材料的黏结作用。其嵌挤锁结力之大小取决于石料本身的强度、形状、尺寸、表面粗糙程度及碾压质量。其黏结力则取决于灌缝材料的内聚力及其与石料之间的黏附力的大小。碎石路面一般初期投资不高，可随交通量的增长而分期改善。碎石路面平整度较差，易扬尘，雨天较泥泞，须经常撒料养护。碎石路面结构示意如图 3-5 所示。

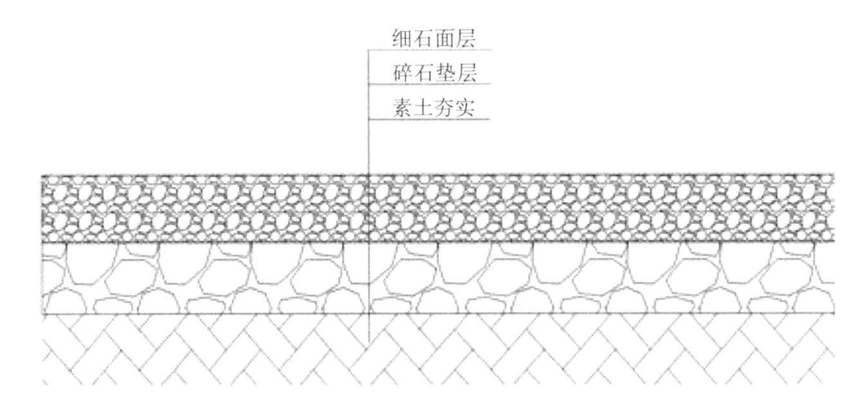

图 3-5 碎石路面结构示意

3.1.3 道路硬化工程

1. 主干道路

村庄主干道路，道路红线宽一般为 10 ～ 14 m。在山区丘陵地带，受地形限制，道路路面宽度相应调整。其中，路面宽 7 ～ 10 m，用于同时满足机动车双向行驶要求；

人行道宽 2 ～ 3 m（有条件时设置），用于满足行人通行、架设路灯以及道路绿化要求。主要道路间距为 120 ～ 300 m。

由于村庄内的主街道交通量及车辆荷载相对较高，在路面结构功能上应满足强度、稳定性及耐久性的要求，并结合当地自然条件、地方材料及工程投资等情况综合确定；施工工艺流程及方法可按照现行相关标准规定进行；施工过程中应加强质量监督。

主干街道的路面铺装一般可采用沥青混凝土面层或水泥混凝土面层两种形式。对于排水有困难的地区，宜采用水泥混凝土面层；山区主干街道路面铺装推荐采用水泥混凝土路面。沥青混凝土路面应满足使用年限 5 ～ 8 年，水泥混凝土路面应满足使用年限 10 ～ 15 年。规划区域内村内主干道路实景如图 3-6 所示。

图 3-6 规划区域内村内主干道路实景

2. 村级支路

村级支路，道路红线宽一般为 6 ～ 9 m，在山区丘陵地带受地形限制，道路的路面宽度相应调整。其中，路面宽 5 ～ 7 m，满足机非混行车辆的通行要求；人行道宽 0 ～ 1.5 m（有条件时设置），用于满足行人通行、架设路灯以及道路绿化要求。次要道路间距为 60 ～ 150 m。

道路标高宜低于两侧建筑场地标高。路面排水应充分利用地形和天然水系及现有农田水利排灌系统。平原地区村庄道路宜依靠路侧边沟排水，山区村庄道路可利用道路纵坡自然排水。

路面铺装宜采用沥青混凝土路面、水泥混凝土路面、块石路面及预制混凝土方砖路面等形式。路面材料的色彩应与周围自然景观、建筑风貌保持一致，能够彰显村庄的气息和风貌。规划区域村级支路实景如图 3-7 所示。

图 3-7　规划区域村级支路实景

3. 里巷街道

里巷街道，红线宽度约为 4 m，路面宽度不宜大于 2.5 m。路面铺装可采用水泥混凝土路面、石材路面、预制混凝土方砖路面、无机结合料稳定路面及其他适合的地方材料。里巷街道路面铺装类型的选择应重点考虑经济、景观和谐性等因素，可因地制宜采用不同类型的路面铺装。尤其在一些旅游产业发达的镇村，可结合当地旅游产业发展特色，路面结构采取多种组合方式，如采用铺设花砖，可通过各种不同铺装材料的组合、图案花纹的变化，组成多种多样的铺装形式，体现农家风貌。规划区域内里巷街道实景如图 3-8 所示。

图 3-8　规划区域内里巷街道实景

4. 静态交通设施规划

在旅游资源丰富、区域内自驾车旅游业相对发达的旅游特色镇乡，未来发展到一定规模，积累了一定的游客量，可以考虑在主要的景点处按国家规定配建相应的公共停车场、公交起讫站点。此外，镇区大型商业金融区、文体设施区、原有学校附近，也应规划布置社会停车场及公交起讫站点等附属公共交通服务设施。规划区域内静态交通设施如图3-9所示。

图3-9 规划区域内静态交通设施

3.1.4 道路亮化工程

近年来，我国农业经济水平得到长足发展，乡村居民的生活质量和生活环境正逐步改善，乡村文化生活日益丰富，随之带来的活动范围的扩大使得乡村地区对道路以及道路照明的需求也在不断增加。村庄内主干道路、次干道路应设置路灯，村巷道路可根据需要配备路灯，实现道路亮化。体育活动场等村民室外集中休憩、活动休闲场所提倡使用节能、环保的太阳能路灯、LED 路灯等节能照明设施。

目前，农村路网照明系统多采用太阳能路灯和铁杆路灯。太阳能路灯又称太阳能LED路灯，是新农村建设中道路照明系统用得最多的形式。其原理是利用太阳能板吸收阳光能量，经过复杂的转换把太阳能转化为电能，储存在蓄电池中，供晚间路灯使用，因此具备天然无污染、节能环保、无需敷设设复杂的电缆、不需要交电费等优点。铁杆路灯与太阳能路灯的最大区别就是需要敷设电缆，需要外加电源。

1. 铁杆路灯安装工程

灯杆高度不低于6 m，灯杆杆梢直径宜选用70 mm，安装间距应不低于30 m。灯杆排列整齐合理。

路灯安装高度（从光源到地面）、仰角、灯装方向宜保持一致。灯杆位置应合理选择，其不得设在易被车辆碰撞的地点，且与供电线路等空中障碍物的安全距离应符合供电有关规定。

灯具安装纵向中心线和灯臂纵向中心线应一致，灯具横向水平线应与地面平行，紧固后目测应无歪斜。路灯安装使用的灯杆、灯臂、抱箍、螺栓、压板等金属构件应进行热镀锌处理，防腐质量应符合现行行业标准的有关规定。铁杆路灯安装示意和实景如图3-10和图3-11所示。

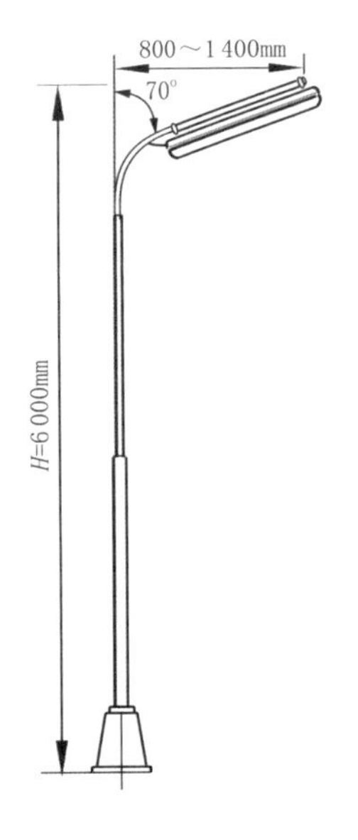

图 3-10 铁杆路灯安装示意

图 3-11 铁杆路灯实景

2. 太阳能路灯安装工程

太阳能路灯主要安装在村内主要道路、次要道路、健身广场、村内公园等公共场所。所选用的灯杆、支架钢材、紧固件等必须符合有关标准要求，并附有合格证，安装应牢固可靠。

根据相关要求及农村道路的实际情况，太阳能路灯安装高度在 6 m 左右，其中灯具安装高度在 5 ～ 5.5 m 之间；光源多采用 LED 光源，功率在 20 ～ 30 W 之间；相关太阳能电池板多数采用多晶硅材质。安装间距同铁杆路灯，为 30 m。太阳能路灯安装示意如图 3-12，实景如图 3-13 所示。

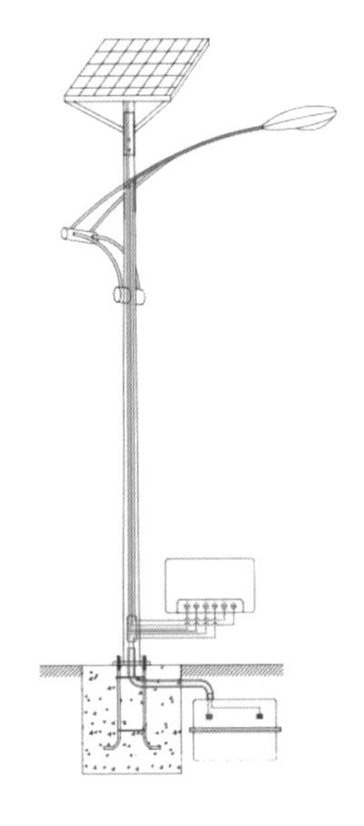

图 3-12 太阳能路灯安装示意

图 3-13 太阳能路灯实景

3.2 环境基础设施建设

3.2.1 生活污水收集处理工程

1. 基本原则

生活污水收集的基本原则如下。

（1）执行国家环境保护相关政策，符合国家相关法规、规范及标准要求，各项参数选取安全可靠。

（2）在确保出水稳定达标的前提下，努力降低工程造价及运行费用，优化工程技术经济指标，力求环境效益、社会效益和经济效益的完美统一。

（3）整体布局美观大方，充分考虑与周边总体环境相协调。

（4）采用先进的管理水平，保证处理工艺运行在最佳状态。

2. 具体模式

综合考虑规划区村庄地理位置分布特征，结合规划区建设布局划分、区域产业发展方向、工程投资成本、污水处理量等因素，将规划区域内农村生活污水的处理模式具体细分为集中处理模式、分散处理模式以及联户或单户处理模式。除上述3种处理模式外，可配置多套移动式污水处理装置，用于应对突发的水污染事件。

1）集中处理模式

此模式是针对村庄中农户居住较集中、具备全村管网敷设条件的情况采用管网收集、集中处理的模式。此模式下，还可进一步细分为市政管网处理模式和村庄集中处理模式。

（1）市政管网处理模式。此模式是污水集中收集后就近并入现有城镇污水处理厂集中处理的模式。这类模式主要用于主要城区周边的部分村庄，将村庄生活污水通过污水管网接入主要城区的市政主管，纳入城区污水处理厂集中处理。另外，工业园区周边村庄生活污水也可考虑通过管网接入市政主管网，纳入工业园区污水处理厂集中处理。

（2）村庄集中处理模式。此模式是村内污水收集管网自成体系，一并进入集中污水处理站进行处理的模式。污水集中处理模式流程如图3-14所示。

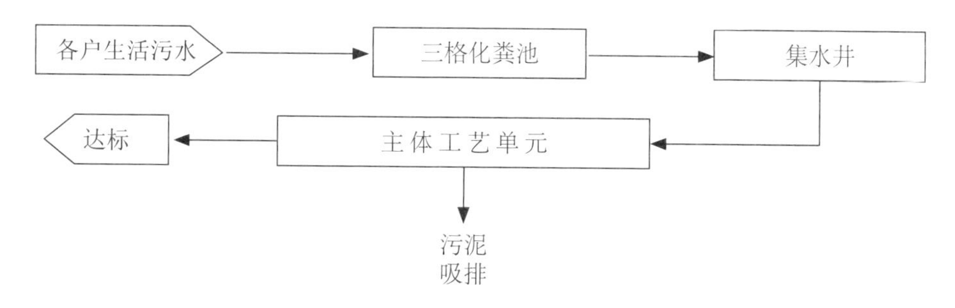

图3-14 污水集中处理模式流程示意

各户生活污水（厕所排水、厨房排水、盥洗排水、淋浴排水等）通过污水支管分别收集自流进入各自的三格化粪池，在三格化粪池内经过沉淀后通过污水管网汇流进入集水井，之后污水通过提升泵进入调节池。在调节池内，提升泵将污水提升至村内污水集中处理厂（站）或市政主管网统一集中到污水处理厂进行处理。

2）分散处理模式

分散处理模式是针对山区、丘陵、平原中村落较分散的地区（不具备全部管网敷设条件），采用的分散收集、定期拉运、集中处理污水的模式。污水分散处理模式流程如图 3-15 所示。

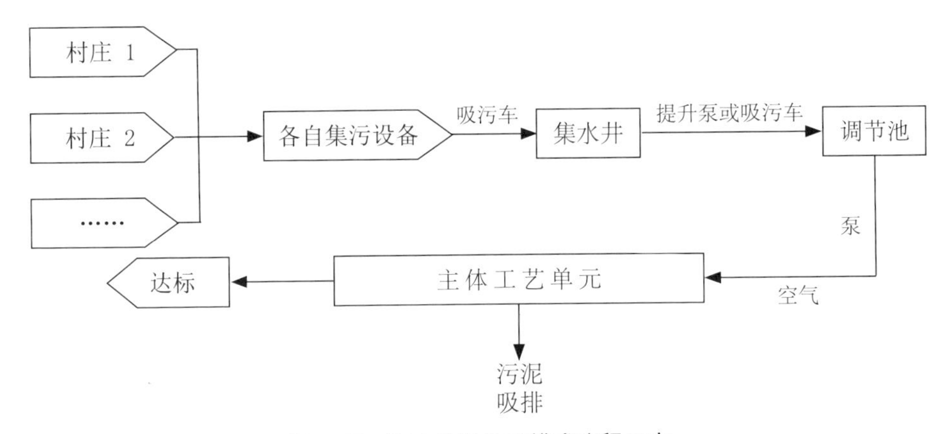

图 3-15　污水分散处理模式流程示意

各户生活污水（厕所排水、厨房排水、盥洗排水、淋浴排水等）通过户内污水支管收集自流进入三格化粪池，在三格化粪池内经过沉淀后经吸污车运送至村内集中储污设施，再经吸污车运送至污水集中处理厂（站）进行处理。

3）联户或单户处理模式

在旅游特色村、美丽乡村，针对联户或者单户集中或独立建设污水处理设施。此模式流程如图 3-16 所示。

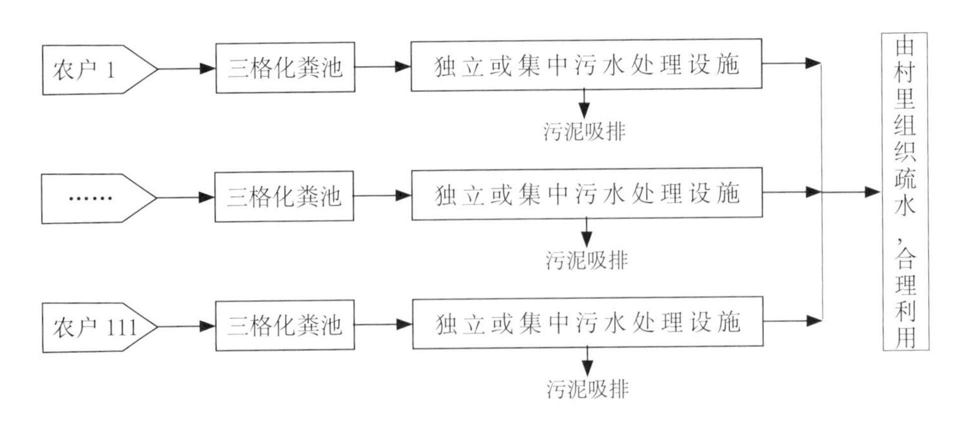

图 3-16　污水联户或单户处理模式流程示意

单户或者多户通过独立管网分别收集污水，最终进入单户或联户污水处理设施进行处理。

4）移动式污水应急处理系统

移动式污水处理装置可用于突发性水污染状况下的应急处理。为方便运输和装载，污水应急处理系统采用车载式。依据应急处理处置能力的不同，可配置不同参数级别的处理系统，充分发挥其处理效率高、启动速度快、占地小、操作简单的特性。

3. 建设标准

规划范围内镇村涉及的农村生活污水基础设施建设部分，主要治理模式包括“集中处理模式”和“联户或单户处理模式”，主要建设类型包括新建治理设施类和现有治理设施提升改造类。

1）处理规模的确定

各村级新建集中污水处理站、联户或单户污水处理设施的处理规模，应参考《村庄整治技术规范》（GB 50445—2008）、《村镇供水工程设计规范》（SL 687—2014）以及《农村生活污水治理项目建设与投资指南》等国家或地方建设规范、标准，合理确定。无须新建污水收集处理设施，利用城镇或现有污水集中处理系统的，要科学评估现有设施的处理能力，确定有无提升、改造现有处理工艺单元、现有污水收集管网的必要。

2）进水、出水水质要求

处理系统进水来源为典型的农村生活污水，进水水质直接影响整体污水治理工艺的科学选取。因此，必须贴合各村实际生产、生活情况，合理监测、设定，充分体现“一村一策”的特点。处理系统外排水要紧密结合村庄所处区域地表水环境质量现状，符合国家最新管理要求，严格执行相应排放标准。

3）主体工艺的选取

在能够满足出水水质要求的前提下，以上文所述“典型工艺”为优先选择对象，并积极探索经济可行的构筑物形式、简单便宜的管理运行模式，实现工程技术经济指标的优化，力求环境效益和经济效益双赢。

4）整体布局要求

首先，工程项目实施范围及集中污水处理站的选址要避开自然保护区，并符合国家及地方相关的生态环境保护管控要求。其次，总平面设计中需要考虑各工艺单体以及管线的布置与镇村区域整体规划及常年主导风向的协调性。竖向设计应充分考虑利用地形，并符合水流通畅、降低能耗、平衡土方等要求。为了降低前期投资和后续运行费用，生活污水的汇集处理尽量采用重力流。在单一重力流无法满足处理要求时，根据每个村的实际情况，加设提升泵等辅助设备。

4. 处理量预测

根据《室外排水设计规范》（GB 50014—2006）、《村庄整治技术规范》（GB 50445—2008）、《村镇供水工程设计规范》（SL 687—2014）以及《农村生活污水治理项目建设与投资指南》，农村地区人均每日生活污水排放量约为 80 L，综合系数取 1.2，对规划区污水产生量进行测算。同时，还需综合考虑规划区内旅游产业对生活污水产生量的影响，进行综合测算。

5. 运行维护

农村生活污水处理设施建设完成后，需要配备专门的工作人员，负责日常运行维护管理；按需编制污水处理厂运营维护方案，实现"按需生产——保证处理后污水达标""经济生产——以最低的成本保证出水达标""文明生产——有序、有据搞好日常生产运行"。

3.2.2 生活垃圾分类收集处置工程

1. 基本要求

建立农村生活垃圾"户分类、村收集、镇转运、区处理"模式，解决城乡生活垃圾无害化处理问题，建立和完善区域城乡生活垃圾收运处理体系，农村生活垃圾全部进入收集网络。垃圾转运站的配置、转运车辆的配置、环卫作业工人的配置以及其他环卫设施配置实现标准化和规范化，保证农村生活垃圾及时清运、安全处置。消灭农村垃圾乱堆乱放的现象，进一步推进规划区生活垃圾无害化处理工作，实现规划区生活垃圾减量化、无害化、资源化，保证规划区环境卫生事业合理有序地发展。

规划区农村生活垃圾收集转运规划设计应根据当地环卫设施建设和收运系统格局，充分考虑规划区的具体情况，科学合理地设置垃圾收集转运系统，充分考虑前期设施、设备资金投入的合理性与可持续发展性，并综合考虑垃圾收集转运系统运行的可靠性、适宜性与运行费用的合理性，合理使用资金，提高投资效益，并充分考虑环境效益。

2. 垃圾产量测算

根据《城镇环境卫生设施设置标准》，生活垃圾日产生量按下式计算。

$$Q = A_1 A_2 R C$$

式中：Q——垃圾日排出量，t/d；

A_1——垃圾日排出量不均匀系数，A_1 =1.1 ～ 1.5；

A_2——居住人口变动系数，A_2 =1.02 ～ 1.05；

R——收集范围内人口数量，人；

C——预测的人均垃圾日产生量，kg/（人·d）。

目前，我国大中城市人均生活垃圾日产生量为 0.7 ～ 2.0 kg，各城市因地理条件、经济发展水平、生活习俗、居民消费水平和燃料种类等多种因素造成人均生活垃圾产生量、垃圾成分之间有很大差异。

3. 垃圾分类与收集

农村生活垃圾最终需进入垃圾填埋厂或焚烧发电厂进行终端处理，依据垃圾"减量化、无害化、资源化"的发展方向，倡导垃圾从源头分类，制定农村生活垃圾分类机制，以农户为实施主体，配合村保洁员补充分拣。将农村生活垃圾分为可回收垃圾、灰土垃圾、其他垃圾，并用不同的容器收集。其中，可回收垃圾主要包括废纸、塑料、玻璃、金属和布料等，灰土垃圾主要是指砖瓦陶瓷、渣土炉灰、扫地土等。根据每种垃圾的具体情况分别进行后续处理，可回收垃圾由村民依据商业行为自行处置；灰土垃圾由村委会组织保洁员定时定点收集，有序填坑；其他垃圾则进入规划的收运处理体系，村民将垃圾投放到垃圾桶中，由村保洁员收集后运往垃圾收集点。在此基础上，根据垃圾的实际分类情况由保洁员在收集过程中进行补充分拣，保证各类垃圾对应后续处理的顺利进行。农村生活垃圾分类处理流程见图 3-17 所示。

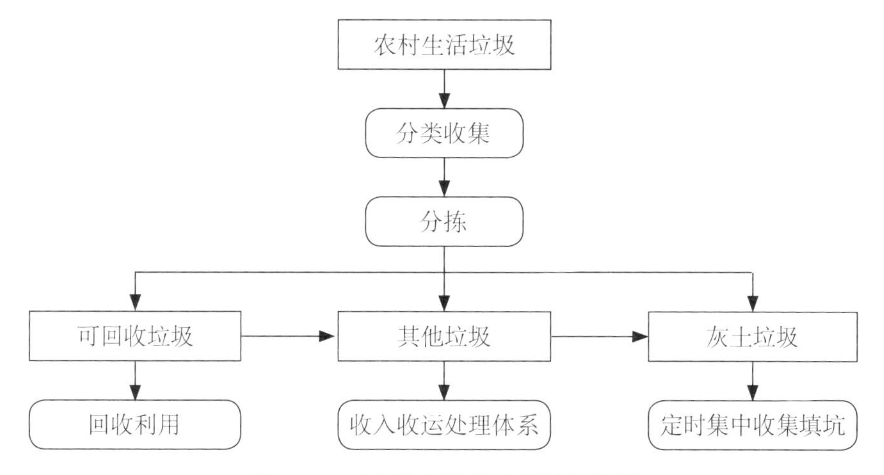

图 3-17 农村生活垃圾分类处理流程

根据农村实际情况，对于已有一定垃圾收运处理体系基础的村庄，可约 10 户共用一套垃圾桶。对于没有基础的村庄，可依据各村户数，每户配备一套小型垃圾桶。针对垃圾桶经过多年使用破损报废的情况，依据相应的分配原则，对垃圾桶进行定期更换。旅游特色村，可根据景区特色设计、配置符合当地自然和人文环境的美化垃圾桶，保持景观协调性。常见的垃圾桶类型如图 3-18 所示。旅游区特色垃圾桶设计如图 3-19 所示。

分类收集是农村生活垃圾后续处理的基础，对农村生活垃圾按照自身属性进行分类，将很大程度上简化后续处理，提高垃圾资源化水平。因此，在垃圾桶等硬件设施合理配备的同时，还需要加强对村民分类处理生活垃圾意识的培养。村委会等政府部门应积极向村民宣传垃圾分类收集的具体操作流程以及环境保护的重大意义。村民、保洁员、村委会作为农村生活垃圾分类收集的 3 个主体，相互影响，相互制约，共同发挥作用，实现垃圾分类，为农村生活垃圾体系化处理提供保障。建议建立相应的管理体制，村委会委托保洁员对村民垃圾分类的具体情况进行考察评价，村委会根据每月的垃圾分类投放考核结果，对考核合格的村民给予一定的物质奖励。适当的奖励措施将会非常有助于村民垃圾分类意识的培养。村委会中有专人负责生活垃圾处理的工作，并与保洁员签订垃圾分类处理责任书，保洁员的工作受到村民以及村委会的共同监督。与此同时，村民与保洁员也要对村委会的工作给予评价，并积极反馈垃圾分类收集各方面的信息。

图 3-18　常见垃圾桶类型

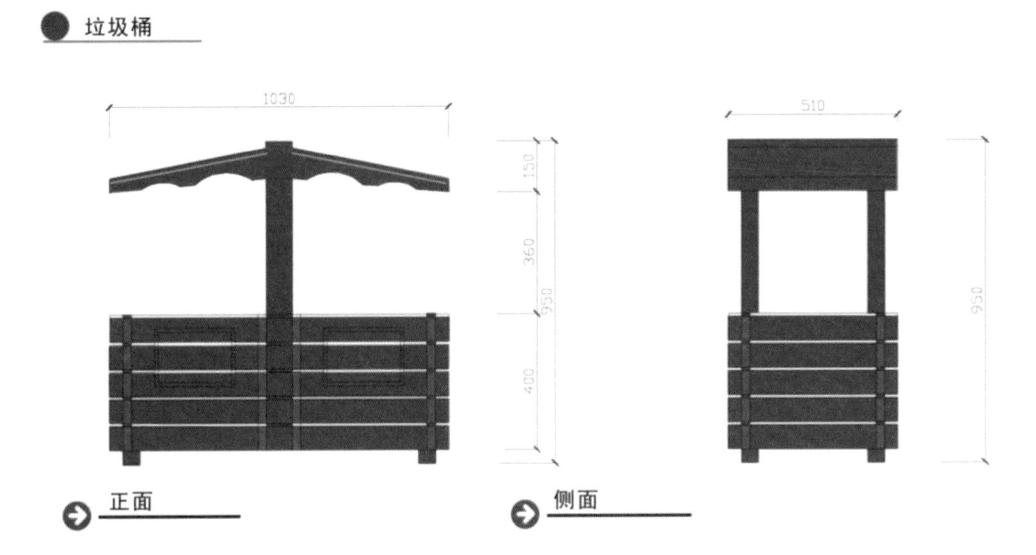

图 3-19　旅游区特色垃圾桶设计（图中单位为 mm）

村垃圾收集体系中，以村为单位设置小型垃圾收集点，收集各户垃圾。目前国内应用比较广泛的村垃圾收集点形式包括地埋式垃圾收集点和箱式垃圾收集点。

（1）地埋式垃圾收集点。地埋式垃圾收集点将垃圾收集箱置于地坑内，箱上盖打开，保洁员将收集到的村民生活垃圾倾倒进垃圾箱内。每个垃圾箱有两个上盖，可同时容纳两辆车倾倒垃圾，垃圾箱装满后，盖上箱盖待运。垃圾转运车利用自带的摆臂可实现吊装垃圾箱上车、倾倒垃圾、放置垃圾箱入坑。地坑周边高出地平并加防护，避免雨水或垃圾落坑。地埋式垃圾收集点不需用电力，占地少，地坑浅且地上无需建筑物，基本与地面持平，便于环卫工人作业，与转运站对接方便，适合大规模安装；但有土建费用，位置必须固定，流动性差。

（2）箱式垃圾收集点。箱式垃圾收集点的箱体置于地面，垃圾箱定点存放垃圾，拉臂车流动甩挂箱体转运。箱式垃圾收集点无需土建费用，无需电力，适用性较强，便于村民投放袋装垃圾，易与转运站对接，可根据实际情况随时调配，箱体密闭，全封闭运输，不易撒漏，无二次污染；维修方便，可靠性高；但服务半径较小，设备投资较高，设备损耗较大。

对比两种收集点，由于地埋式垃圾收集点更便于环卫作业，地上无建筑物，视觉效果更好，且目前部分区域已使用地埋式收集点。考虑设施设置统一，便于管理维护，方便环卫作业，建议使用地埋式垃圾收集点，并保留现有地埋式垃圾收集点继续使用。对于土建选址存在困难、收集点需要随时调配的镇村，可以根据实际情况，选择箱式垃圾收集点。

每套地埋式垃圾收集箱服务人口约500人（少于500人的村配置一套地埋式垃圾收集箱）。地埋式垃圾收集箱建设的选址须避开自然保护区等生态保护区域范围，并符合国家及地方相关管理规定的要求。

各村配备保洁员，按照人口的千分之五配备。保洁员应由镇乡统一招聘，实行统一管理考核。每名保洁员配备一辆保洁车（人力三轮车），负责村街主干道路清扫保洁，定时定点收集生活垃圾。保洁员将垃圾用三轮车运至各村设置的垃圾收集点，将垃圾倾倒至地埋式垃圾箱内，再由专用的清运车运送至垃圾处理厂进行统一处理。地埋式垃圾收集箱与保洁车如图3-20所示。

4. 垃圾转运与处理

为了保护居民的生活环境，垃圾终端处理设施的选址需要远离城区，根据规划区实际情况和各乡镇到垃圾终端处理设施的运距，可采取直运、转运和两者相结合的方式。运距较近的乡镇配备垃圾清运车，各村垃圾收集点内垃圾装满后，由垃圾清运车收集，将垃圾直运至垃圾焚烧发电厂。运距较远的乡镇建设垃圾转运站，收集和转运各镇及行政村生活垃圾，配备垃圾转运车，将垃圾运至垃圾终端处理设施。每辆车需配备一名司机和一名装卸工。

就垃圾转运站而言，由于农村地区人口组成、行政管理、环卫作业及管理模式与城市中心区有很大的区别，转运站的设置方案常采用以下两种方式：一种是以乡镇为单位，每个乡镇建一座小型转运站；另一种是根据各乡镇人口、位置、运距等因素，几个乡镇合建一座转运站。

各乡镇单独建立小型垃圾转运站，每个站转运设施用地规模较小，但每站配备的环卫车辆存放及环卫工人作息场所均需要单独选址，单独设置。每站配置一台转运设备，虽然单独一座小型转运站投资降低，但配套的设备总量增加，转运站数量及车辆总量增加。

图 3-20　地埋式垃圾收集箱与保洁车

小型转运站转运效率低，运行经济性较差。相比而言，合建垃圾转运站可以“化零为整”，有效节约土地资源，并解决环卫设施选址难的问题，并能够充分利用车辆的运输能力，提高转运效率。合建转运站具备管理方便、占地及投资较少的优势，且更具规模集中效益，建议采用合建模式，根据运距及垃圾产量，相邻 2 ～ 4 个乡镇建一座转运站。

3.2.3 户厕改造及公厕建设

农村厕改是改观念、改设施、改行为的系统工程，主要工作内容包括户厕改造与公厕建设提升。根据“美丽村庄”“清洁村庄”行动的要求，村庄整治应实现粪便无害化处理，减少粪便中病原体传播的机会，预防肠道传染病和寄生虫病，保障村民身体健康，防止粪便污染环境。

农村厕改的设计施工和维护管理应参照2003年版《中国农村卫生厕所技术指南》以及全国爱卫办和卫生部《农村改厕技术规范（试行）》；户厕的建筑和卫生管理应符合《农村户厕卫生规范》(GB 19379—2012)的有关规定和要求；处理后的粪液(出口粪液)参照《粪便无害化卫生要求》（GB 7959—2012）的有关规定和要求；农村卫生公厕建设参照国家《城市公共厕所卫生标准》（GB/T 17217—1998）和《城市公共厕所设计标准》（CJJ 14—2005）、《公共厕所建设标准》（DB11/T 190—2003）执行。

1. 户厕改造

户厕改造应满足建造技术要求，方便使用与管理，与饮用水源保持必要的安全卫生距离，并做到地上厕屋满足农户自身需要、地下结构符合无害化卫生厕所要求，坚固耐用、经济方便。目前农村厕改的主要类型包括三格化粪池厕所、三连通沼气池式厕所和水冲式厕所等。

1）三格化粪池厕所

该类型厕所具有结构简单、易施工、流程合理、价格适宜、卫生效果好等特点。三格化粪池厕所将粪便的收集、无害化处理在同一流程中进行，由厕屋、便器、冲水设备和3个密闭的化粪池等部分组成。三个化粪池分为1、2、3格，在其隔壁墙上设置过粪管使各池连通，其效果取决于尽量不让鲜粪及粪渣进入第2、3池。三格化粪池设计的基本原理是利用寄生虫卵的密度大于粪尿混合液而产生的沉淀作用及粪便密闭厌氧发酵、液化、氨化、生物拮抗等原理除去和杀灭寄生虫卵及病菌，控制蚊蝇滋生，从而达到粪便无害化目的。粪便处理主要利用腐化发酵、机械阻挡、缓流沉卵、密闭厌氧的原理。粪便在池内经过30天以上的处理过程和30天以上的贮存过程，中层粪液依次由1池溢流至3池，以达到有效减少或去除肠道致病菌和寄生虫卵的目的。

化粪池的有效容积应保证粪便在第1池贮存20天，在第2池贮存10天，在第3池贮存30天。总容积不得小于1.5 m^3。第1、2、3池的容积比例为2:1:3，在第2池容积不足0.5 m^3 时，可按0.5 m^3 设计施工。第二池宽度不足50 cm时可加大至50 cm。每增加1人，三格化粪池应增加容积0.4～0.5 m^3。3池深度相同，不应小于1.2 m。北方地区还应该考虑当地冻层厚度确定池深。使用前，贮粪池应进行渗漏测试，不渗漏方可投入使用。贮粪池投入运行前，应向第1池注入水至浸没第1池过粪管口。应定期检查过粪管是否堵塞，并及时进行疏通。第3格的粪液应及时清掏，清掏的粪渣、粪皮及沼气池的沉渣应进行堆肥等无害化处理。禁止在第1池取粪用肥，禁止向2、3池倒入新鲜粪液，禁止将洗浴水、畜禽粪通入贮粪池。厕纸不宜丢入厕坑。其他技术卫生要求参照相关的标准规范。三格化粪池厕所如图3-21所示。

2）三连通沼气池式厕所

该类型厕所应是厕所、畜圈、沼气池的三连通，施工时切实做到“一池三改”同步，人畜粪便能够直流入池，直管进料并要避免进料口的粪便裸露。出料口必须保证发酵池粪液、粪渣充分发酵后方能取掏沼液的结构设计。主要结构包括地上部分与地下部分。地上部分包括厕室、猪圈等，地下部分包括进粪（料）口、进粪管、沼气池（由发酵

图 3-21　三格化粪池厕所

间和贮气室组成）、出料管、水压间（出料池）、储粪池、活动盖、导气管等。

新建沼气池需经 7 天以上养护，经试水、试压，不漏气、不漏水后方可投料使用。首次投料启动采用沼气池沉渣或污染物作为接种物时，接种量为总发酵液的 10% ～ 15%，采用旧沼气池发酵液作为接种物时，应大于 30%。沼气池发酵液含水量一般为 90% ～ 95%。料液碳氮比一般为 20∶1。发酵最宜 pH 值为 6.8。沼液应经沉淀后于溢流贮存处掏取。根据当地用肥季节和习惯，沼气池宜每年出料 1 ～ 2 次。使用和检查维修沼气池时，必须严格防火、防爆和防止窒息事故发生。严禁在进粪端取粪用肥。严禁将洗浴水通入厕所的发酵间。严禁向沼气池投入剧毒农药和各种杀虫剂、杀菌剂。

3）水冲式厕所

该类型厕所应以完整的给水和排水设施为基础进行建设，水冲后产生的污水应通过地下管网进入污水处理设施。该项工作的切实推进须以农村生活污水收集处理体系的完善为前提，应与农村生活污水地下管网建设、污水处理设施建设等工作统筹考虑，协同推进。

2. 公厕建设与提升

农村公厕选址应考虑实用性，方便使用，应充分考虑环境保护因素；应建在农村地区的广场、集贸市场、主要道路附近、人流量较多或居民集居等人口较集中的地方；应选择地势较高，不易积存雨水，无地质危险地段，方便使用者到达，便于维护管理、出粪、清渣的位置。

农村公厕内的厕位不应暴露于厕所外视线内，厕所的进门处应设置男女通道、屏蔽墙或屏蔽物。公共厕所的男女进出口，必须设有明显的性别标志，标志应设置在固定的墙体上。建议厕位之间应设置隔板，宜设置厕间门，高度自厕位地面算起应不低于 1.2 m；独立小便器站位应有隔板，高度宜为 0.6 m，下沿距地面应小于 0.6 m，上沿距地面应大于 1.2 m。农村公厕内女厕建筑面积应大于男厕，男女蹲位比例宜为 2∶3。建筑室内净高宜为 3.5 ～ 4.0 m，设天窗时可适当降低室内净高。室内地坪标高应高于室外地坪 0.15 m 以上。化粪池建在室内地下的，地坪标高应依化粪池排水口的高度确定。

农村公厕的建筑通风、采光面积与地面面积比应不小于1:8，当墙侧窗不能满足设计要求时宜增设天窗。建筑应通风良好，每个大便位换气量不小于40 m^3/h，每个小便位换气量不小于20 m^3/h，并应优先考虑自然通风。换气量不足时，应增设机械通风，在完全依靠机械通风的情况下，换气频率要达到每小时3次以上。

公厕应为水冲式厕所，应具备水冲条件并采用节水设施和防冻措施。收集粪便的化粪池及粪便处理应使用三格化粪池，化粪池（贮粪池）四壁和池底应做防水处理，池盖必须坚固（特别是可能行车的位置）、严密合缝，检查井、吸粪口不宜设在低洼处，以防雨水浸入。化粪池（贮粪池）的位置应设置在人们不经常停留、活动之处，并应靠近道路以方便清洁车抽吸。化粪池容积设计参考见表3-1。

表3-1 化粪池容积设计参考

化粪池型号	化粪池型号有效容积 / m^3	实际使用人数 / 人
1	3.75	120
2	6.25	120 ～ 200
3	12.50	200 ～ 400
4	20.0	400 ～ 600
5	30.0	600 ～ 800
6	40.0	800 ～ 1 100
7	50.0	1 100 ～ 1 400

公厕建筑面积应根据服务人口及服务区域性质确定。设置密度宜为每平方千米2～3座，服务人口宜为500～1 000人/座，建筑面积宜为30～70 m^2，有条件的地方宜设置工具间，面积3～5 m^2，流动人口多、旅游线路沿线及旅游村等区域取上限，并根据村庄实际情况酌情增加。此外，对于受现状条件制约、不宜进行大规模户厕改造的村庄，可通过加建公共厕所的方式，解决群众的如厕需求。

3.3 绿化与景观改造

3.3.1 基本要求

村庄绿化与景观改造是城市绿化的外延，但又区别于城市绿化，要遵循“生态优先、因地制宜，改造与新建结合、绿化与美化相辅，生态与经济双赢、保护与建设并举”的绿色方针，以改善村庄生态环境为第一目标。以尊重农民意愿、维护农民利益、增进农民福祉为准绳，科学规划，精心设计，大力实施“林、乔、灌、花、菜”综合四旁绿化工程，营造出“村在林中、路在绿中、房在园中、人在景中”的优美景观。注重生态保护和水土流失的治理，促进村域沟渠、坑塘、河道沿岸、沿坝全绿化，初步实现生态的良性循环。推进建筑风貌美化提升工程，打造具有历史特色的文化乡村，塑造农村环境新形象。形成总量适宜、结构合理、功能完善、景观优美的乡村生态网络体系。

3.3.2 “四旁 + 公共”绿化

村庄绿化是生态建设最直观的支撑，是农村面貌改造提升、美丽村庄建设的重点工程。以科学规划为引领，协调村庄整体规划，见缝插绿、合理分布，重点做好宅旁、路旁、水旁、村旁“四旁”的林木栽植；分类规划、分步实施，努力构建“村庄四周环村林、道路两侧乔木林、房前屋后果木林、河道坑塘净化林、公园绿地休憩林”绿化系统，打造立体化的绿色居住空间。

1. 村旁绿化

村旁绿化主要是建设环村林带，形成村庄的自然边界，进而有效遏制村庄的无序扩张，成为村庄与周边自然环境的生态过渡带；同时也对村庄外的噪声、沙尘、废气等起到了隔离作用。

环村林带建设要遵循因地制宜、宜宽则宽的原则，在保留原有村庄周边片林的基础上，对原有片林进行布置完善。有条件的村庄应在其周围栽植宽度在 15 m 以上的环村林带，并保持有 3 行以上，林相整齐、美观，无严重病虫害。对于高速公路沿线的村庄，在高速公路迎面一侧必须建有隔离林带。

环村林带树种配置应以速生，具有防护、环保、观赏和较高经济价值的乔木（胸径必须 4 cm 以上）为主，选取柳、槐等适宜本地土壤特性的树种，打造村庄森林化景观，营造生态大绿格局。环村林建设与农业结构调整相结合，立足于“一环、两区、三带”经济林发展格局，结合区域地方特色，重点建设核桃、板栗、梨子等经济林、高效林，在达到绿化美化效果的同时，又能促进农民致富产业又快又稳发展，逐步提升绿化质量，优化发展环境。村旁绿化示意如图 3-22 所示。

图 3-22 村旁绿化示意

2. 路旁绿化

路旁绿化是四旁绿化建设工程之一，通过在村庄主道、巷道栽种乡土植物、观花树、长青树等自然景观，以达到美化道路、保护路基、削风存雪的重要作用。原则上，路旁绿植配置应采用乔木为主，乔、灌、草、花结合的形式，同时，路旁绿化应以村庄道路为连线，根据村内道路等级、宽度以及两侧建筑物距离的远近，灵活配置路旁绿植，以构建高低错落、疏密有致的路旁绿化带。

村庄道路是绿化的骨架，按照“路修到哪里，树栽到哪里，实现有绿必有树，有树则成荫”的原则，对已建成村庄主干道实施全面绿化，道路两侧各栽植 1 ～ 3 行树木，按株距 3 m 定植，选用适宜树种，树底部铺设草坪，形成标准的绿色长廊，有条件的村庄可适当加宽。路旁绿化应以乔木为主，做到乔灌结合、移步换景的空间景观效果。在宽阔的道路上，即路幅宽度大于 4 m 的所有道路，可选用树干挺拔、冠大的树种，例如槐树、杉木等；在较窄的道路上则应选用枝干直立、分枝角度小的树种；在高压线下选用干矮、树枝展开的树种，如国槐、黄金柳等。路旁绿化示意如图 3-23 所示。

图 3-23 路旁绿化示意（图中单位为 m）

选择容易成活，而且长势较快，还具有乡土气息的树种；乔木、灌木与藤蔓植物结合，常绿植物和落叶植物相结合，速生植物和慢生植物相结合，适当地配置和点缀时令开花花卉植物；在统一基调的基础上，寻求变化，创造出优美的林冠线，打破村庄建筑群体的单调和呆板感；在栽植上可采取规则式与自然式相结合的植物配置手法。路旁绿化可选常用植物种类如图 3-24 所示。

据道路宽度及村庄的经济条件，确定相应的道路绿化模式标准。可在道路两侧各栽 1 ～ 2 排行道树，也可在一侧栽植单行，以乔木树种为主，或乔木、灌木相结合。充分利用植物的观赏特性，进行色彩组合与协调，通过植物叶、花、果实、枝条和干皮等显示的色彩在一年四季中的变化为依据来布置植物，创造季相景观。做到一条带一个季相，或一片一个季相，或一个组团一个季相。做好树种选择，乔木可选择国槐、法桐、白蜡等乡土品种，按照间距 3 m，胸径 3 ～ 5 cm 栽植。这些树种均有长势快、树冠较大、病虫害较少等特点，非常适合农村绿化应用。花灌木可选择花期长的品种，如小檗、月季、紫薇、木槿等。

图 3-24　路旁绿化可选常用植物种类

3. 宅旁绿化

宅旁绿地是住宅内部空间的延续和补充，与居民日常生活息息相关，很大程度上缓解了现代住户的封闭隔离感，可以协调以家庭为单位的私密性和以宅旁绿地为组带的社会交往活动。宅旁绿化应充分利用屋旁宅间的空间，以小尺度绿化景观为主，房前屋后，见缝插绿，不留裸土，改善村民的生活环境品质。

以植物造园为目的，与发展庭院经济相结合，结合空地形状自由布置，优先栽植果树，适当配置常绿灌木、花果蔬菜，实现多品种、多层次、多形式的综合绿化。根据庭院空地大小及立地条件，每户宅旁应栽植 1 ～ 5 株乔木，而不宜种植的庭院还可采用组合型灌木类盆花摆放的形式进行宅旁美化。宅旁绿化示意如图 3-25 所示。

4. 水旁绿化

水旁绿化主要是对村域范围内的河流、沟渠、坑塘等村庄水系堤岸进行绿化。在实施绿化工程中，应与河流、沟渠、坑塘整治工程相辅相成，依据治与保并举方针，按

图 3-25 宅旁绿化示意

照绿化地段的水位高低、水质情况选择陆生、湿生、水生的植物。水旁绿化布置以生态、自由的方式为主，植物品种以亲水植物和水生植物为主，如柳树、芦苇、荷花等。常用池塘绿化美化植物如图 3-26 所示。

图 3-26 常用池塘绿化美化植物

在村庄建设区内的河流、沟渠、坑塘绿化提倡采用乔、灌、草组合式的绿化，建成区外则按照规定标准建设1～3行林带，选用根系深、主干高、冠幅窄的乡村乔木树种，搭配常绿、灌木等树种，做到乔灌结合、针阔结合、绿化与美化结合，突显村庄绿体绿化、生态种植。水旁绿化如图3-27所示。

图3-27 水旁绿化

5. 公共绿化

公共绿化要结合群众娱乐、休憩健身活动广场以及村内空闲地等村庄公共活动区域，选用冠幅大、遮阴好的高大乔木，并适当配置一些灌木花草，逐步建成中心绿地和小游园，将园林绿化与休闲娱乐、旅游开发融为一体，呈现村庄绿化亮点。规划要求每个村庄至少有一个面积在500 m^2 以上的休闲公园或绿地。公共绿化如图3-28所示。

图3-28 公共绿化

所谓“三分造七分管”，为确保村庄绿化的可持续发展，各村庄应制定管护责任制、村规民约、护林公约等规章，建立奖惩制度，成立专业管护队伍，负责绿化项目日常管理工作。对集体所有的环村绿化林带，实行管护承包，受益分解；对道路两侧栽植的树木，实行门前管护职责制，对房前屋后空隙地落实“谁造谁有谁受益”的政策，充分调动个人管护积极性，形成专职人员与群众相结合的绿化养护管理网络。

3.3.3 河道与坑塘整治

农村坑塘水系是河流系统的末端环节，是农村生态环境系统的重要组成部分。多年来，受水量不足及农村生产生活习惯影响，农村坑塘、沟渠普遍成为垃圾堆放和污水排放的场所，污染问题突出，严重影响了农村生态环境。为进一步提升农村生态环境面貌，改善水环境、修复水生态，按照“分类施策、标本兼治”的治理原则，以村庄内部与村民生产生活直接密切关联、具有一定蓄水容量的坑塘、村内河道、环村河道为整治对象，综合考虑村庄污水收集、处理及生活垃圾转运工作，实施河道与坑塘水系综合治理工程，逐步消除水体黑臭和环境脏乱差现象，充分发挥坑塘沟渠的水源调蓄、生态景观、生态养殖功能，实现坑塘“引得进”与“蓄得住”，构造人水和谐、生态宜居的美丽乡村。

1. 河道与坑塘污水处理

当前，河道与坑塘污水主要来源于周边村庄生活污水的无组织排放。尤其是雨季，生活污水携带垃圾等污染物流入附近河道、坑塘，严重影响河道整洁，破坏河流水质，除对当地水生生态环境造成了破坏外，还可能会影响当地居民日常用水的安全和身体健康。由此，治理坑塘污水关键在于农村生活污水处理。

此外，由于污水处理设施的建设与运行成本非常大，并且容易受到外界环境的干扰，因而在力求污水处理高效稳定和经济节约的前提下，采用技术成熟可靠、管理方便、可控的移动式一体化污水处理装置，经处理后的出水达到一定标准后用于农田灌溉或景观环境用水。一般而言，不同功能坑塘河道水体的控制标准存在很大的差异，如表 3-2 所示，因而在选择坑塘污水处理工艺时应分“坑”制宜，分类指导。

表 3-2　不同功能坑塘河道水体的控制标准

坑塘功能	最小水面面积 /m^2	河道宽度 /m	适宜深度 /m	水质类别
旱涝调节坑塘	50 000	—	1.0 ~ 2.0	V
渔业养殖坑塘	600 ~ 700	—	> 1.5	III
农作物种植坑塘	600 ~ 700	—	1.0	V
杂用水坑塘	1 000 ~ 2 000	—	0.5 ~ 1.0	Ⅳ
水景观坑塘	500 ~ 1 000	—	> 0.2	V
污水处理坑塘（厌氧）	600 ~ 1 200	—	2.5 ~ 5.0	—
污水处理坑塘（好氧）	1 500 ~ 3 000	—	1.0 ~ 1.5	—

续表

坑塘功能	最小水面面积 /m^2	河道宽度 /m	适宜深度 /m	水质类别
行洪河道	—	≥自然河道宽度	—	—
生活饮用水河道	—		＞1.0	Ⅱ～Ⅲ
工业取水河道	—		＞1.0	Ⅳ
农业取水河道	—		＞1.0	Ⅴ
水景观河道	—		＞2.0	Ⅴ

注：水质类别所规定标准为不低于此标准。

2. 河道与坑塘底泥处理

受排入废水的影响，河道、坑塘的底泥积累了大量的各类污染物，如重金属、难降解有机物、不溶性盐类等。底泥不仅可以直接反映水体的污染历史，而且在一定条件下底泥中的污染物也可以通过解吸、溶解、生物分解等作用，向上覆水体释放各种污染物，是水体二次污染的重要来源。因此，比较多种底泥治理与修复方式，选用合理的污泥处理方法对所有河道、坑塘底泥进行清挖后综合治理，并根据污染程度对塘底土壤进行治理和修复。底泥的治理和修复方法比较如表 3-3 所示。

表 3-3　底泥的治理和修复方法比较

编号	治理及修复技术		优点	缺点	适用场合	应用方式
1	物化方法	原位化学氧化	不需开挖、不破坏土壤结构；易操作、效果好、成本较低，时间快	使用范围较窄、可能存在氧化剂污染	油类、挥发性有机物污染；半挥发性有机物污染；非水溶性氯化物污染	原位
2		固化和稳定化	防止了污染物的迁移；成本低；适合多种重金属及大部分无机污染物	不破坏、不减少土壤中的污染物，可能会受到外界化学作用和不利因素影响导致被固定的污染物重新释放	重金属及大部分无机污染物以及部分有机污染物	原位
3		蒸汽浸提	主要是针对挥发性有机污染物；设备简单、容易安装；成本低，时间快；可以回收有机物	需开挖、破坏土壤结构；随浓度不同，处理时间不同；适用于透气性好的土壤，在低渗透性土壤和有层理的土壤上有效性不确定；地下水位不能太高；处置时间较长	挥发性有机物污染	异位
4		热脱附	快速、高效；对土壤彻底修复；最后浓缩物少；处置后的土壤可视为非危险废物；适用范围广	设备相对复杂，成本较高；操作相对复杂，操作人需要丰富的经验；最后浓缩物需焚烧或填埋	挥发性有机物污染；半挥发性有机物污染；挥发性重金属污染	异位

续表

编号	治理及修复技术		优点	缺点	适用场合	应用方式
5	生物方法	堆肥	成本低、易操作；可能产生恶臭等二次污染	需开挖、破坏土壤结构；使用范围较窄、修复时间较长	重金属、难降解有机物含量较少，可降解有机物丰富的底泥	异位
6		微生物修复	不需开挖、不破坏土壤结构；成本低、易操作；永久清除污染物；没有二次污染	修复时间较长，修复效果可能会受污染物性质、土壤微生物结构、土壤性质及环境条件等因素影响	适用于微生物处理的有机污染物	原位
7		植物修复	不需开挖、不破坏土壤结构；成本低，容易实施；对修复场地和环境的扰动小，具有绿化作用	随浓度不同，处理时间不同；修复周期较长	适用于修复重金属、农药、石油和持久性有机污染物、炸药、放射性核素等污染土壤	原位
8		微生物／植物联合修复	不需开挖、不破坏土壤结构；成本低，容易实施；对修复场地和环境的扰动小，具有绿化作用	修复时间较长，修复效果可能会受污染物性质、土壤微生物结构及环境条件等因素影响	适合于修复有机-无机（如重金属）复合污染类土壤	原位

3. 河道与坑塘护坡处理

为了保证河道与坑塘地质安全和周围群众的生活安全，对易崩塌的河道与坑塘周边进行加固处理，并设置安全警示牌。在治理过程中，要尽量保持河流、坑塘自然本色，减少对自然坑塘河道的开挖与围填，避免过多的人工化，以保持水系的自然特性和风貌；多用和推广生态护岸，并运用自然的乡土植被和沙砾修筑，保持一定量的底泥，既提供给人以视觉上的美感，又能植树种草，为鱼类和其他水生生物的生存提供场地，体现水体的自然景观，使其具有较强的截污、净化功能和鲜活的生命力。

以生态为主线，统筹环境保护、休闲、文化及感知需求来启动村庄河道与坑塘等水系规划建设，重塑滨水岸线，体现人文关怀；更加注重水系生态修复，突出水岸景观设计，尽显回归河道、坑塘水源调蓄、生态景观、生态养殖的自然功能，体现以人为本、人水相亲、和谐自然的理念。河道、坑塘的治理模式如图3-29所示。

（1）水源调蓄。对于尚且满足补水条件和排水条件，并符合相关使用功能的废弃坑塘，可采取拆除障碍物、清理坑塘、疏浚坑塘进出水明渠、改造相关涵闸等措施，种植芦苇、荷花等喜水植物进行水体修复，恢复其水源调蓄的基本功能。

（2）生态景观。对村中位置较好，水面、水量均较大的坑塘，大力清理整治，合理设计分区，开辟游园空间，增添建筑小品、坐凳、公厕、户外健身器材等设施，打造优美的步行休闲走廊，使之成为村民日常休闲和娱乐的场所，并适当种植适宜当地气候条件的植物，成为美化村庄的一处生态景观。亲水游园的水深一般要求小于 1 m。

（3）生态种植和养殖。采取清淤、清垃圾、生态护坡等工程措施与种植水生植物、投放鱼苗等生物措施相结合的方式，充分发挥坑塘河道的综合功能，使农村水环境重新成为各类水生物、鱼类游乐栖息的“乐园”，又能实现“水清、河畅、岸绿、景美”的美好景象，确保坑塘治理工作取得实效。

水源调蓄

生态景观

生态种植

生态养殖

图 3-29　河道、坑塘的治理模式

3.3.4 建筑风貌美化提升

村庄建筑风貌是村庄特色风貌的直接体现。依托于区域自然生态环境，在人们长期生产生活过程中逐渐形成的建筑群体外征是衡量当地人居环境、自然生态景观和传统历史文化的载体，是对农村“社会和谐、生产发展、生活富足、景观优美、管理民主”聚落文化景观的综合体现。从村落实际出发，遵循客观规律，挖掘特色优势，在充分尊重村庄特征的基础上，继承建筑风貌，延续空间格局，提炼文化符号，逐步提升村庄建筑风貌品质；坚持农民主体地位，尊重农民意愿，突出农村特色，全面推进建筑风貌美化提升工程。下大决心、花大力气推进村庄公共空间整治，改善村庄整体环境，做到规划有序、居住安全、村容整洁、环境良好，建设整体可持续发展的村庄建筑风貌。

（1）清除外墙标语广告。针对当前农村民居外墙标语广告泛滥的情况，集中清除整治，坚决抵制。清除不规范、不健康、不文明的户外广告，每村至少建设 1 个专门广告栏；拆除陈旧、破损严重的广告标语、对联、横幅等，创办清洁文明村庄。

（2）整修沿街建筑立面。对沿街建筑立面进行整修，保留质量尚好、门窗墙面均未破坏的建筑；整治有一定破损、受其他构筑物遮挡、使用不当的建筑立面；清除有碍观瞻、用地需要调整的建筑物；主要街道、公路两侧的墙壁统一整饰，颜色要与村庄的环境、生态状况协调一致，做到色调协调、赏心悦目。

（3）绘制农村文化墙。结合规划区历史文化和农村精神文明建设，在村庄主要街道两侧绘制美丽乡村文化墙，因地制宜地将政策法规、社会公德、家庭美德、社会治安、农业科技以及卫生保健常识等内容，利用“顺口溜”“三字经”或者广告画、漫画等形式，在各村主要街道用墙体彩绘表现出来，成为农民群众喜闻乐见的政策明白墙、科普指导墙、文化娱乐墙，着力突出社会主义核心价值观建设，弘扬中华民族优秀传统文化。

（4）设立村庄入口标识。村口是一个村庄的入口和通道，应结合村庄建设和文化特色，采用石头雕刻、建设门楼等形式，在村庄入口处设立村庄标识；有条件的村庄应在村内设置街巷、楼院门户和设施标牌，提升村庄精细化管理水平。建筑风貌美化如图 3-30 所示。

农村文化墙

村庄标识

图 3-30 建筑风貌美化

3.4 卫生便民服务设施建设

3.4.1 饮用水安全保障

1. 基本要求

科学布局，突出重点，结合规划区农村实际，合理布局，重点做好村庄饮用水安全保障工作。因地制宜，确保实效，技术模式选取要从实际出发，根据不同的经济社会、自然地理与环境情况，优先采用操作简便、效果好、运行稳定、维护成本低的成熟处理技术模式，使得农村饮用水水质状况和管理状况得到切实改善加强。

选取农村饮用水水源地环境保护项目技术模式时，应参照《农村环境连片整治技术指南》（HJ 2031—2013）的有关要求进行。同时，依据项目建设需求，参照《饮用水水源保护区划分技术规范》（HJ/T 338—2007）、《分散式饮用水水源地环境保护指南（试行）》（环办〔2010〕132 号）、《集中式饮用水水源环境保护指南（试行）》（环办〔2012〕50 号）等国家规范性文件，根据不同的水源地类型，因地制宜地选取技术模式。

2. 保护措施

根据规划区相关工作的开展情况，科学划定并建立集中式饮用水水源保护区。保护区内严禁一切有碍水源水质的行为和建设任何有可能危害水源水质的设施。现有水源保护区内的所有污染源应进行清理整治。给水构（建）筑物周围 100 m 范围内不应有厕所、化粪池和禽畜饲养场等设施，且不应堆放垃圾、粪便、废渣和敷设污水管渠。

农村饮用水水源地保护技术模式包括防护技术模式和污染治理技术模式。其中，防护技术模式分为：①水源地标志工程建设技术，包括界标、交通警示牌和宣传牌等；②隔离防护设施建设技术，包括物理防护和生物防护，物理防护包括护栏、隔离网、隔离墙等，生物防护主要为构建植物篱。污染治理技术模式分为：①农村饮用水水源补充水污染治理技术，包括生态沟渠、植被缓冲带和塘坝水源入库溪流前置库技术等；②农业面源污染防治技术，包括选用低毒农药等农药污染防治技术和施用缓释肥、建设生态缓冲带等化肥污染防治技术。

给水方式方面，位于城镇周边的村庄，应根据经济、安全、实用的原则，优先选择城镇的配水管网延伸供水。村庄距离城镇较远时，可建设给水工程，联村、连片供水或单村供水。无条件建设集中式给水工程的村庄，可选择手动泵等单户或联户分散式给水方式。一般来说，采用乡镇集中供水厂供水方式的，水源地保护设施相对完善；而单村集中供水村庄饮用水水源地保护设施比较薄弱，针对这一情况，重点围绕单村集中供水村庄的深水井、储水池等水源地，开展饮用水水源地保护设施建设，主要建设内容为水源地界标、道路警示牌等。

3.4.2 卫生便民服务设施建设

卫生室、村邮站、超市（便利超市、农资超市）等为村庄必须配备的卫生便民服务设施，保证农村地区必需的医疗卫生服务与通信商务服务。在此基础上，按照城乡统筹、推进城乡经济社会发展一体化的要求，加快实现城乡公共服务均等化，并遵循联建共享、经济实用的原则，对于服务人口较多、规模较大、投资较高的卫生便民服务设施，可视具体情况实现周边相关村庄联建共享，与经济社会发展水平相适应。农村卫生室建设如图 3-31 所示。

卫生室应单独设置，诊室、治疗室、药房、档案室 4 室分开，建筑面积为 60 ～ 80 m^2。村邮站可结合村民服务中心、便利超市、农资超市、农家书屋设置，建筑面积应在 20 m^2 以上。便利超市或农资超市可以单独设置，也可与村邮站结合设置，建筑面积 100 m^2。

图3-31　农村卫生室建设

3.5 文体与宣教设施建设

3.5.1 基本要求

积极构建全民健身公共服务体系，推进公共体育服务均等化，加强部门协同联动，不断形成互促共进的全民健身格局。推进政府购买体育公共服务，创新社会体育组织管理体制和运行机制。大力吸引社会资本投资全民健身，促进体育消费。推广全民健身系列活动和健身方法，丰富广大市民的活动内容和形式，改革群众体育赛事的组织形式，激发社会参与全民健身的动力。

满足农村居民不断增长的多层次、多样化的文体需求，加强文体设施建设，积极开展多渠道、多手段的文体活动。通过开展各种健康、有益、积极向上的文体活动，倡导科学健康的生活方式，不断提升村庄文化品位，促进村民相互沟通，提高村民自身的素质和主人翁意识。

积极开展文体活动场所的建设是开展文体活动的根本。活动场所和设施的多少、环境的好坏将直接影响农村居民对文体生活的要求。采取“上级帮一点、社会筹一点、自己出一点”的办法，改善室内外活动场所、文体设施等的基础性建设。

每村应有一个党员活动室、一个文化活动室、一个农家书屋、一个健身广场。党员活动室、文化活动室、农家书屋、健身广场基本建设设施达标，布局合理，功能完善。

同时，在有条件的中心村推广特色品牌实体书店。

3.5.2 文教活动场所建设

农村党员活动室是农村基层党组织贯彻落实党的方针政策和农村党员学习教育的主要场所。加强农村党员活动室建设是抢占农村思想文化建设高地、加强和巩固党对农村领导的重要措施。党员活动室建设应充分整合资源，对闲置的村集体公房进行修缮改造，整合为党员活动室；对出现安全隐患的党员活动室进行修缮加固，确保活动室安全使用。党员活动室可与文化活动室、农家书屋结合设置，总面积不小于 150 ㎡。

党员活动室应布设的内容主要包括党组织基本情况一览表、中国共产党性质、入党誓词（党旗）、党支部的基本任务、村党支部的主要职责、党支部书记主要职责、党员权利、党员义务、民主评议党员制度、农村党员先锋模范作用的要求、党员联系户制度、流动党员管理制度等。党员活动室布置参考如图 3-32 所示。

图 3-32 党员活动室布置参考

村文化活动室可与党员活动室、农家书屋结合设置，活动室内应配置影音设备、棋牌、阅览桌、阅览椅、电脑、乒乓球、台球等文化娱乐设备。

农家书屋是为满足农民文化需要，在行政村建立的、农民自己管理的、能给农民提供实用的书、报、刊和音像电子产品阅读视听条件的公益性文化服务设施。每一个农家书屋原则上应配置可供借阅的实用图书不少于 1 000 册，报刊不少于 30 种，电子音像制品不少于 100 种（张）。人口密集且具备条件的村庄，可增加一定比例的网络图书、网络报纸、网络期刊等出版物。农家书屋面积原则上不小于 50 ㎡，可与党员活动室和文化活动室结合设置。农家书屋根据村庄文化及产业发展特色，覆盖文学小说、生活常识、科普知识、科学种植、养殖知识等种类丰富的书籍及报刊，知识涵盖面广、内容丰富，能够很好地提高广大村民的各种知识和提供给他们各种技术信息。农家书屋内设桌子、椅子、书柜、灭火器等设施。农家书屋应制定管理规程，设立图书管理员，并做到定期更新书籍及报刊。农家书屋建设参考如图 3-33 所示。

图 3-33 农家书屋建设参考

3.5.3 健身场所与设施建设

村庄健身广场应位于环境安全地带，可与村庄小广场、小游园等结合设置，占地面积原则上不小于 1 000 m²。健身广场选址根据因地制宜的原则，整合土地资源，结合拓展村级文化广场设施建设，在杂边地或废弃地上改造建设田园式生态文化广场，做到“用地不占地、建园不费田”。

健身广场应提前规划设计，场地、设备、设施、人行通道、休息设施（座椅等）、绿化布置等布局安排合理。户外健身广场可根据村庄人口及用地条件考虑设置篮球场地（占地面积约 400 m²）、乒乓球活动场地（占地面积约 100 m²）、室外健身场地（占地面积约 500 m²，可安装 6 ～ 15 套健身器材）、羽毛球场地（占地面积约 300 m²）、演艺台（占地面积 80 m²）以及绿化带、文化长廊等。健身广场建设参考如图 3-34 所示。

健身器材主要涉及单杠、双杠、漫步机、骑马机、扭腰器、太极云手、篮球架等体育设施，器材的产品质量应符合国家现行行业规范标准要求。

健身广场的地面铺砌，可以采用整体铺装（混凝土、沥青等）或块料铺装（花岗岩、砖等）。材料选择应本着经济、耐磨损、环保、维护成本低的原则，主要考虑材料强度、平度和耐久性特点，还要考虑使用的人群数量，地面的承载量等要求。要做到因地制宜，尽量就地取材，节约材料资源。

各村应结合实际情况组织丰富多彩的全民健身活动，激发社会体育活力，改造、提升、配建全民健身设施器材。村庄经常参加体育锻炼的人数比率应达到 45%。

3.5.4 宣传设施建设

各村应设置宣传橱窗，在村庄入口处、主要道路沿线及村委会附近设置，一般要求长度 10 延米、面积 5 m² 左右。结合道路建设及沿街外墙景观改造，利用墙面进行村风文明等宣传。宣传内容可包括爱国主义、精神文明、社会主义核心价值观、法制、政策以及村规民约等，倡导崇善向上、勤劳致富、邻里和睦、尊老爱幼、诚信友善、生态环保等文明乡风。有条件的村庄，可结合村旅游设施建设，安装户外高清 LED 显示屏等大型宣传设施。

图 3-34　健身广场建设参考

3.5.5 文化保护与传承

发掘古村落、古建筑、古文物等乡村物质文化，进行整修和保护。搜集民间民族表演艺术、传统戏剧和曲艺、传统手工技艺、传统医药、民族服饰、民俗活动、农业文化、口头语言等乡村非物质文化，进行传承和保护。历史文化遗存村庄应挖掘并宣传古民俗风情、历史沿革、典故传说、名人文化、祖训家规等乡村特色文化。建立乡村传统文化管护制度，编制历史文化遗存资源清单，落实管护责任单位和责任人，形成传统文化保护与传承体系。

3.6 长效机制建立与完善

3.6.1 基本要求

以全面提升农村环境面貌、推进农村社会管理创新为目的，加强农村公共服务设施运行维护，达到以管促建、建管结合的目的，确保农村公共服务设施持续、有效、稳定地发挥服务功能。通过整合资源，加大投入，创新工作机制，建成“设施配套、功能完善、管理有序、服务到位、保障有力、村民满意”的村级公共服务体系，充分体现“建设与管护并重”，逐步建立“促进村民生产，方便村民生活”的公共设施长效运行管护体系；建立保障有力、满足农村公共设施运行管护需要的运行管护经费筹措保障机制；建立村民民主参与、民主议事、民主决策、民主监督的农村公共服务运行管护管理长效机制；围绕组织管理、生活垃圾处理、生活污水处理、坑塘整治、环境清整、绿化美化等工作要求，建立村庄长效管护机制的激励政策、工作标准、考核办法等，提高村庄环境卫生长效管理的高效化、专业化、社会化水平，努力创建生态宜居、环境优美、规范有序、文明和谐的美丽乡村。

3.6.2 管护标准

1. 公共服务设施管护

公共服务设施管护包括竣工验收后的公共服务设施、村内道路、路灯、生活饮用水设施、生活污水处理设施（含村污水管网及纳入城市污水处理主管网管道）、停车场、公厕、垃圾收集设施、文体活动场所及设施等的维护、修复和整改。

（1）公共场所管护。村党员活动室、文化活动室、农家书屋等公共场所明确专人负责，做好日常管护；定期维护、补充、完善书籍、器具、标语等，相关区域范围保持干净、整洁；门窗、护栏无破损、缺失，及时做好维修工作，消除安全隐患。

（2）路灯维护。建立日常巡查机制，确定专业人员或委托专业机构做好日常维护工作，确保正常照明。

（3）生活污水处理设施管护。按照农村生活污水治理工作运维要求，定期对污水处理工程（含污水管网和窨井）进行全方位检查，及时清理窨井、进出口和人工湿地沉淀池内杂物（及时清运，不得任意丢弃）；及时清除处理池上和人工湿地绿化内杂草、杂物，并适时松土；定期对人工湿地植物进行修枝、整形、补种等绿化养护工作；及时补种枯萎的亲水植物和消除各种安全隐患，确保污水处理设施的正常运转。

（4）村内道路、水渠管护。对村内主干道路、里巷进行养护，对两侧路肩进行维护；加强村内道路、水渠管护及巡查，做到路面基本平整、无大的坑洼，路面整洁，路肩整齐无垮塌、无堆积物。水渠边沟排水通畅无阻，雨水排放流畅。

（5）公厕管理维护。公厕全年开放使用，有专人管理并保持地面、墙面、厕坑、洁具的整洁，自来水畅通，照明灯具完好，化粪池定期清理，设施有破损及时修复。

（6）文化体育场所及设施的管理维护。党员活动室、文化活动室、农家书屋及健身广场、宣传橱窗等设施、设备、书籍与器材有专人检查维护，若有破损能及时修复。

2. 农村环境长效保洁

农村环境长效保洁包括村域范围内公共服务场所、河沟池塘、道路沿线、房前屋后等的垃圾清理和环境整治工作。

（1）道路保洁。村辖区内道路和通道的卫生保洁工作有专人维护，每天应普扫2次，并实行巡回动态保洁制度。道路两侧干净整洁，无暴露垃圾。

（2）水域保洁。对指定水域确定专人进行保洁清理，配备合理的保洁工具和救生衣，确保岸边整洁无杂物、水面无漂浮废弃物。

（3）庭院保洁。对村级便民服务中心、公共活动场所等房前屋后进行打扫清理；

落实农户实行“门前三包”责任制，做到无垃圾污物。

（4）垃圾收集。农村生活垃圾实现按时收集，确保生活垃圾日产日清。每天至少收集一次，将村庄内的垃圾清扫、运输至垃圾集运点或出村无害化填埋。

（5）村内公共环境整脏治乱。保持村内公共区域清洁整齐，无乱堆、乱放、乱贴现象；及时清理卫生死角。

3. 绿化养护美化提升

绿化养护美化提升包括村域范围内“四旁”绿化区块苗木的补植、除草、除虫、修剪、施肥，根据实际工作安排，改造提升绿化美化工作。

确定专人或委托专业机构做好村内绿化、片林、环村林的管护，开展除草（每年至少 3 次）、修剪整枝、治虫防病、浇水施肥等养护工作，确保绿化植物生长良好，如有苗木、植被枯死及时进行补种。防止林木盗伐和火灾，保持村内的生态环境和田园特色。对需要改造提升的绿化带进行科学改造提升，提高绿化带的使用和便民服务水平，同时达到美化环境的目的。

4. 其他长效管护机制

为完善村级公共设施运行管护长效机制，对村级公共服务设施、农村环境长效保洁、村庄绿化养护等的管护，各村应制定具体的管护措施和标准，落实专人管护，并对具体运行管护范围根据开展后的实际情况进行适当的调整，确保长期稳定运行。

3.6.3 人员配置

根据村庄实际情况及人口规模，参考 5‰的人口比例，设置村管护及保洁人员，建立管护及保洁队伍。村庄要制定完善的日常管护及保洁工作制度，明确工作内容和工作职责。明确管护及保洁员的责任区域，分片包干，公示上墙，实行定人、定段、定区域、定标准、网格化管理，村委会与管护员及保洁员签订责任书。

3.6.4 能力建设

各级政府要加强对村庄管护及保洁员的监督与指导，提高公共服务的专业化水平。结合农民教育培训条例和专业培训内容等，开展从业人员的岗前培训，达到持证上岗的要求。各镇乡政府要对从业人员的工作职责履行情况进行监督，确保服务的质量和效率。

3.6.5 监督考核

建立健全并严格落实村级公共服务岗位设置、人员录用、工作职责等公示制度、台账制度、考核考评制度、资金使用管理制度、奖惩细则、监督检查制度等管理考核制度，切实加大农村公共服务岗位管理考核力度。坚持简便、适宜、高效原则，简化考核程序，将日常考核与年终考核相结合，采用适宜方法，提高工作效率。坚持激励、促进、有效的原则，发挥考核作用，奖励先进、改进不足，调动工作人员积极性，促进常态化发展。建立逐级考核的工作机制，由区考核镇乡；以镇乡为主建立巡查工作制度，考核村庄；村庄建立自我考核的工作制度，将逐级考核工作落实到位。

第 4 章　规划效益分析

4.1 环境效益

践行“绿水青山就是金山银山”的农村生态文明理念。借助乡村道路硬化、绿化美化、村容村貌美化、生活污水治理、生活垃圾安全处置等系列工程的建设实施，再结合文化书屋、公告栏等公共信息宣传途径，引导村民树立农村生态文明理念，增强村民环保意识和生态危机意识，实现现有村民生活生产方式的转变。通过制度、机制建设鼓励村民共同维护公共资源，使得村民自觉营造保护生态环境、节约生活用水、保持村落道路整洁的生态环境秩序，使得农村生态文明理念融入村民家庭生活领域。

改善农村人居环境质量。农村公共服务基础设施建设有利于改善当地生态环境，保障人民身体健康，造福社会，造福子孙后代。通过“六化”“六有”系列创建活动的实施，不仅完善农村现有的交通设施体系、卫生便民服务体系，生活污水处理等环保基础设施建设也得到推进。农村“垃圾靠风刮、污水靠蒸发、路面靠雨刷”的现象得到有效解决，既改善了农村生态、人居环境质量，又可带动全区生态旅游、观光度假、休闲娱乐等新经济的发展，改变全区农村的社会需求和功能定位。村民生活方式得到进一步改变，生态文明的理念深入人心，提升了乡村生态宜居水平，逐步形成了社会和谐、经济高效、生态良性循环的居住环境。

4.2 社会效益

提高全区农村环保产业发展水平。通过农村环保基础设施的建设实施，全区环境服务业必将加快发展，并产生巨大的技术、设备和资金需求。鼓励和扶持民营企业进入，引进和发展一批新兴环保服务企业，推行合同环境管理、特许经营等节能环保服务新机制，推动节能环保设施建设和运营社会化、市场化、专业化服务体系建设。在改善农村人居环境的同时，极大提升当地环保企业污染防治技术水平和运行维护管理水平，为全区环保产业发展提供积极的推进作用。

健全农村公共服务基础设施长效投入、管护机制。积极争取中央及市级资金的支持，带动地方财政资金投入，切实发挥中央财政拨款和市、区财政配套资金的使用效益。通过整合资源、加大投入、创新工作机制，建成“设施配套、功能完善、管理有序、服务到位、保障有力、村民满意”的村级公共服务体系，达到以管促建、建管结合的目的，确保农村公共服务设施持续、有效、稳定地发挥服务功能。

促进农村社会秩序和谐稳定。规划实施后，能够实现村内外生态环境的较大改善、百姓生活条件和生活质量的不断提高，群众精神风貌得到提升，文明素质得到提高，党群干群关系进一步密切，村庄社会秩序更加和谐稳定。

4.3 经济效益

首先，推动全区旅游型村庄健康发展。积极发展农村公共基础设施，有效消除农村生活污水、生活垃圾等面源污染，在旅游示范村重点规划实施系列工程，与农家乐休闲旅游业发展相结合。改善农村生态环境，改变村民的生产生活方式，同步形成以重点景区为龙头、骨干景点为纽带、农家乐经营户为基础的规划区生态旅游业发展格局，促进规划区农村旅游业健康有序发展。

其次，提高农村居民经济收入水平。系列工程的规划实施，不仅可以改善当地居民的生产生活条件，而且改善了整个地区的公共基础设施条件、生态环境现状，提高了商业吸引力，有力地推进了全区的社会建设发展。特别是旅游型镇村，可直接带动旅游村产业经济发展，使得农村增收致富。此外，为满足管护机制的要求，需要配备一定数量的工作人员，可为当地村民提供就业机会，提高居民的经济收入水平。

第5章 规划实施保障

5.1 加强组织领导

各镇乡、各有关部门要把加大农村基础设施建设、完善农村公共服务功能作为今后一个时期推进城乡一体化的重要任务，切实承担起领导、组织、指导、协调、服务的责任，细化方案，明确责任，确保项目顺利推进。要充分发挥村“两委”班子作用，明确村集体作为基础设施产权主体的身份，结合村保洁员队伍建设，明确专人，建立管护制度，加强对村基础设施的管护。

5.2 加大资源整合

坚持和完善农村公共服务设施建设工作平台和部门联动机制，地方农业部门负责统筹协调农村公共服务设施建设，发改、财政、规划、水务、卫计、林业、市容、文广、体育等相关部门要相互配合，建设信息沟通工作会商制度，完善工作程序，建立“部门联动、政策集成、资源整合、资金聚焦”的高效运行机制，按照职责分工，分别履行各自职责，共同推进农村各项公共基础设施建设工程。

5.3 统筹有序推进

按照分类指导、梯次推进、集约节约和“缺什么、补什么”的原则，编制农村公共服务设施建设实施计划。在计划安排上，充分考虑各镇乡、村庄已有的建设基础，体现串点成线、连线成片，相对集中。按照“先规划、后建设，先重点、后一般，先地下、后地上”的要求，统筹协调，科学组织实施，杜绝“拉锁工程”“半截子工程”，减少浪费。在推进中要注重统筹与其他涉及农村建设的专项规划如生态建设规划、环境保护规划、绿化规划、道路规划等相衔接，已经开始实施的规划要由各相关部门继续实施。

5.4 完善资金保障

改进投资体制，加强资金保障，将农村公共服务设施建设与管护资金纳入公共财政保障范围，结合小城镇建设、新农村建设、美丽乡村建设、清洁村庄整治、“一事一议”等，整合各部门用于各项基础设施建设的经费投入。充分发挥财政资金的引导作用，逐步建立多元化投入机制，积极引导和动员社会力量参与村庄基础设施建设，鼓励不同经济成分和各类投资主体，结合乡村旅游经济发展、特色产业发展等，以多种形式参与农村公共服务设施建设。对参与力度大、成效显著的单位和个人要给予表彰和奖励。创新运用 PPP 模式推动农村公共服务设施建设与管护，将集中供水、污水处理、生活垃圾处理、项目打捆，以征地拆迁、国土报批等前期费用作为政府配套，采用使用者付费和政府补贴的方式确保投资合理回报，设置合理的合作年限、合作模式、股权比例。

5.5 鼓励公众参与

加大规划的宣传力度，完善规划的公众参与机制，提高村民的公共服务设施保护意识。农村基础设施建设投入要与“一事一议”等政策相结合，要充分尊重农民意愿，发挥农民群众在农村基础设施建设中的主体作用，实行民主协商、民主决策，重大事项广泛征求农民群众的意见和建议，让农民享有知情权、发言权和监督权。发挥行政监督、舆论监督和公众监督的作用，保证规划的顺利实施。

大力开展宣传教育，充分利用各种形式，采用广播、宣传栏、标语等宣传环境保护、健康卫生、村庄发展等，形成良好的互动氛围。通过村规民约、村务公开等制度设计，让农民参与村内事物，充分发挥农民主体作用。采取激励手段，鼓励村民积极参与公共服务设施的建设与维护，切实发挥各项基础设施的环境效益和社会效益，让农民群众切实享受公共服务完善的美好生活。

5.6 严格考核评估

对农村公共服务设施建设实施严格有效的监督管理，按照市、区各行业主管部门制定的分类建设管理标准，进行分类监管，编制考核评估办法，建立考核奖励机制，确保基础设施的建设质量，提升建设水平，使之成为农民满意的工程。

第二篇 工程实践篇

第 6 章　概述

6.1　背景意义

随着经济的快速稳步发展和国家对农村经济的支持，农村的生活条件和生活水平有了显著提高，然而大城市中心城区周边的农村地区，在享受大城市发展福利的同时，也受到大城市资源黑洞的影响，使得农村环境问题逐渐突显。长期以来，对农村环境保护工作重视不足所形成的城市化周边“灯下黑”问题日益突出，特大型缺水城市周边村镇在城乡一体化过程中所暴露的城市环境基础设施辐射不足、垃圾堆存、土壤污染且退化等问题已从更广泛的层次上威胁到了城乡居民的群体健康和社会稳定。特别是大型城市饮用水源地保护区、水源补给区内的农村地区，其生态环境的破坏直接影响到几百万人的饮水安全。

2015 年 6 月，环境保护部印发了《关于加强农村饮用水水源保护工作的指导意见》，明确要求推进农村水源环境监管及综合整治，加强水源周边生活污水、垃圾及畜禽养殖废弃物的处理处置，综合防治农药化肥等面源污染。同时，为应对京津冀地区重污染天气频发问题，2015 年 12 月，国家发改委发布了《京津冀协同发展生态环境保护规划》，提出：到 2017 年，京津冀地区 PM2.5 年平均浓度要控制在 73 $\mu g/m^3$ 左右。据测算，焚烧秸秆时，大气中二氧化硫的浓度比平时要高出 1 倍，二氧化氮、可吸入颗粒物的浓度比平时高出 3 倍。畜禽粪便随意堆砌对水体环境和土壤环境造成严重污染，威胁人们的身体健康。因此，农村饮用水水源地环境综合治理与秸秆、畜禽粪便等农业废弃物资源化利用成为当前京津冀生态环境保护工作的重要内容。然而在具体实践中，农村污染防治面临着技术落后、适宜性和可操作性差以及工程实施难度大等问题，急需先进、适用技术的筛选示范和推广。

本章以科技部科技惠民计划“蓟县水源保护区农村生态环境改善科技惠民综合示范项目”开展的示范工程为典型案例，对农村生态环境改善适用技术的实际应用进行介绍，为全国开展农村面源污染系统治理、改善农村生态环境提供实践参考。

6.2　项目目标

6.2.1　总体目标

该项目以科技改善民生为出发点和落脚点，以提升和改善农村生态环境、保护城市水源地水质和推动出头岭镇可持续发展示范镇建设为目标，结合构建“天更蓝、地更绿、水更清”的农村居住环境的需求，紧紧围绕以环境优化经济增长、科技改善民生这一主导思想，融合饮用水安全、水污染控制、固废资源化利用、生态修复与重建及农村环境经济良性循环发展为一体的生态理念，加强先进、成熟、适用技术的集成应用和示范推广，让科技成果更多、更好地惠及百姓生活。

该项目结合天津市某镇可持续发展示范镇建设，针对当前城乡一体化过程中村镇污染日益突出、生态环境逐步恶化问题，系统整合集成相关技术，选取7个示范村，分别形成两套农村集中式与分散式饮用水安全保障和水污染治理示范推广系统，完善农村生活垃圾等固体废弃物处理处置机制和技术示范，建立一套受污染农田土壤生态修复与重建的技术示范体系，使各项先进技术的应用有引领、能落地、可展示、可复制、可推广，推动农村循环经济发展，引领农村生态环境改善，使示范成果在全国同类型农村生态环境治理中得到广泛应用。

6.2.2 具体目标

1. 构建农村饮用水安全技术集成应用与示范推广系统

（1）在5个村建立集中式农村饮用水安全技术综合示范。

（2）在2个分散式村庄建立分散式农村饮用水安全技术综合示范。

2. 构建农村污水处理技术集成应用与示范推广系统

（1）在5个村建立集中式农村污水处理技术集成综合示范。

（2）在2个分散式村庄建立分散式农村污水处理技术集成综合示范。

3. 建立一套完善的农村生活垃圾处理处置机制

在7个示范村建立生活垃圾收集处理及资源化利用综合示范。

4. 形成农村受污染土壤修复与重建技术推广体系

在示范村选择受污染土壤的典型区域进行受污染土壤生态修复综合示范。

6.2.3 考核指标

集中式供水系统示范村实现100%住户接入系统，供水水质满足国家饮用水标准要求。

示范村住户集中式污水处理示范系统接入率达到100%，集中式污水处理厂出水全部实现回用，污泥利用率达100%。

在分散式饮用水安全示范村，进行饮用水安全处理的分散住户水井个数覆盖全村90%以上。

在分散式污水处理示范村，污水处理受益住户达90%以上，受益住户的可收集污水收集处理率达100%。

示范村生活垃圾收集处理率大于95%。

修复后土壤中主要污染物含量满足相关国家标准要求。

6.3 项目的主要任务及技术路线

6.3.1 主要任务

项目的主要工作围绕科技成果应用示范改善农村生态环境状况而展开，从农村饮用水安全、污水处理、生活垃圾处理处置和受污染土壤修复4个方面应用成熟的技术进行综合示范。工作任务可概括为构建两套可示范系统，形成一种可展示机制，搭建一套可复制体系。

1. 构建农村饮用水安全供水示范系统

为使科技惠民成果能够在不同类型的农村进行推广，针对居住相对集中的农村，改变一家一口水井的中国农村传统供水模式，方便居民日常用水，构建农村集中式饮用水供水系统，在采用混凝、沉淀、过滤等传统饮用水处理技术的基础上，针对农村地下水污染特点，集成应用饮用水铁、锰、砷、氟一体脱除技术和紫外线消毒技术，在供水源头对饮用水进行处理，并建立节能型水质、水压、水量调节系统，实现水质变化实时处理，保证饮用水水质安全，建立并完善饮用水输送网络，使村域内所有住户实现自来水全天候供应，提升农村饮用水品质，解决农村饮用水安全问题，保障居民的身体健康。

针对住户分散、不适合建立集中式饮用水系统的农村地区，进行分散式饮用水安全示范。针对农村分散式水井，深度较浅、受畜禽粪便污染等严重问题，应用集离子交换树脂滤芯、AC活性炭过滤技术和中纤维微孔过滤膜技术于一体的多级净化技术，对其分散式水井饮用水进行净化处理，改善饮用水水质，保障居民身体健康。

2. 构建农村污水处理示范系统

针对居住相对集中的农村地区，彻底改变农村当前污水开放型排放进而对地表水体和地下水造成污染的现状，集成应用A^2/O技术、膜生物反应器（MBR）技术和人工湿地深度净化技术，构建高标准污水处理站，使处理后的污水达到相应的排放标准要求。构建农村污水管网，实现所有住户生活污水的收集处理。处理后出水回用于农田灌溉，既减少了污染物的排放，又节约了对新鲜水源的消耗。污泥与畜禽养殖废弃物、秸秆等农业有机废弃物混合，采用本项目中的高温快速发酵生产有机肥技术生产有机肥，最终实现农村污水的零排放。

针对住户分散、不适合建立集中污水处理系统的农村地区，进行分散式农村污水处理示范。针对村内一户或居住相对集中的住户、农家乐等，建设小型一体化污水处理设施对其污水进行处理；对于分布分散、污水排放量小的住户，应用车载移动式污水处理技术，定期对污水进行收集和处理。处理后污水用于农田灌溉，最终实现整个示范区域内污水零排放。

3. 形成可推广的农村生活垃圾收集处理机制

建设垃圾分类收集无害化处理示范村。针对生活垃圾，建立和完善垃圾处置长效管理体制和运作机制，加强垃圾清扫、收集、运输的日常管理，设立村庄生活垃圾保洁员，规范垃圾存放点（容器）和转运站，规范运输设备，实现定点存放、统一收集、定时清理。针对秸秆、畜禽粪便等农业有机垃圾，应用农业废弃物高温发酵垃圾处理技术和秸秆气化集中供气技术进行处理，实现资源化利用，大幅提高垃圾利用附加值，在改变示范点生态环境面貌的同时，提高农村的社会经济水平。

4. 搭建一套可复制的农村受污染土壤修复与生态重建体系

目前农村地区土壤污染的原因主要为有机农药和化肥过度施用的积累，选择典型的受污染土地，应用“植物–微生物”联合定向土壤修复技术，对受污染土壤进行生态修复和重建，针对农村同类型的受污染土壤，形成一套成熟的、可复制的修复技术体系，强化对污染土壤修复和生态重建的示范推广效应。示范村修复后的土壤一方面可以发展经济作物，增加土地的生产附加值，另一方面可以发展建设景观生态林，建立以恢复常绿树种与落叶树种相结合且以林地为主的“草–灌–乔”结合的立体生态林，重新构建生态系统，使景观生态林的建设具有生物多样性。

6.3.2 技术路线

项目技术路线如图6-1所示。

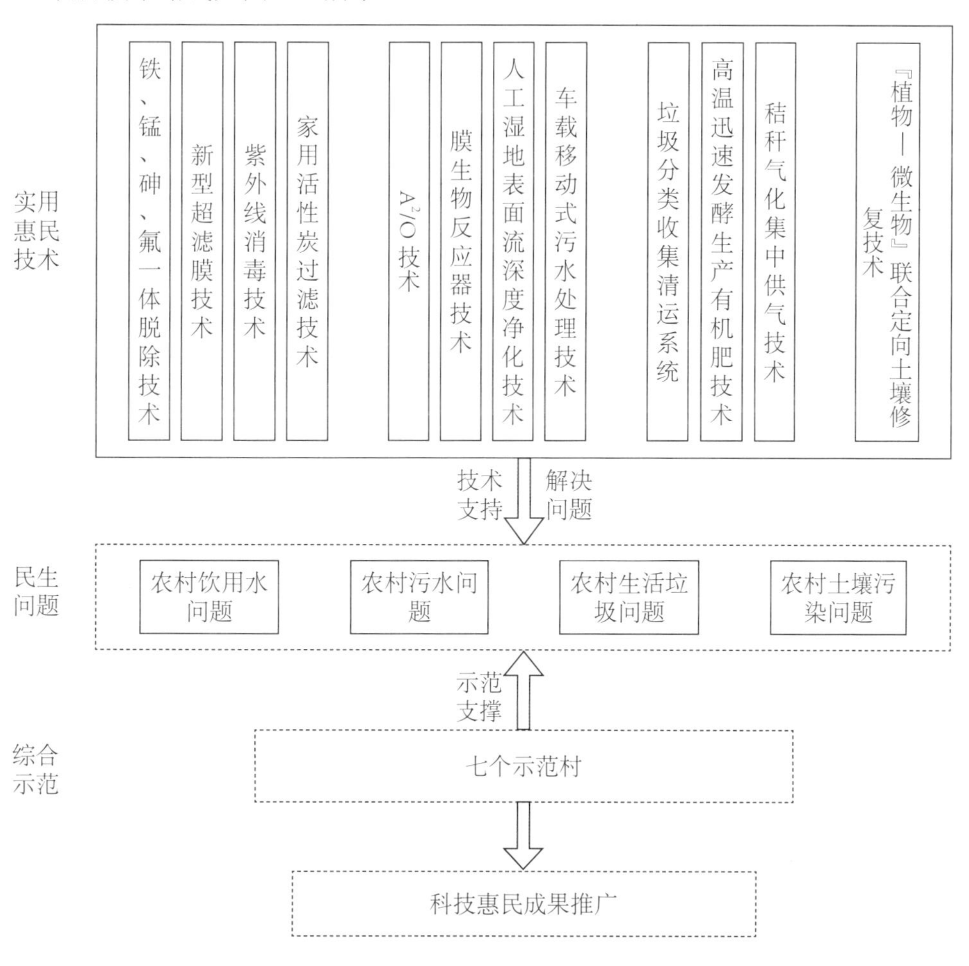

图6-1 项目技术路线

第 7 章　示范村及环境现状分析

7.1　示范村基本情况

本项目的实施载体为蓟县某镇，根据项目任务不同，选择 7 个村为示范点。

7.1.1　示范村选取原则

项目实施中为充分体现各项技术的可复制、可推广、可应用的特点，按照下述原则选择不同类型的村庄进行技术示范。

（1）所选村庄类型应涵盖范围广，包括大型、中型和小型农村，户数 30 ～ 700 户不等。

（2）所选村庄类型应包括平原农村、山区农村两大类。

（3）所选村庄应包括相对集中和较为分散的类型。

（4）所选村庄应包括基础条件好的和基础条件差的。

根据项目的示范要求，最终确定了 7 个村庄。各村具有的特点如表 7-1 所示。

表 7-1　示范村的特点

村庄名称	规模	平原／山区／丘陵	集中／分散	有无基础	是否迁建
五清庄	小	山区	分散	有	否
小安平村	小	丘陵	分散	无	否
北汪庄	中	平原	集中	有	是
田新庄	大	平原	集中	有	是
南擂鼓台村	大	平原	集中	有	否
小稻地村	大	平原	集中	有	否
王新房村	小	平原	集中	有	否

7.1.2 示范村选取结果

根据村庄的特点，考虑到技术应用的普适性和惠民成果的集中示范推广，选择北汪庄、田新庄、南擂鼓台村、小稻地村、王新房村 5 个村为集中式饮用水安全供水系统和集中式污水处理系统综合示范村。这 5 个村庄的建设布局相对整齐，同时具备一定的经济基础，示范项目建成后有条件运行维护，具有良好的示范效果。选择五清庄和小安平村两个村作为分散式饮用水安全供水系统和分散式农村污水处理模式的综合示范村。在 7 个村内均开展农村生活垃圾收集处理资源化利用综合示范。根据土壤检测结果，显示“田新庄 - 小安平村”地块有机污染物数值较高，且 DDT 超标明显，故选取小安平村作为开展污染土壤修复与重建推广体系的综合示范村。7 个示范村及其示范工程安排详见表 7-2。

表 7-2　示范村及其示范工程安排汇总表

示范工程 示范村	饮用水安全供水系统		污水处理系统		生活垃圾收集处理资源化综合利用	污染土壤修复与重建
	集中式	分散式	集中式	分散式		
五清庄		☆		☆	☆	
小安平村		☆		☆	☆	☆
北汪庄	☆		☆		☆	
田新庄	☆		☆		☆	
南擂鼓台村	☆		☆		☆	
小稻地村	☆		☆		☆	
王新房村	☆		☆		☆	

7.2 环境现状调查

7.2.1 前期调研

项目实施前期，项目组多次赴某镇调研各示范村的经济、环境现状（见图 7-1），通过宣传讲座、发放科技惠民宣传材料等方式向当地居民讲解科技惠民项目的主要情况和对提升农村生态、生活环境的重要意义。为保证项目实施与当地的经济、环境需求相适应，项目组与镇政府进行沟通协调，了解当地饮用水、污水处理、垃圾处置和土壤污染现状以及镇里对环境保护的科技需求。为充分体现当地居民的意愿，项目组还采取调查访谈的方式，详细了解居民的愿望，并将其体现到实施方案当中。

图 7-1 实地调研和调查访谈

7.2.2 现状调查

1. 地下水现状调查

对 7 个示范村作为饮用水源的深层地下水（160 ～ 250 m）和浅层地下水（10 ～ 20m）水质现状进行调查（图 7-2），检测指标包括地下水天然背景离子、常规指标和必测特征指标等，共计 50 项。结果显示，按照《地下水质量标准》(GB/T 14848—93) 中的III类标准，深层地下水水样中总大肠杆菌、总 α 放射性和总 β 放射性均未超标，铁、锰、氟化物存在少量超标现象；浅层地下水水样均受到了不同程度的污染，主要污染指标为铁、锰、氟化物以及硝酸盐，其中铁、锰有微量超标现象，氟化物 1.0 ～ 3.5 mg/L，硝酸盐指标异常，部分浅层地下水水样硝酸盐浓度达到 100 ～ 400 mg/L，总大肠杆菌 0 ～ 10 个 /mL。为保障村民健康，需积极采取净化消毒措施，以确保村民饮水安全。

图 7-2 示范村饮用水采样现场

2. 地表水现状调查

对项目示范地村庄内的生活污水排水、村庄化粪池污水、村庄周边的坑塘、沟渠等地表水水质进行调查（图 7-3），检测指标为 pH、COD、BOD_5、TN、氨氮、TP 和粪大肠菌群等。检测结果显示，化粪池出水中仅有 pH 值维持在 6 ～ 9，COD、TN、氨氮、TP 浓度范围分别为 220 ～ 490、31 ～ 46、22 ～ 37 mg/L 和 2.9 ～ 4.7 mg/L，粪大肠菌群数 10 000 ～ 20 000 个 /L。村庄周边的坑塘、沟渠水质除 pH 值维持在 6 ～ 9 外，其他指标均超标严重，COD、TN、氨氮、TP 浓度范围分别为 40 ～ 150、18 ～ 45、12 ～ 30 mg/L 和 0.3 ～ 3.5 mg/L，粪大肠菌群数 10 000 ～ 20 000 个 /L，均属于劣 V 类水体，已经严重威胁到于桥水库水质安全和当地居民身体健康。分析原因主要如下。

（1）村庄坑塘水体多为农村生活污水直接排入，掺和少量雨水，多为封闭式水体，缺少流动性，水体自净能力差。

（2）村庄生活垃圾和畜禽粪便堆积在坑塘、沟渠附近，垃圾渗滤液自流入地表水体中，污染严重。

（3）农民为了提高鱼塘的鲜鱼产量，定期向鱼塘投放大量饵料和畜禽粪便，造成地表水体污染。

图 7-3 示范村地表水水质调查采样现场

3. 生活垃圾现状调查

对于垃圾处理和管理来说，全面了解农村生活垃圾的组成成分分析非常重要，是合理处置、科学管理垃圾的重要前提。项目组对 7 个示范村的生活垃圾组成特征进行了跟踪调查和分析，为农村生活垃圾的处理方法选择和高效管理提供参考。

根据农村的特点，本项目将生活垃圾分为可回收垃圾、有机垃圾和其他垃圾三类。其中，可回收垃圾包括废纸、塑料、玻璃、金属和布料等；有机垃圾包括畜禽粪便、废菌棒、农作物秸秆等；其他垃圾包括除上述两类垃圾之外的难以回收的废弃物。项目实施期间，项目组对示范村的生活垃圾组成进行了跟踪调查和监测分析，从垃圾处理站随机抽取垃圾 10 kg，然后进行人工分拣，并相应称重，确定农村生活垃圾的组成。示范村生活垃圾组成见表 7-3。

表 7-3 示范村生活垃圾组成

月份	有机垃圾 /%	可回收垃圾 /%	其他垃圾 /%
10	66.4	12.6	21.0
11	63.8	16.3	19.9
12	60.7	15.9	23.4
1	71.5	13.3	15.2
2	73.6	12.1	14.3
3	69.8	14.5	15.7
4	62.7	16.7	20.6
5	64.9	20.2	14.9
6	71.6	14.1	14.3
7	75.2	13.8	11.0
8	70.4	15.7	13.9
9	68.3	13.4	18.3

调查结果显示，示范区域生活垃圾组成中主要是有机垃圾，占比在 60.7% ～ 75.2% 范围内波动，有机垃圾占比最高的月份在 7 月份，为 75.2%，最低在 12 月份，为 60.7%，见图 7-4。后续垃圾处理方法的选择应充分考虑示范村生活垃圾中有机垃圾含量较高这一特点。

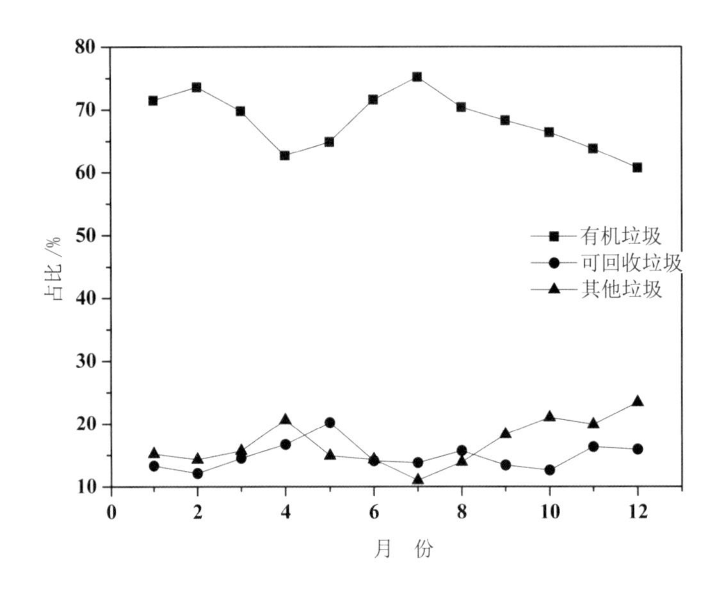

图 7-4　各种类垃圾所占比例随月份变化情况

4. 土壤污染现状调查

项目实施前期，对除五清庄之外的 6 个示范村周边的农田进行土壤污染现状调查。调查采样采用网格法布点，平均密度为 50 亩 / 个样点，采样区域地理坐标为东经 117º 38′ 至 117º 42′，北纬 40º 3′ 至 40º 5′，详见图 7-5 和图 7-6。种植一般农作物的土壤采样深度为 0 ～ 20 cm，种植果林类农作物的土壤采样深度为 0 ～ 60 cm。

调查区域根据村庄分布情况分为 5 个采样区域，共采集样品 75 个，并对土壤样品进行全氮、全磷等营养盐指标、无机污染物（镍、铬、汞、砷等）和有机污染物六六六（HCH）、滴滴涕（DDT）检测。由于研究区域地处集中式饮用水源地于桥水库水源保护区内，适用《土壤环境质量标准》（GB 15618—1995）中的集中式生活饮用水水源地 I 类标准。监测结果显示，无机污染物均不超标，六六六低于检出限，DDT 的检出浓度最大值明显高于标准限值（≤ 0.05 mg/kg）。因此，采样区域内 DDT 有机污染物含量存在超标（最高区域超出标准限值 5 倍）现象，主要集中在小安平村附近，为当地农田土壤的首要特征污染物。各地块 DDT 平均浓度见表 7-4。土壤采样见图 7-5 ～图 7-7 所示。

表 7-4 采样区 DDT 监测平均浓度

采样区域	DDT 平均浓度 /（mg/kg）
小稻地村—王新房村（采样点 47 ~ 60）	0.076
小稻地村—南擂鼓台村（采样点 61 ~ 75）	0.113
小稻地村—田新庄（采样点 17 ~ 33）	0.126
田新庄—小安平村（采样点 1 ~ 16）	0.163
北汪庄—王新房村（采样点 34 ~ 46）	0.082

图 7-5 土壤现场采样

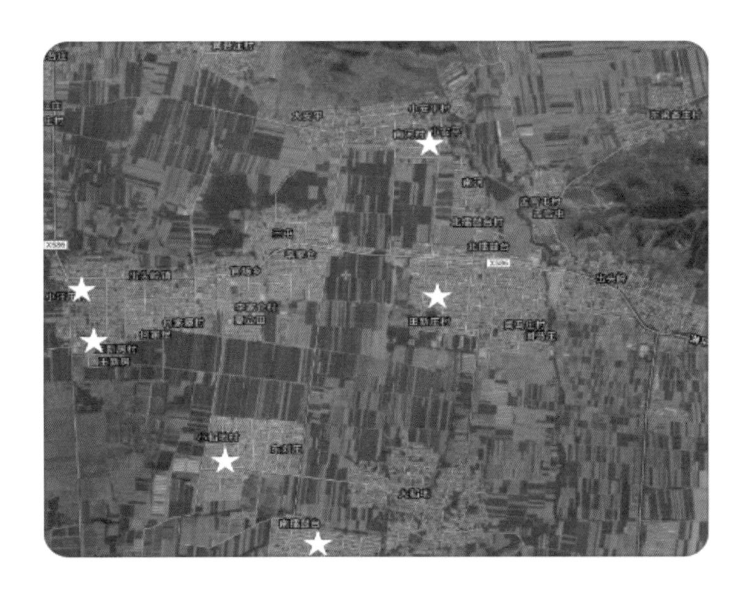

图 7-6 土壤污染现状值筛查范围（图中星号标示村落周围的农田）

图 7-7 农田土壤污染现状筛查采样区域示意

7.3 科技成果选择

7.3.1 集中式饮用水安全供水系统综合示范

根据前期调研，基于农村基础设施简陋、村民专业素质较低、集体经济薄弱等先天条件，在选用农村给水净化系统时需要考虑以下几点：净化系统要求操作简单；不需要很强的专业知识；工艺稳定，可以长时间高效运行；设备实用，稳定性强；系统维护方便。

综上，综合各方面因素，根据示范村经济情况、水质情况和农村基本条件，结合农村饮用水处理系统的需求，本项目选择铁、锰、砷、氟一体化处理净化技术，同时选择紫外线消毒技术进行消毒处理。其主要技术工艺为“铁、锰、砷、氟一体化处理设备 + 缓冲罐 + 恒压供水 + 紫外消毒”，即利用锰砂去除水中的铁锰离子，利用活性炭等作为吸附剂，过滤吸附水中的砷、氟离子，过滤后进入缓冲水箱，经恒压供水系统后进行管道式紫外线消毒。此方法技术成熟，效果好，投入低，适合在农村地区进行应用示范。详细处理工艺流程见图 7-8。

工艺说明如下。

地下水：示范项目采用深层地下水（160 ～ 250 m）作为供水水源，供居民日常生活使用。

提升设备：根据村民数量设置 5.5 ～ 22.5 kW 的深井泵，提升到深度净化处理系统。

铁、锰、砷、氟一体化净化设备：采用二级过滤吸附系统，第一级过滤吸附器内设置锰砂填料用于去除水中的铁、锰等离子，第二级过滤反应器内设置活性炭，用于去除水中的痕量氟、砷离子，同时该反应系统具有良好的过滤功能，可以确保处理后的饮用水达标。

缓冲水罐：反应器后设置 10 ～ 20 m^3 的食品级不锈钢水箱，作为缓冲水罐，防止深井泵频繁启动，缓冲罐应满足恒压供水设备满负荷运行 1.5 h 所需。

恒压供水系统：缓冲罐后接恒压供水系统，供水压力最大为 0.6 MPa，末端压力不低于 0.2 MPa，管道损失不大于 10%。设备可以 24 h 连续运行，也可以根据需要切换为手动运行。

紫外消毒：采用管道式紫外消毒器，用于饮用水消毒，管道式消毒器停留时间小于 1 s，即可满足消毒要求，饮用水经过消毒后进入供水管网，供给村民日常生活使用（部分村民仍利用自家浅水井井水来种菜、洗衣等）。

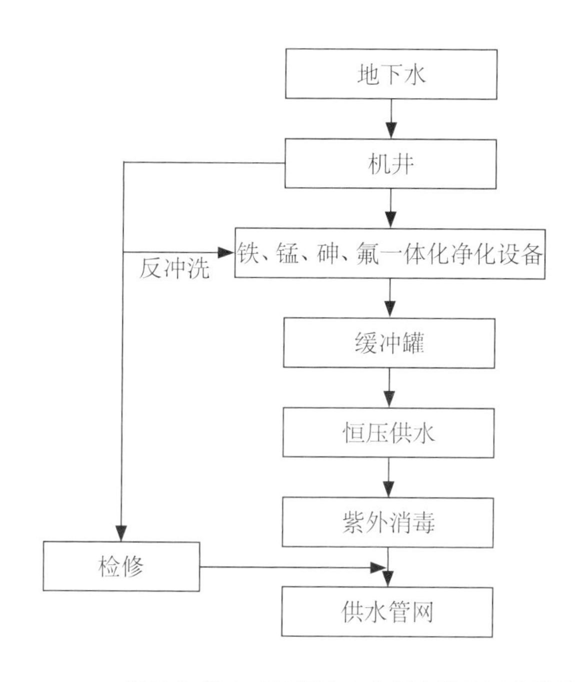

图 7-8 集中式饮用水安全供水净化工艺流程

7.3.2 分散式农村安全饮用水模式综合示范

在两个分散式示范村，综合考虑处理和运行维护成本，因地制宜采用分散式安全饮用水系统，以满足实际情况的需求。根据前期调研，浅层地下水中铁、锰、氟化物、硝酸盐和细菌存在超标、水的硬度较高的特点，需要选择一种具有同时去除铁、锰、氟化物并能软化水体的户用多重净化饮用水系统，应用到两个示范村的每户村民中。

通过比选，确定一套集离子交换树脂滤芯、活性炭过滤技术和中纤维微孔过滤膜技术于一体的户用多重净化饮用水设备。该设备在预过滤去除铁及沉淀的基础上，通过离子交换树脂软化水质，利用活性炭和膜过滤去除大颗粒物质、铁锰离子、病原微生物和氟化物，最后通过银滤网进一步消毒净化。该设备具有较好的水质软化功能，对水体中各种污染因子净化效果良好，安装成本和维护成本较低，适合农村家庭使用。

户用多重净化饮用水设备净化原理如图 7-9 所示，分散式饮用水安全处理技术路线如图 7-10 所示。

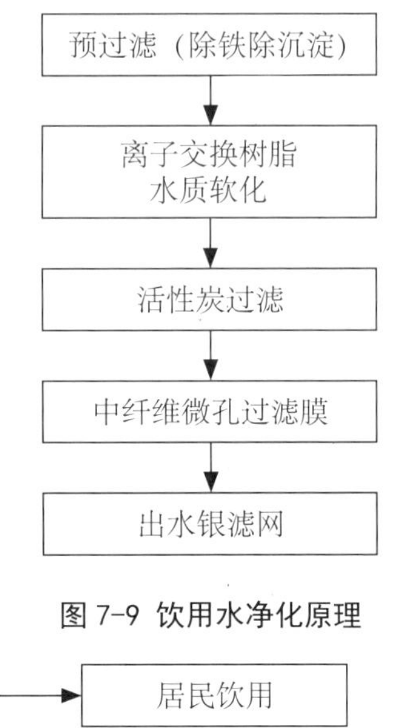

图 7-9　饮用水净化原理

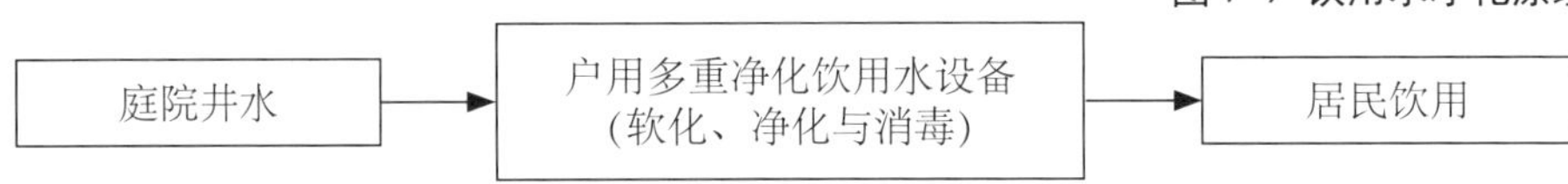

图 7-10　分散式饮用水安全处理技术路线

7.3.3 集中式污水处理系统综合示范

1. 技术工艺选择

本项目示范村位于北方地区，冬季温度较低，因此应选择能够适用于北方冬季运行的污水处理技术；示范村的污水主要为农村生活污水和畜禽养殖废水，污水中 COD、氨氮和脂类含量较高，基本不含有毒有害化学污染物。综合以上基本情况调查分析，结合农村污水处理技术工艺比较，本项目采用目前技术成熟、应用较多的、带有脱氮除磷功能的、A^2/O 消毒净化工艺作为集中式农村污水处理一体化设备的主要工艺，通过厌氧菌、兼氧菌、好氧菌等微生物的综合作用，降解废水中的典型污染物，实现去除废水中 COD、氨氮及总磷等主要污染物的目的。工艺流程详见图 7-11。

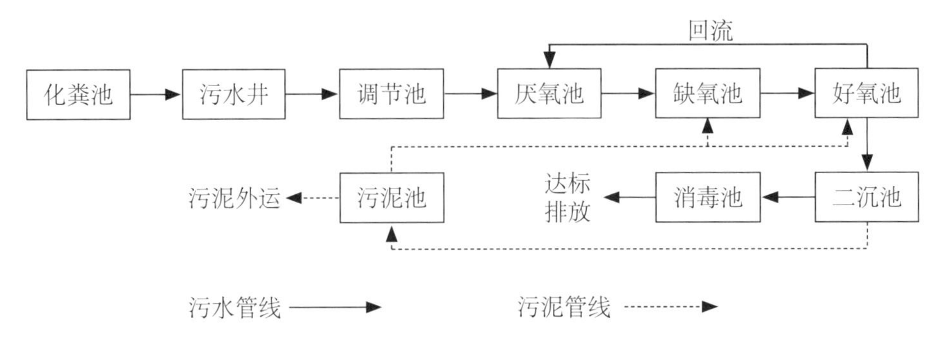

图 7-11　集中式农村污水处理一体化设备工艺流程

一体化污水处理设备主要由调节沉淀池、厌氧池、缺氧池、生物接触氧化池、二沉池、消毒池、污泥池等组成。各组成部分的功能如下。

调节沉淀池：经化粪池自然发酵后的污水自流进入设备内调节沉淀池，污水中的大颗粒物质在此进行沉淀，沉淀污泥由移动式潜污泵或由吸粪车定期吸出处理，时间一般为半年或一年。

厌氧池：沉淀后污水自流进入厌氧池，厌氧池内装有球形填料，水流通过球形填料形成厌氧生物膜。厌氧池是营造厌氧的环境（溶解氧约为零），利于厌养微生物生长。其作用是活性污泥吸附、降解有机物。通常回流混合液中的聚磷菌在一定条件下释放磷酸根。

缺氧池：经厌氧处理后的污水自流进入缺氧池底部，由下而上通过缺氧池，缺氧池营造缺氧的环境（溶解氧控制在 0.5mg/L），利于缺养微生物生长。其作用是活性污泥吸附、降解有机物。通常将回流混合液中的亚硝酸盐氮及硝酸盐氮在反硝化菌的作用下生成氮气释放。

生物接触氧化池：生物接触氧化法是一种介于活性污泥法与生物滤池之间的生物膜法工艺，其特点是在池内设置填料，池底曝气对污水进行充氧，并使池体内污水处于流动状态，以保证污水与污水中的填料充分接触，避免生物接触氧化池中存在污水与填料接触不均的缺陷。该法中微生物所需氧由鼓风曝气供给，生物膜生长至一定厚度后，填料壁的微生物会因缺氧而进行厌氧代谢，产生的气体及曝气形成的冲刷作用会造成生物膜的脱落，并促进新生物膜的生长，此时，脱落的生物膜将随出水流出池外。

二沉池：二沉池是活性污泥系统的重要组成部分，其作用主要是使污泥分离，使混合液澄清、浓缩和回流活性污泥。其工作效果能够直接影响活性污泥系统的出水水质。

消毒池：生活污水通过脱氮除磷处理后，水体感官和水质上得到了较好的改善，为了防止产生次生污染，设置消毒池，去除水体中的病原微生物，使其符合国家排放要求。

2. 处理模式选择

针对相对分散的平原村庄和相对集中的平原村庄，本项目综合考虑管网建设成本、建设用地等因素，选择了两种集中式污水处理系统建设模式，详见图 7-12 和图 7-13。

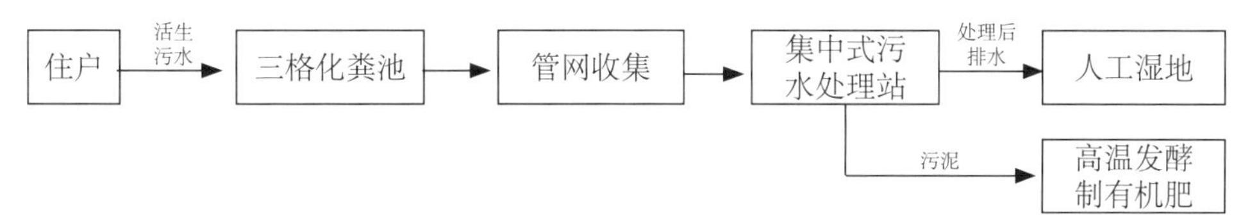

图 7-12 相对分散的平原村庄集中式污水处理系统建设模式

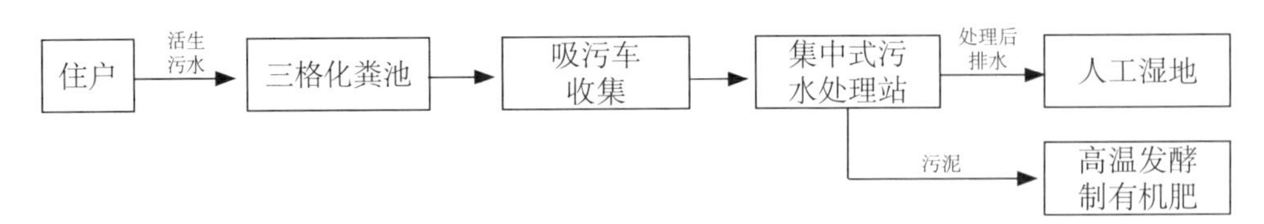

图 7-13　相对集中的平原村庄集中式污水处理系统建设模式

7.3.4 分散式农村污水处理模式综合示范

针对分散式村庄，建设集中式污水处理系统投资过高，应因地制宜选择分散式污水处理模式，开展污水处理工作，使每户的污水都得到有效处理，减少污水向外界的排放。通过比选，本项目选择了小型一体化污水处理技术和车载移动式污水处理技术。建设模式如图 7-14 所示。

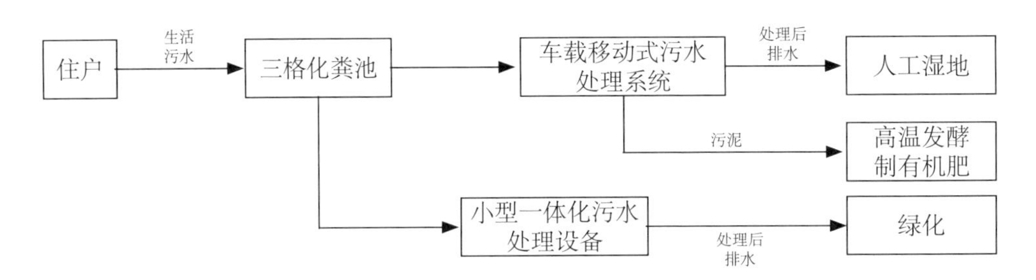

图 7-14　分散式农村污水处理建设模式

（1）小型一体化污水处理技术。此技术将 A/O 工艺与膜生物反应器有机结合，制成一体化膜生物反应器，分为缺氧区、好氧区、沉淀池、膜室 4 个部分。此技术可以使绝大部分污染物在 A/O 单元降解去除，膜室可以维持较低的污泥浓度，有利于减缓膜污染，且膜室起到保证良好出水水质的作用。此技术设备较小，采用的处理工艺先进，适合在农村地区推广使用。

（2）车载移动式污水处理技术。此技术所用设备是由 A^2/O 与 MBR（膜生物反应器）相结合的可移动污水处理装置，整个设备安装在厢式货车集装箱内，具有可移动性，灵活方便，可广泛应用于农家乐、度假村、建筑工地、农村居民点和污染事故地等分散式污水处理，利用 A^2/O 可以达到同步脱氮除磷的效果。同时，在好氧池中安置膜组件，能高效地进行固液分离，由于膜的高效截留作用，出水达到或超过国家中水回用水质标准和杂用水标准，可回用到园林绿化、景观用水、车辆冲洗、建筑施工等方面。可移动污水处理装置主体工艺采用“A^2/O+MBR 膜生物反应器”，具体工艺路线和流程如下。

1. 工艺路线

处理装置前端设有便携式污水提升泵，可置于坑塘或化粪池出水井内提升污水，处理装置自进水端至出水端利用隔板依次分成厌氧池、缺氧池和好氧池，各单元区间留有过水通道。在缺氧池、好氧池中安装高性能生物填料，同时在好氧区后端安置 MBR 膜组件，好氧区底部安装微孔曝气器，由曝气风机供气，系统内部设置污泥回流，系统设置放空、溢流口。处理装置生物净化处理后的出水采用消毒剂消毒后达标排放。处理装置采用PLC模块化触屏控制，主单元整体采用碳钢+防水帆布结构，安装在厢式货车集装箱内，具有可移动性，灵活方便。

可移动污水处理装置内设置了高效先进的膜生物反应器系统，膜生物反应器（Membrane Bioreactor，简称MBR）是一种将膜分离技术与传统污水生物处理工艺有机结合的新型高效污水处理与回用工艺。膜分离设备放置在反应器中，用膜对生化反应池内的含泥污水进行过滤，可将活性污泥和大分子有机物质截留，实现泥水分离，同时使反应器内活性污泥浓度有较大提高，从而大大提高了生化反应的降解效率。膜分离与生化处理工艺两项技术的有机结合获得高效率和高品质的出水。在膜生物反应器中，由于用膜组件代替传统活性污泥工艺中的二沉池，可以进行高效的固液分离，克服了传统活性污泥工艺中出水水质不够稳定、污泥容易膨胀等不足。

2. 工艺流程

工艺流程如图7-15所示。

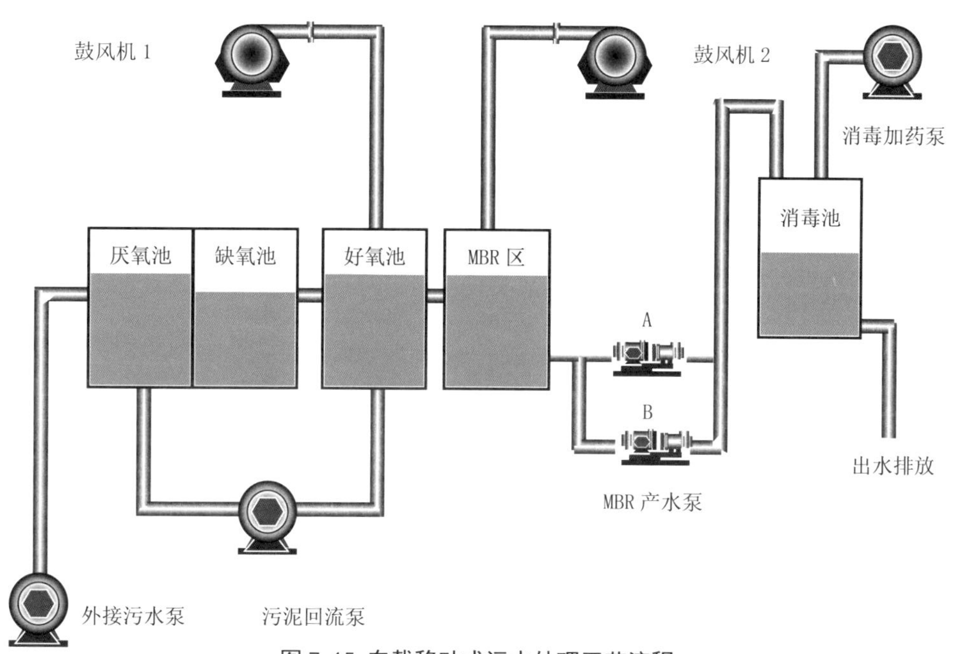

图7-15 车载移动式污水处理工艺流程

（1）外部污水通过外接污水泵提升进入厌氧池-缺氧池，外接污水泵外设置格栅网，用于隔离去除污水中大块悬浮物和漂浮物，防止对提升泵、管道及设备的堵塞、损坏。

（2）在厌氧池-缺氧池内，在厌氧、兼氧微生物作用下，有机物发生水解酸化反应，大分子有机物转变为小分子有机物，污水可生化性得到提高，有利于后续的好氧降解。厌氧池设置污泥回流，缺氧池中设置高性能生物填料。

（3）好氧池采用接触氧化工艺，池中布置高效生物填料，填料下部设置曝气系统，用鼓风机鼓泡充氧，污水中的有机污染物被吸附于填料表面的生物膜上，被微生物分解氧化。一部分生物膜脱落后变为活性污泥，在循环流动的过程中，吸附和氧化分解污水中的有机物。好氧区后端安置 MBR 膜组件，MBR 膜系统对经处理后的泥水进行分离。污泥定期由排泥管排出处理系统。

（4）对 MBR 膜系统的出水投加次氯酸钠消毒剂后达标排放。

根据本项目中五清庄和小安平村两个分散式村庄的实际情况，结合前期调研结果，针对污水排放量较大的农户、相对集中的几户小型养殖户、农家乐等选择小型一体化污水处理技术；针对分散住户选择车载移动式污水处理系统，上门收集各户化粪池中的污水并进行处理，实现污水处理“上门服务”。

7.3.5 农村生活垃圾收集处理资源化利用综合示范

本项目根据示范村的实际情况，综合多种垃圾资源化利用技术，针对农村生活垃圾、秸秆、畜禽粪便等农业废弃物，采用生活垃圾分拣回收、统一处理，秸秆制气和高温快速发酵制有机肥等技术，对示范村生活垃圾和农业废弃物进行资源化利用和无害化处理。

首先对垃圾进行初步处理，将农村生活垃圾中的可回收垃圾、有机垃圾以及其他垃圾进行分类，然后根据每种垃圾的具体情况分别进行后续处理。其中，可回收垃圾，例如废旧纸箱、饮料瓶、废旧电子产品等，通过村民自行分拣并进行相应的回收利用；畜禽粪便、废菌棒、秸秆等农业有机垃圾利用高温快速发酵技术生产有机肥，花生壳、秸秆等农业有机垃圾利用生物质气化集中供气技术生产燃气。而其他垃圾则集中进行清运处理。农村生活垃圾处理流程见图 7-16。

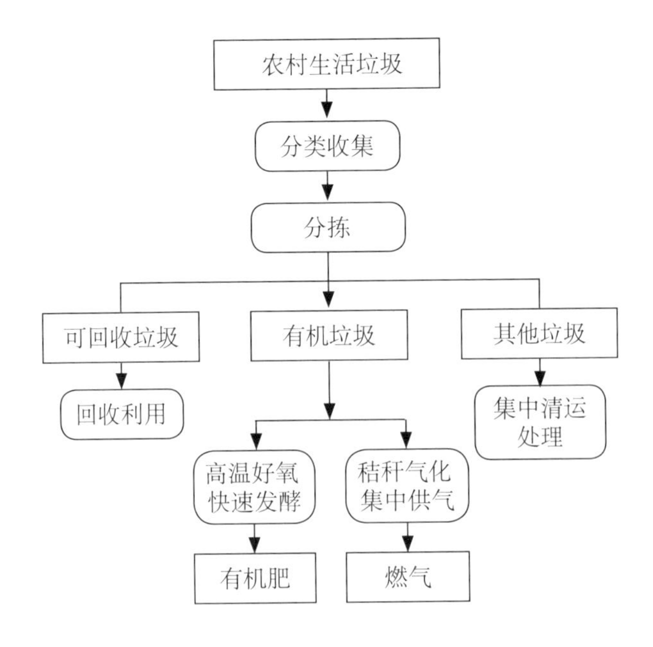

图 7-16　农村生活垃圾处理技术流程

7.3.6 污染土壤修复与重建推广体系综合示范

根据前期调研和土壤污染现状采样检测结果，示范区域周边农田土壤中 DDT 存在超标现象。本项目采用生物法中的“植物 - 微生物联合定向修复受污染土壤”技术。根据修复示范区域特点，对本土植被状况进行调查，筛选出对 DDT 具有一定耐受能力和富集能力且容易在根系形成复合菌群的生态优势物种作为宿主植物。然后对修复示范区域土壤进行全面调查，确定 DDT 浓度范围，为修复菌种的筛选确定耐受范围，并使用修复示范区域的 DDT 污染土壤样品进行特异性降解菌的筛选。筛选出特异性降解菌后，进行驯化、分离和增殖培养，并制成菌剂。将修复示范区域土壤深翻整治，使底层土壤充分暴露增氧后，将菌剂喷洒至土壤中，再种植宿主植物。或使用菌剂对宿主植物种子进行包衣处理后种植。修复技术路线见图 7-17。

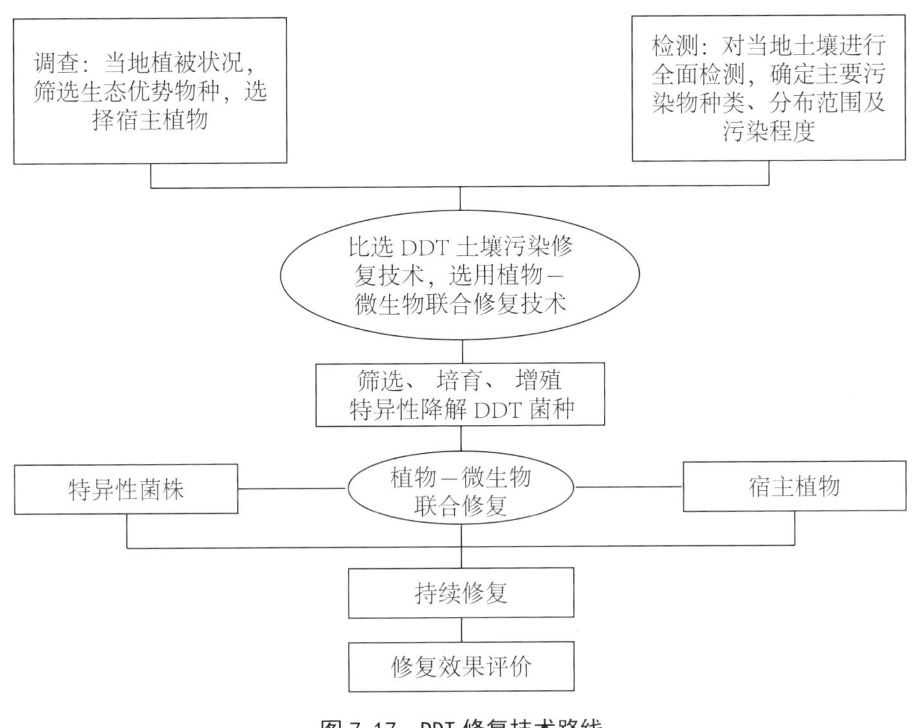

图 7-17 DDT 修复技术路线

7.4 专家咨询和论证

为结合示范村实际，筛选出最优最适的惠民技术，更好地实现科技惠民工程示范效果，项目组多次邀请农村生态环境保护领域、农村污水处理、农村生活垃圾及农业废弃物资源化利用、土壤修复等领域的多位专家，召开专家咨询会，开展示范村现状调查分析、项目技术路线选择论证和项目实施过程技术咨询等工作。

通过专家论证，一致认为在 7 个示范村所选择的示范技术路线合理，示范内容有助于解决当地饮用水、生活污水、生活垃圾、农业废弃物和农田土壤污染等方面存在的问题，能更好地保护好当地的农村生态环境，对保护于桥水库水源水质有明显示范效果，对农村相关适用技术的集成推广应用，打造循环经济型示范村、可持续发展示范镇起到良好的示范作用。

在项目实施过程中，针对关键技术应用和施工过程中的重点、难点问题，多次组织专家进行技术咨询，根据项目实施所在地的实际情况，对所选的科技成果进行应用调试和技术改进，使各项技术、各类设备能够按照实际需要发挥出应有的性能。

第 8 章 示范工程情况

8.1 饮用水安全供水系统综合示范

本项目通过对农村饮用水安全供水系统的建设，根据不同水源、水质，因地制宜，分别采取集中式和分散式两种供水方式，应用适宜的水质净化和消毒技术来提升示范区域农村饮用水的水质，保证示范区域的饮用水安全。通过项目实施，7 个示范村饮用水入户率和饮用水净化率均达到 100%，饮用水水质各项指标均达到国家饮用水水质各项指标要求。

8.1.1 集中式饮用水安全供水系统综合示范

1. 深水井和管网建设

项目实施前期，示范村内尚没有实施集中供水，项目组首先在对各村地形勘察和水文信息收集处理的基础上，在各村建设深水机井，同时敷设较为完备的供水管网，机井深度为 160 ～ 220 m。详细工程量如表 8-1 所示。项目实施过程中深水井打井及供水管网敷设施工现场见图 8-1 和图 8-2。

表 8-1 深水井和管网建设工程量统计表

序号	师范村	工程量
1	南揺鼓台村	18.5 kW 深水泵 1 台，200 m 深机井 1 口，DN100 主管网敷设 5 500 m，DN80 ～ 50 支管网敷设 12 700 m，入户 423 户 ，100% 入户
2	田新庄	22.5 kW 深水泵 1 台，200 m 深机井 1 口，DN100 主管网敷设 8 900 m，DN80 ～ 50 支管网敷设 20 550 m，入户 685 户，100% 入户
3	小稻地村	18.5 kW 深水泵 1 台，200 m 深机井 1 口，DN65 管网敷设 6 380 m，DN50 支管网敷设 14 700 m，入户 491 户，100% 入户
4	北汪庄	7.5 kW 深水泵 1 台，200 m 深机井 1 口，DN65 管网敷设 2550 m，DN50 ～ 32 支管网敷设 5 880 m，入户 195 户，100% 入户
5	王新房村	7.5 kW 深水泵 1 台，200 m 深机井 1 口，DN65 管网敷设 1 200 m，DN50 ～ 32 支管网敷设 2 790 m，入户 93 户，100% 入户

图 8-1 示范村饮用水深水井打井现场施工图

图 8-2 饮用水管网敷设施工图

2. 安全供水系统建设

针对深层地下水部分水质指标超标的现状，本项目在 5 个集中式示范村分别构建了一套铁、锰、砷、氟一体化净化处理设备，并配备紫外线消毒设施，对深层地下水进行净化处理。并采用恒压供水系统，可以满足村民 24 小时用水需求，同时系统设置为手动、自动双系统。由于刚开始采用恒压供水，村民不习惯，会存在一定的水资源浪费现象，因此供水处理采用恒压定时供水，待村民养成良好的用水、节水习惯后再随时切换为 24 小时连续供水。详细工程量如表 8-2 所示。集中式饮用水安全供水系统及主要设备见图 8-3 和图 8-4。

表 8-2 示范村饮用水净化工程量统计表

序号	示范村	工程量
1	南擂鼓台村	Q =15 m³/h，24 小时恒压供水，入户 423 户，100% 入户
2	田新庄	Q =15 m³/h，24 小时恒压供水，入户 685 户，100% 入户
3	小稻地村	Q =15 m³/h，24 小时恒压供水，入户 491 户，100% 入户
4	北汪庄	Q =10 m³/h，24 小时恒压供水，入户 195 户，100% 入户
5	王新房村	Q =10 m³/h，24 小时恒压供水，入户 93 户，100% 入户

图 8-3　集中式饮用水安全供水系统

3. 处理后效果

工程实施后，对 5 个示范村的饮用水净化系统出水和村民入户饮用水进行抽样检测，检测结果（平均值）见表 8-3，常规指标中氟化物浓度≤ 0.4 mg/L、铁浓度≤ 0.11 mg/L、锰浓度≤ 0.02 mg/L、硝酸盐浓度≤ 0.23 mg/L，砷、汞、总大肠杆菌、挥发酚类、苯并（α）芘、总六六六均为未检出。上述水质指标均达到了《中华人民共和国生活饮用水卫生标准》（GB 5749—2006）的相关要求，可见，通过铁、锰、砷、氟一体化净化处理设备和紫外线消毒处理后，集中供水系统有效保障了村民的饮用水安全。

一体化过滤罐

缓冲罐

紫外消毒设备

恒压供水泵

分压罐

恒压控制设备

图 8-4　集中式饮用水安全供水系统设备

表 8-3 净化后水质检测结果

检测项目	北汪庄	田新庄	南播鼓台	小稻地	王新房	标准限值
pH	7.1	7.2	7.0	7.1	7.2	不小于 6.5 且不大于 8.5
砷 /（mg/L）	未检出	未检出	未检出	未检出	未检出	0.01
氟化物 /（mg/L）	0.30	0.40	0.30	0.36	0.34	1.0
铁 /（mg/L）	0.10	0.10	0.10	0.10	0.11	0.3
锰 /（mg/L）	0.02	0.02	0.02	0.02	0.02	0.1
硝酸盐 /（mg/L）	0.20	0.20	0.20	0.20	0.23	20
总大肠杆菌 /（MPN/100mL）	未检出	未检出	未检出	未检出	未检出	不得检出
挥发酚类（以苯酚计）/（mg/L）	未检出	未检出	未检出	未检出	未检出	0.002
苯并（α）芘 /（mg/L）	未检出	未检出	未检出	未检出	未检出	0.00001
总六六六 /（mg/L）	未检出	未检出	未检出	未检出	未检出	0.005

4. 小结

通过项目实施，建立了一套适合多数农村地区应用的饮用水安全供水系统，即从供水源头对饮用水进行处理，并建立节能型水质、水压、水量调节系统，实现水质变化实时处理，保证饮用水水质安全。建立并完善饮用水输送网络，使村域内所有住户实现自来水全天候供应，提升农村饮用水品质，解决农村饮用水安全问题，保障居民的身体健康。该系统投资低、占地面积小、设备使用寿命长、操作简单、不需要很强的专业知识，普通村民经过简单培训后即可进行操作，并能熟练应用，具有可复制性、可推广性。

8.1.2 分散式农村安全饮用水模式综合示范

1. 项目示范内容

在两个分散式村庄，给每户安装了一套集离子交换树脂滤芯、活性炭过滤技术和中纤维微孔过滤膜技术于一体的户用多重净化饮用水设备，共计 223 台，设备入户率 100%。项目工程量详见表 8-4。为保证该套设备的正常使用，充分发挥其对饮用水的净化效果，保障村民身体健康，项目组技术人员多次深入村民家中，讲解设备的使用和维护方法，解答村民在使用过程中存在的问题。户用多重净化饮用水设备及发放安装过程见图 8-5 ～图 8-7。

表 8-4 示范村饮用水净化工程量统计表

序号	示范村名称	工程量
1	五清庄	户用多重净化饮用水设备，入户 83 户，100% 入户
2	小安平村	户用多重净化饮用水设备，入户 140 户，100% 入户

图 8-5 户用多重净化饮用水设备

图 8-6 户用多重净化饮用水设备发放现场

图 8-7 项目组技术人员入户讲解

2. 处理后效果

工程实施后，对两个村的户用多重净化饮用水设备出水进行抽样检测，检测结果（平均值）见表 8-5，可见常规指标中氟化物浓度≤ 0.31 mg/L、铁浓度≤ 0.10 mg/L、锰浓度≤ 0.02 mg/L、硝酸盐浓度≤ 0.20 mg/L，砷、汞、总大肠杆菌、挥发酚类、苯并（α）芘、总六六六均为未检出。上述水质指标均达到了《中华人民共和国生活饮用水卫生标准》（GB 5749—2006）的相关要求。可见，通过户用多重净化设备处理后，分散式供水系统可有效保障村民的饮用水安全，提高村民生活品质。

表 8-5 净化后水质检测结果

检测项目	五清庄	小安平	标准限值
pH	7.2	7.1	6.5 ～ 8.5
砷 /（mg/L）	未检出	未检出	0.01
氟化物 /（mg/L）	0.31	0.30	1.0
铁 /（mg/L）	0.10	0.10	0.3
锰 /（mg/L）	0.02	0.02	0.1
汞 /（μg/L）	未检出	未检出	0.001
硝酸盐 /（mg/L）	0.20	0.20	20
总大肠杆菌 /（MPN/100mL）	未检出	未检出	不得检出
挥发酚类（以苯酚计）/（mg/L）	未检出	未检出	0.002
苯并（α）芘 /（mg/L）	未检出	未检出	0.000 01
总六六六 /（mg/L）	未检出	未检出	0.005

3. 小结

通过项目实施，建立了一套农村分散式安全饮用水供水模式，即采用户用多重净化饮用水设备，提升农村饮用水品质，解决农村饮用水安全问题，保障居民的身体健康。该系统能有效降低水体硬度，去除氟化物、铁、锰等有害污染物质，具有投资低、操作简单的特点，村民能熟练应用，在农村分散居住区具有可复制性、可推广性。

8.2 农村污水处理系统综合示范

本项目针对农村地区生活污水随意排放、污染环境的现状问题，结合示范村实际情况，因地制宜，分别采取集中式和分散式农村污水处理技术，对农村生活污水进行处理并实现资源化利用。通过项目实施，7个示范村实现农村可收集生活污水处理率100%，所有处理出水主要指标均达到《城镇污水处理厂污染物排放标准》（GB 18918—2002）一级B标准，部分处理水排入表面流湿地经深度净化，作为农田灌溉用水和景观用水，实现了污水的循环利用。

8.2.1 集中式污水处理系统综合示范

1. 项目示范内容

在5个集中式示范村建设了3套集中式农村污水处理系统。为保证污水处理效果，项目组指导各村农户建设了户用三格化粪池，对生活污水进行预处理。在南擂鼓台村、小稻地村、田新庄 3个村庄采用吸污车，定期收集各户污水，运往3村共用的污水处理站进行处理，处理后流入村中蓄水池塘，供农业灌溉使用。在王新房村、北汪庄村建设了两座污水处理站，并根据村庄布局、地形条件和雨污水管网现状，建设了12 000余米污水收集管网。管网建设尽量采用重力自流，减少主管网用量。其中北汪庄村采用地上式一体化污水处理设备，净化后的水体流入改造后的人工表面流湿地系统深度净化，实现污水循环利用，打造出良好的景观效果。王新房村采用地埋式污水处理设备，处理后的污水接入村边农田，作为农田灌溉用水。集中式污水处理示范村设备选型见表8-6。村庄雨水沟渠施工见图8-8，三格化粪池见图8-9，村庄铺设污水收集管网见图8-10。

表8-6 集中式污水处理示范村设备选型

序号	工艺名称	规格	数量	设备组成	备注
1	地上式一体化污水处理站	45 m^3/d	1台	碳钢水箱、潜污泵、曝气装置、填料、消毒装置、通风装置、控制系统等	北汪庄村
2	地埋式一体化污水处理站	45 m^3/d	1台	碳钢水箱、潜污泵、曝气装置、填料、消毒装置、通风装置、控制系统等	王新房村
3	地埋式一体化污水处理站	60 m^3/d	1台	碳钢水箱、潜污泵、曝气装置、填料、消毒装置、通风装置、控制系统等	南擂鼓台村、田新庄、小稻地村合建

图 8-8 村庄雨水沟渠施工

图 8-9　三格化粪池

图 8-10 村庄敷设污水收集管网

1）北汪庄村地上式污水处理站

在北汪庄村建设地上式污水处理站，污水处理站建筑面积 200 m²，采用具有同步

脱氮除磷功能的 A^2/O 消毒净化工艺。该处理站日处理污水量 45 m^3/d，利用村庄铺设的污水管道收集各户污水，在污水处理站进行集中处理，处理后水体进入村中人工湿地表面流深度净化系统，供景观环境用水。污泥与畜禽养殖废弃物、秸秆等农业有机废弃物混合，采用本项目中的高温快速发酵生产有机肥技术生产有机肥。北汪庄村集中式污水处理站见图 8-11，北汪庄村集中式污水处理站处理设备见图 8-12，北汪庄村生活污水人工湿地净化系统见图 8-13。

图 8-11　北汪庄村集中式污水处理站

图 8-12　北汪庄村集中式污水处理站处理设备

2）王新房村地埋式污水处理站

在王新房村建设地埋式污水处理站，采用具有同步脱氮除磷功能的 A^2/O 消毒净化工艺。该处理站日处理污水量 45 m^3/d，利用村庄铺设的污水管道收集各户污水，在污水处理站进行集中处理，处理后水体流入村中农田沟渠和池塘，供农田灌溉用水。污泥与畜禽养殖废弃物、秸秆等农业有机废弃物混合，采用本项目中的高温快速发酵生产有机肥技术生产有机肥。王新房村集中式生活污水处理站设备安装见图 8-14，王新房村集中式生活污水处理站见图 8-15。

图 8-13 北汪庄村生活污水人工湿地净化系统

图 8-14 王新房村集中式生活污水处理站设备安装

3）3 村合建地埋式污水处理站

鉴于农村污水收集管网铺设成本较高，试点在南擂鼓台村、田新庄村、小稻地村合建一座地埋式污水处理站。采用吸水车每日定时收集各户污水，运往 3 村共用的污水处理站进行处理，处理后水体进入村中池塘，供农业灌溉用水。污水处理站采用工艺为具有同步脱氮除磷功能的 A^2/O 消毒净化工艺，日处理污水 60 m^3/d。污泥与畜禽养殖废弃物、秸秆等农业有机废弃物混合，采用本项目中的高温快速发酵生产有机肥技术生产有机肥。吸污车见图 8-16。三村共用地埋式集中污水处理系统施工现场见图 8-17。

图 8-15 王新房村集中式生活污水处理站

图 8-16 吸污车

图 8-17 三村共用地埋式集中污水处理系统施工现场

2. 处理前后效果对比

1）北汪庄村地上式污水处理站

该处理站建成并实现连续运行 10 个月后，每月采集一次水样进行检测，处理站进水和出水污染物平均浓度（10 个月），出水 COD、BOD_5、氨氮、总磷和总氮浓度值分别为 29、18 、5.67、0.46 mg/L 和 7.86 mg/L，各项主要指标均可以达到《城镇污水处理厂污染物排放标准》（GB 18918—2002）一级 B 标准。图 8-18 为北汪庄村污水处理站净化效果分析。

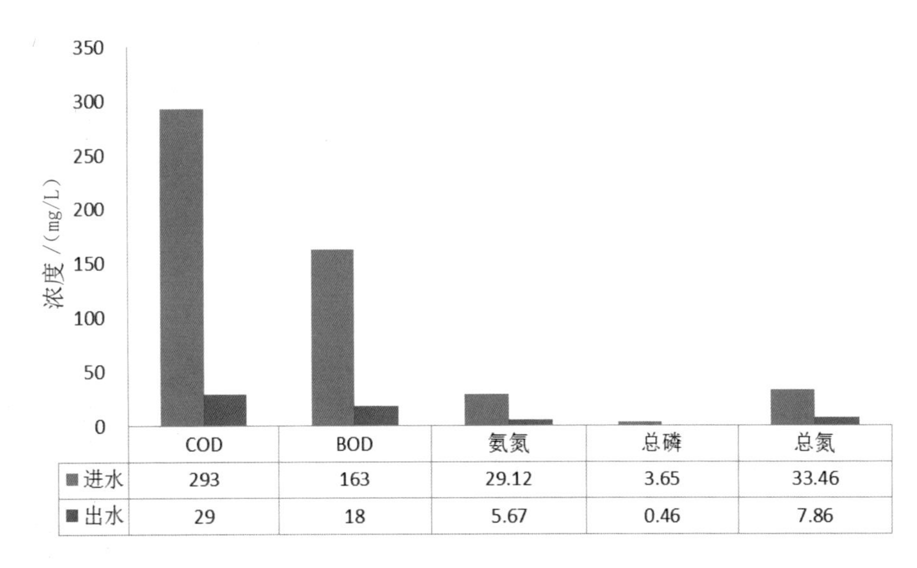

图 8-18　北汪庄村污水处理站净化效果

2）王新房村地埋式污水处理站

该处理站建成并实现连续运行 10 个月后，每月采集一次水样进行检测，处理站进水和出水污染物平均浓度（10 个月）见图 3-23，出水 COD、BOD_5、氨氮、总磷和总氮浓度值分别为 33、18、5.25 、0.46 mg/L 和 7.56 mg/L，各项主要指标均可以达到《城镇污水处理厂污染物排放标准》（GB 18918—2002）一级 B 标准。图 8-19 为王新房村污水处理站净化效果。

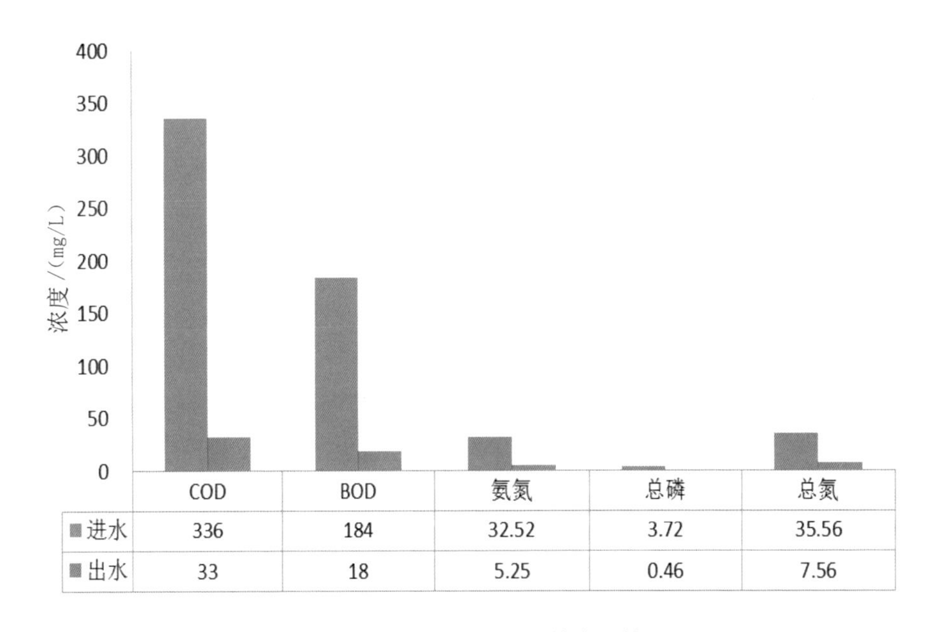

图 8-19　王新房村污水处理站净化效果

3）三村合建地埋式污水处理站

该处理站建成并实现连续运行 10 个月后，每月采集一次水样进行检测，出水 COD、BOD_5、氨氮、总磷和总氮浓度值分别为 33、18、5.39、0.61 mg/L 和 8.34 mg/L，各项主要指标均可以达到城镇污水处理厂污染物排放标准（GB 18918—2002）一级 B 标准。图 8-20 为三村合建污水处理站净化效果。

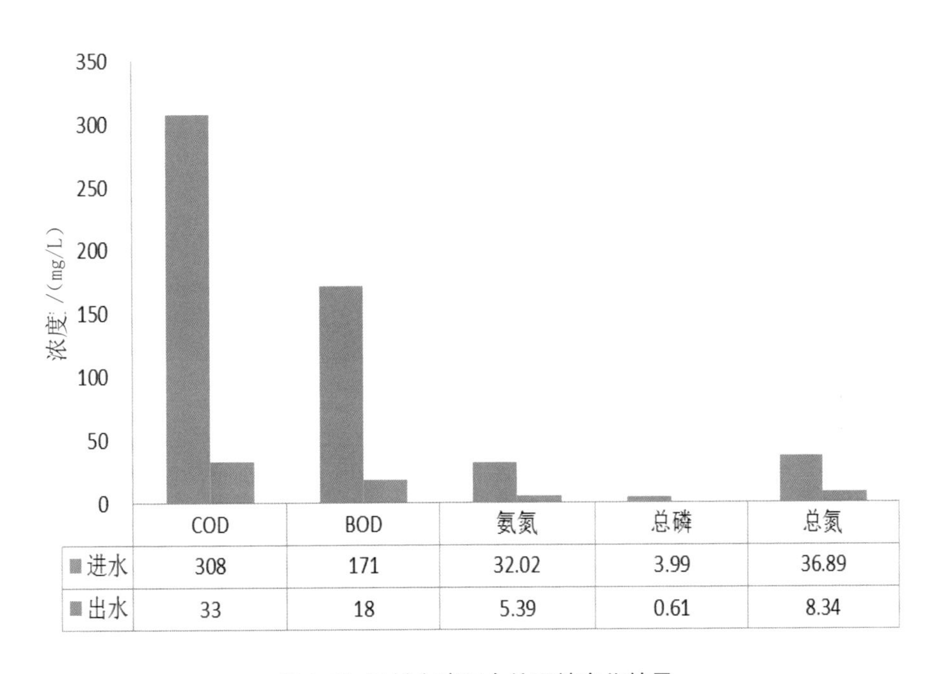

图 8-20 三村合建污水处理站净化效果

3. 小结

通过项目实施，将目前技术成熟、应用较多的带有脱氮除磷功能的 A^2/O 消毒净化工艺作为农村污水处理一体化设备的主要工艺，在 5 个集中式示范村建设了 3 套集中式 A^2/O 消毒净化污水处理站，日处理污水量共计 150 m^3/d。各示范村可收集生活污水处理率均实现 100%，基本解决了农村污水随意排放的老大难问题。

该系统投资低、占地面积小、设备使用寿命长、操作简单、不需要很强的专业知识，普通村民经过简单培训后即可进行操作，并能熟练应用，具有可复制性、可推广性。所有处理出水基本达到《城镇污水处理厂污染物排放标准》（GB 18918—2002）一级 B 标准，部分处理后出水排入人工湿地表面流深度净化后用于景观水体，部分出水用于农田灌溉。污泥与畜禽养殖废弃物、秸秆等农业有机废弃物混合，采用本项目中的高温快速发酵生产有机肥技术生产有机肥，实现了污水和污泥的循环利用。

8.2.2 分散式农村污水处理模式综合示范

1. 项目示范内容

1）车载移动式污水处理系统

在五清庄村和小安平村开展了分散式污水处理工程示范，利用车载移动式污水处理系统，主体工艺为“A^2/O+MBR 膜生物反应器”，每个村配备一套车载移动式污水处理系统，每套系统日处理污水量 30 m^3/d。定期对三格化粪池中的污水进行处理，处理后出水排入村中农田沟渠，作为景观或农田灌溉用水。污泥与畜禽养殖废弃物、秸秆等农业有机废弃物混合，采用本项目中的高温快速发酵生产有机肥技术生产有机肥。图 8-21 为车载移动式污水处理系统。图 8-22 为系统内部构造，图 8-23 为系统控制界面。图 8-24 为系统设备安装和现场调试。

图 8-21 车载移动式污水处理系统

2）小型一体化污水处理设备

项目针对车载移动式污水处理系统难以抵达的山区农户、农家乐等产生的生活污水，因地制宜，采用 0.5、1、2 m^3/d 和 5 m^3/d 等不同处理规模的小型一体化污水处理设备进行处理，处理后出水用于周边果园和农田灌溉。

以五清庄壹号山庄为例，在该处安装了 1 台处理能力为 2 m^3/d 的小型一体化污水处理设备，主要工艺为“A/O+MBR”，污水经三格化粪池初步处理后，进入小型一体化污水处理设备，处理后出水直接进入村内沟渠，用于山庄周边的果园和农田灌溉。

壹号山庄为具备 30 人接待能力的农村旅游机构。山庄原来只建设了一座三格化粪池，容量为 12 m^3，没有进一步的污水处理设施。一般情况下，三格化粪池中的污水通过吸污车吸出运走随意排放至村头沟渠池塘中。示范工程实施后，该山庄的生活污水得到了及时处理和回用。该设备的安装与运行调试见图 8-25 和图 8-26。

2. 处理前后效果对比

车载移动式污水处理系统连续运行 3 个月后，每月采集一次水样进行检测。其中，五清庄村出水 COD、BOD_5、氨氮、总磷和总氮浓度值分别为 31、19 、5.37、0.46 mg/L 和 8.22 mg/L，见图 8-27。小安平村出水 COD、BOD_5、氨氮、总磷和总氮浓度值分别为 36、18、4.81、0.54 mg/L 和 7.61 mg/L 见图 8-28。各项主要指标均可以达到《城镇污水处理厂污染物排放标准》（GB 18918—2002）一级 B 标准。

图 8-22 车载移动式污水处理系统内部构造

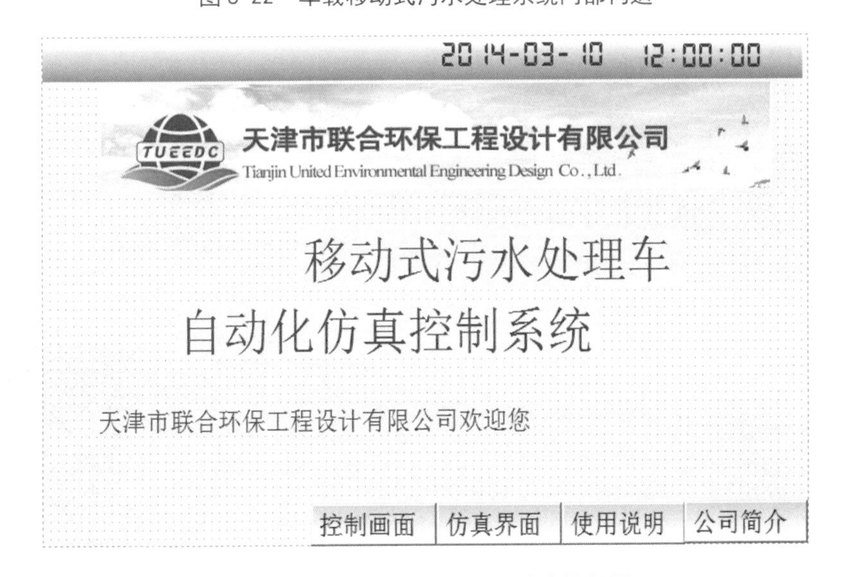

图 8-23 车载移动式污水处理系统控制界面

图 8-24　车载移动式污水处理系统设备安装和现场调试

图 8-25　小型一体化污水处理设备安装

图 8-26　小型一体化污水处理设备运行调试

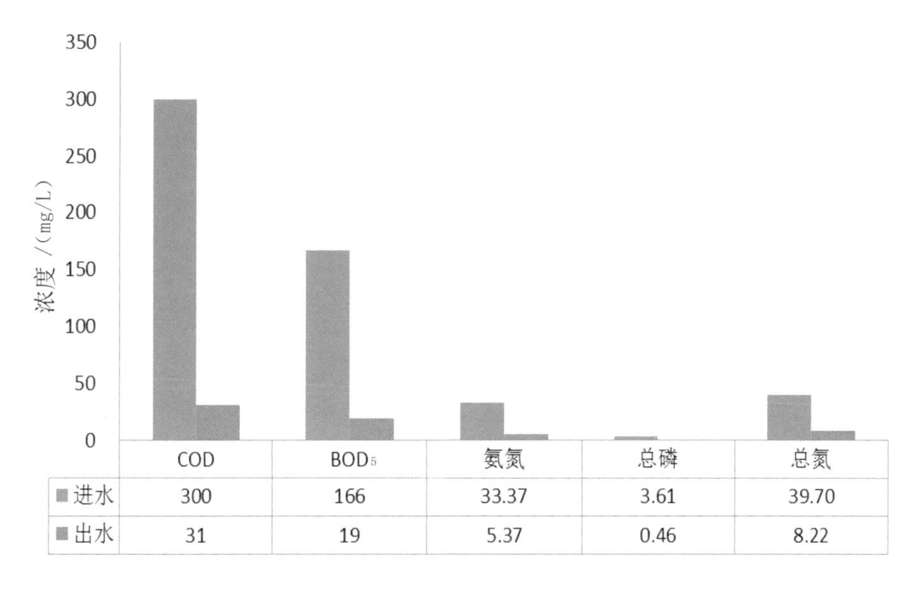

	COD	BOD_5	氨氮	总磷	总氮
■进水	300	166	33.37	3.61	39.70
■出水	31	19	5.37	0.46	8.22

图 8-27 五清庄村污水处理效果

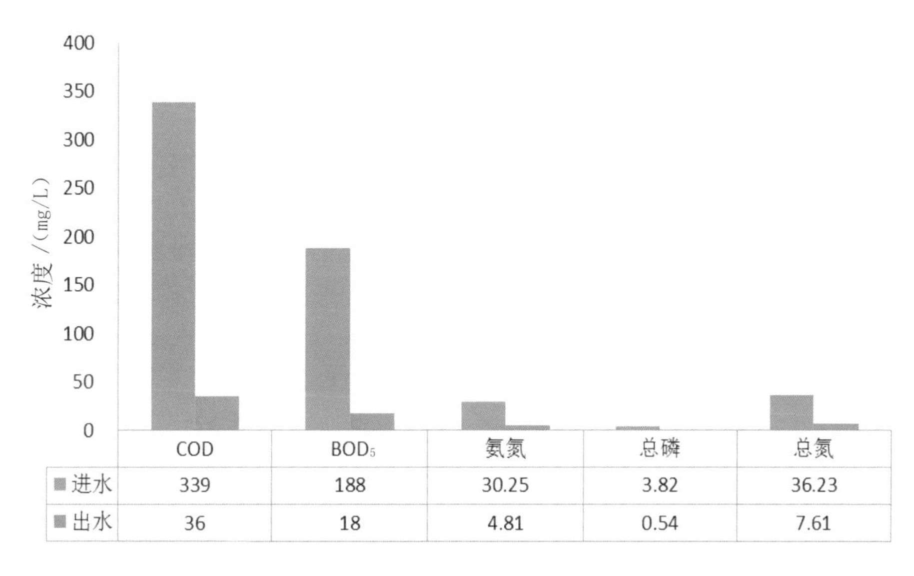

	COD	BOD_5	氨氮	总磷	总氮
■进水	339	188	30.25	3.82	36.23
■出水	36	18	4.81	0.54	7.61

图 8-28 小安平村污水处理效果

3. 小结

通过项目实施，在小安平村和五清庄两个分散式村庄，针对分散农户，建设了两套车载移动式“A^2/O+MBR 膜生物反应器”污水处理系统，日处理污水量 60 m^3/d，可收集污水处理达标率 100%。出水达到《城镇污水处理厂污染物排放标准》（GB 18918—2002）一级 B 标准，处理后出水流入村中农田沟渠和池塘，供农田灌溉用水。在车载移动式污水处理系统难以抵达的山区农户和污水量相对较大的农家乐，示范安装了不同处理规模的小型一体式污水处理设备，处理规模从 0.5 ～ 5 m^3/d 不等。处理后排水用于农田、园地灌溉。

通过工程示范，形成了车载移动式污水处理系统和小型一体化污水处理设备相结合的分散式农村生活污水处理模式，前者可通过选取特定的路线，对沿线居民的污水进行收集处理，实现污水处理“上门服务”；后者通过不同处理规模的系列设备，满足不同的污水处理量需求。

8.3 农村生活垃圾收集处理资源化利用综合示范

本项目针对农村生活垃圾收集处理机制不健全、生活垃圾随意丢弃堆放对农村生态环境造成危害等问题，结合可持续发展示范镇的建设，系统整合农村生活垃圾收集处理技术与农村废弃物多元化高效处理技术，在 7 个示范村建设农村生活垃圾收集处理资源化利用综合示范，建立了“村收集、镇转运，集中处理”生活垃圾分类收集转运机制，并利用高温快速发酵生产有机肥技术、秸秆制气集中供气技术开展农业有机废弃物资源化利用。项目实施后农村生活垃圾收集处理率达到 95% 以上。

8.3.1 项目示范内容

1. 农村生活垃圾收集转运机制

根据本项目提出的农村生活垃圾处理技术流程，建立了“村收集、镇转运，集中处理”的农村生活垃圾分类收集转运机制。

1）农村生活垃圾的分类收集与补充分拣

为方便垃圾的后续处理，首先制定农村生活垃圾分类收集机制，将生活垃圾分为可回收垃圾、有机垃圾和其他垃圾三类。其中，可回收垃圾主要包括废纸、塑料、玻璃、金属和布料等；有机垃圾主要包括剩菜、剩饭等食品类废弃物和畜禽粪便、废菌棒、农作物秸秆等；其他垃圾主要包括除上述两类垃圾之外的其他难以回收的废弃物。

根据各示范村的人口分布，每 10 户左右配备一个垃圾桶（240 L）。村民先将垃圾进行分类，有利用价值的可回收垃圾自行分拣回收售卖，不可回收的投入垃圾桶中。各村根据自身垃圾产生情况设定 1 名垃圾分拣员，根据垃圾的实际分类情况进行补充分拣，将有机垃圾与其他垃圾分开，保证各类垃圾对应后续处理的顺利进行。同时建立和完善垃圾处置长效管理体制和运作机制，加强垃圾清扫、收集、运输的日常管理，规范垃圾存放点（容器）和转运站，规范运输设备，实现定点存放、统一收集、日产日清。垃圾桶收集系统见图 8-29。

2）可回收垃圾的回收利用

根据示范村生活垃圾组成数据可知，可回收垃圾所占比例为 12.1% ～ 20.2%，需要对这部分垃圾进行回收利用。根据项目示范村的实际情况，通过两种途径实现该部分垃圾的回收利用：①垃圾产生源头处理，即村民自行回收经济价值较高的垃圾，例如废纸张、废金属、废玻璃瓶等；②垃圾分拣员在补充分拣的时候，集中对村民投放垃圾中的可回收部分进行回收处理，回收所得的收益可归分拣员所有，作为其酬劳的一部分。通过这两种方式，农村生活垃圾中的可回收部分能够实现有效利用。

图 8-29 垃圾桶收集系统

3）其他垃圾的处理

农村其他垃圾的产生量在空间、时间上较为分散，就地处理的成本高。因此，本项目利用垃圾转运车，每日定时定点将垃圾运输到镇生活垃圾转运站，然后再集中做清运处理，运往蓟县生活垃圾焚烧发电厂。示范村垃圾分拣员及生活垃圾清运见图8-30。

图 8-30 示范村垃圾分拣员及生活垃圾清运

2. 农业有机废弃物资源化利用

1）有机垃圾高温快速发酵生产有机肥

针对示范村垃圾中秸秆、畜禽粪便、废菌棒等农业废弃物占比较高的特点，本项目采用高温快速发酵技术，利用农业废弃物生产有机肥，实现资源化利用，促进农村生态环境的改善。

在南擂鼓台村建设农村生活垃圾收集处理资源化利用示范点。南擂鼓台村有机肥厂建设用地面积 2 600 m^2，总建筑面积为 2 692 m^2，年生产能力 6 000 t，并进行了地面防渗阻隔固化处理，设计混配区、发酵场地、加工区、成品仓库以及办公区等。本示范点主要处理于桥水库周边村庄、学校、宾馆、疗养院等产生的有机垃圾以及养殖场的生态床垫料、畜禽粪便和农作物秸秆。考虑到水源保护区内采用传统的发酵法堆放面积大、时间长、养分损失大且对土壤、地下水有潜在污染风险等问题，本项目在该厂引进了先进的高温快速发酵有机肥技术，并示范安装了 1 台发酵设备，设计产肥量为 300 kg/10 h。待示范成功后可进一步加大规模，并推广应用于不同规模的养殖户、养殖小区和规模化养殖场。

首先，将农村生活垃圾中的畜禽粪便、废菌棒、秸秆等有机垃圾按照一定比例混合加入到高温发酵设备中，并在设备内加入嗜热复合微生物菌剂。然后，开启设备利用电热使物料温度升至 80 ～ 100 ℃，保持 2 h 后断电，让温度保持在 60 ～ 80 ℃（嗜热微生物菌剂活性最高温度范围为 50 ～ 80 ℃），同时发酵设备内配套的搅拌设备间歇性地搅拌。在发酵设备内整个发酵时间约 10 h。发酵完毕后的肥料用电动筛筛选，筛选合格的肥料包装完毕后进入成品库，也可选择进入造粒生产过程。农村生活垃圾高温快速发酵生产的有机肥示范工程见图 8-31，有机肥产品见图 8-32。

图 8-31　农村生活垃圾高温快速发酵生产有机肥示范工程

图 8-32　有机肥产品

2）秸秆气化集中供气

秸秆气化技术通过气化装置将秸秆、杂草等有机垃圾在缺氧状态下干馏热解反应转换成燃气，燃气的可燃性成分主要由 CO、H_2、CH_4 等组成。本项目根据示范区域垃圾组成的特点，在北汪庄村和南擂鼓台村分别开展了秸秆气化集中供气技术的示范工程，利用生物质气化技术，处理秸秆等有机垃圾，所产燃气替代农村散煤和液化天然气等化石燃料燃烧，有效减轻环境污染。

本示范工程的秸秆气化集中供气系统主要由制气及净化系统、燃气输供系统、用户燃气系统组成。制气及净化系统为核心部分，主要包括气化炉、焦油净化装置、鼓风机等。本项目的生物质气化炉设计产气量Q=50 m^3/h，在其作用下，秸秆经过干燥、干馏、热解、气化，最终生成燃气。焦油净化装置采用多级洗涤、多级除焦及末位过滤方法，提纯净化粗燃气，有效解决了燃气使用过程中焦油堵塞灶具问题。详见图 8-33。

燃气输供系统包括储气罐、输供气管网等。储气罐能够存储一定量的燃气，调节不同用气量下的供气平衡与燃气负荷的波动，使供气压力保持稳定。其中，北汪庄村示范工程配备三个储气罐，储气量共 350 m^3（2 备 1），存储压强为 0.08 MPa；南擂鼓台村示范工程配备 1 个储气罐，储气量 600 m^3，存储压强为 0.08 MPa，详见图 8-34。

燃气系统包括用户焦油净化器、灶具等，用户灶间详见图 8-35。

将预处理后的秸秆等有机垃圾送入气化炉，秸秆在气化炉内经过干馏热解并气化生成燃气，利用多级洗涤、多级除焦等净化系统去除燃气中的灰尘和焦油等杂质，再由风机将燃气输送至储气罐。从储气罐出来的燃气经过调压装置将压强调至 8 kPa，再通过管网输送至用户家中。秸秆气化集中供气流程如图 8-36 所示。

以北汪庄村的示范工程为例，采用间歇式操作，每天入料两次，共消耗 200 ～ 250 kg/d 秸秆，产气量为 400 ～ 500 m^3/d，燃气热值为 5 500 kJ/m^3。通过该示范工程实施，可有效避免农村秸秆焚烧，所产燃气每年可替代农村散煤约 30 t，减少 SO_2 排放 0.25 t/a，减少氮氧化物排放 0.22 t/a，减少 CO_2 排放 80 t/a，减轻了环境污染，在农村地区具有较大的推广价值。

图 8-33 制气及净化系统

8.3.2 小结

本项目结合可持续发展示范镇的建设，系统整合农村生活垃圾收集处理技术与农村废弃物多元化高效处理技术，在 7 个示范村开展农村生活垃圾收集处理资源化利用综合示范。首先利用分类收集与补充分拣相结合技术对垃圾进行初步处理，将农村生活垃圾中的可回收垃圾、有机垃圾以及其他垃圾进行分类，然后根据每种垃圾的具体情况分别进行后续处理。其中，废纸、塑料、金属等可回收垃圾进行相应的回收利用，畜禽粪便、废菌棒、农作物秸秆等有机垃圾利用高温快速发酵技术处理生产有机肥，花生壳、秸秆等有机垃圾利用生物质气化集中供气技术生产燃气，剩余的其他垃圾由镇收集集中清运处理。

本项目所建立的农村生活垃圾收集处理资源化利用模式，契合我国农村实际，通过村民自发分类收集和分拣员补充分拣机制，实现资源的回收利用。高温快速发酵生产有机肥技术已经形成不同处理能力的系列设备，可用于不同规模的养殖场，不仅解决了畜禽养殖场粪便露天堆放或发酵所造成的环境问题，所生产的有机肥回用于农田，也可以缓解土壤因施用化肥造成的土壤污染和板结问题，提升土壤品质，保护土壤生态环境。秸秆气化集中供气示范工程，利用生物质气化技术使秸秆等有机垃圾转化生成燃气，避免农村秸秆燃烧，替代农村散煤和液化天然气等化石燃料的燃烧，有效减轻环境污染。

（北汪庄村）

（南擂鼓台村）

图 8-34 储气罐

图 8-35 户用秸秆制气燃气灶

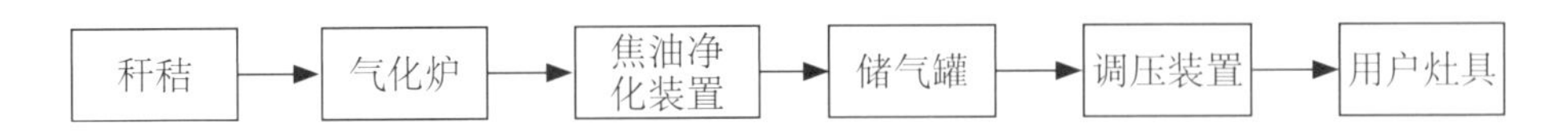

图 8-36 秸秆气化集中供气流程

8.4 污染土壤修复与重建推广体系综合示范

8.4.1 项目示范内容

1. 修复示范区域选择与调查

根据前期调研结果，选取小安平村周边 1 000 亩 DDT 污染存在超标现象的农田作为修复示范区。示范区范围见图 8-37。

对修复示范区域的 DDT 污染农田土壤按照 15 亩 / 个样点进行详细布点采样检测，共设置 60 个点位进行详细调查。调查结果显示，示范区 80% 的农田土壤 DDT 超标 3.5 倍以下，5% 的农田土壤超标 3.5 ～ 4 倍，约 15% 的农田土壤超标 4 倍以上。

图 8-37 小安平村污染土壤植物 - 微生物联合修复区域分布

2. 生态优势种筛选

根据修复示范区所在的地理特点，对当地的植被现状进行详尽调查，参考相关研究成果，以禾本植物和乔灌木为主，筛选出 7 种生态优势种（玉米、小麦、花生、杨树、柳树、紫叶李、槐树）作为宿主植物，这些植物对 DDT 均具有一定的耐受能力和富集能力，且在植物根系处具有丰富的复合菌群。

考虑到农民收入和现有土地性质及植被，针对超标 2.5 倍以下的农田区域土壤选取玉米、小麦和花生作为宿主植物，针对超标 2.5 ～ 3 倍的区域选择紫叶李和槐树作为宿主植物，针对超标 3 倍以上的区域选择杨树和柳树作为宿主植物。土壤修复宿主植物 - 生态优势种见图 8-38 和图 8-39。

槐树　柳树

杨树　紫叶李

玉米　花生

图 8-38　土壤修复宿主植物生态优势种（一）

小麦

图 8-39　土壤修复宿主植物生态优势种（二）

3. DDT 特异性降解菌的筛选和驯化培养

将采集的修复示范区域的 5 g 土壤接种到含有 10 mg/L DDT 等农药的 100 mL 无机盐培养基中，于 37 ℃，150 r/min 摇床振荡培养。培养开始后每 7 天以 5% 的接种量转接到新鲜的 DDT 等农药无机盐培养基中，连续转接 4 次。然后逐渐增加 DDT 农药的浓度至 50 mg/L，于 37℃，150 r/min 摇床振荡培养 3 天后，分别取 0.1 mL 涂布到牛肉膏蛋白胨、高氏淀粉和马铃薯培养基上（分别培养细菌、真菌、放线菌），培养 3 天，挑取长势良好的几株单菌划线分离纯化。将纯化后的菌株保存并回接到 50 mg/L DDT 农药无机盐培养基中，测定其对 DDT 农药的降解能力，选取降解能力较好的 5 株，做好编号后将其接种于对应的斜面培养基上，置于 4 ℃冰箱保存。将保存的降解菌进行形态特征及生理生化鉴定，并开展降解菌的 16SrDNA 基因序列分析和生长曲线的测定，将 5 株菌株按 5% 接种量接种至液体 LB 培养基中，摇床培养，每隔 2 h 定时取样测定 OD600，得到不同温度下降解菌株的最佳培养时间，并绘制菌株的生长曲线。用采集到的农田土壤开展 DDT 的降解率实验，采用紫外分光光度法，得到 5 株降解菌对 DDT 农药的降解率均不小于 75%。之后，利用微生物发酵技术进行菌种批量生产，制成特异性复合降解菌剂。土壤修复优势菌种筛选见图 8-40。

4. 土壤修复过程

土壤修复按照作物生长周期，采用由点到片、由片到面逐步推进的方式进行。自 2013 年秋季开始，在春季种植木本植物和花生，夏季种植玉米，秋季种植小麦。各种宿主植物种植区域和面积详见图 8-41 和表 8-7。

为更好利于植物的生长，提高土壤中氧的含量以及提高特异菌群的处理效率，在种植前，对修复示范区域的土壤进行深翻平整。使用深翻机对土壤进行深翻，深度

30 ～ 40 cm。深翻后，将底层土壤充分暴露在空气中一段时间，再对深翻后的土壤进行平整，使土地松软平整。然后向土壤中喷洒特异性复合降解菌剂，再种植相应的宿主植物。修复工作详见图 3-42 和图 3-43。

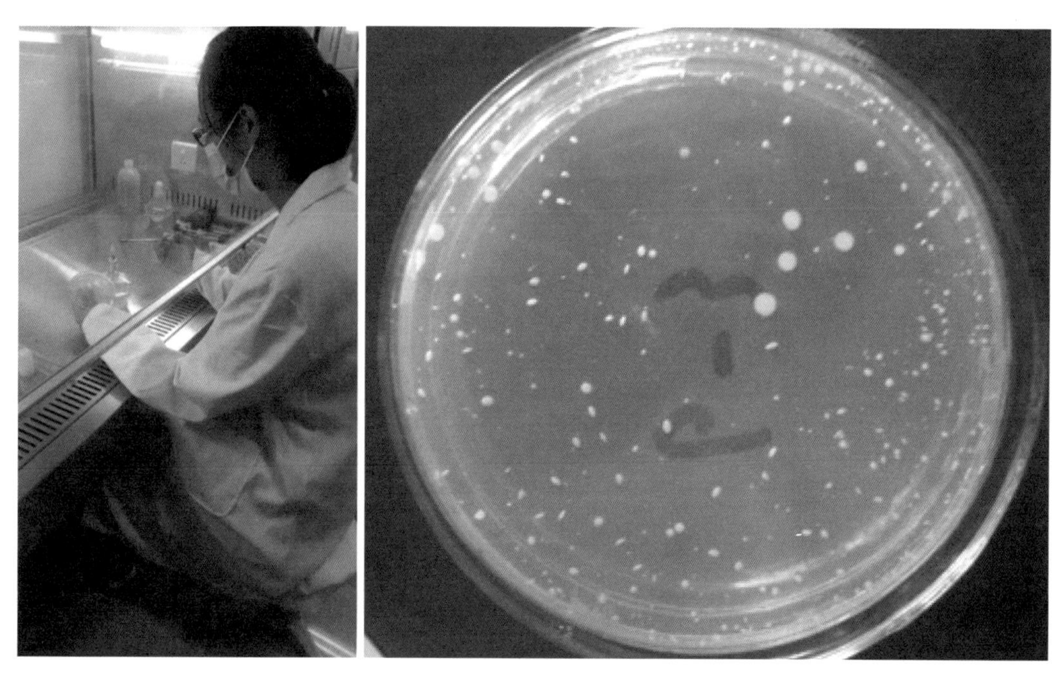

图 8-40 土壤修复优势菌种筛选

表 8-7 修复菌剂及植物选择

序号	面积／亩	污染程度	菌剂	植物
1	800	超标 3.5 倍以下	DDT 微生物降解复合菌剂	玉米、小麦和花生
2	50	超标 3.5 ～ 4 倍	DDT 微生物降解复合菌剂	紫叶李和槐树
3	150	超标 4 倍以上	DDT 微生物降解复合菌剂	杨树和柳树

5. 土壤修复效果

在修复过程中，分阶段对修复效果进行跟踪监测。监测结果显示，修复示范区域土壤中的 DDT 污染物浓度逐年下降。2013—2015 年不同月份污染土壤修复示范区检测点样品浓度及分布图详见表 8-8 和图 8-44。从修复结果中可以看出，2013—2014 年 DDT 浓度随着修复时间的延长，浓度逐步降低，至 2015 年 5 月份各采样点 DDT 浓度均低于检出限，示范区内全部土壤中 DDT 浓度均符合国家《土壤环境质量标准》（GB 15618—1995）一级标准要求。

(春季) (夏季)

(秋季) (冬季)

(一年实验期) (二年实验期)

图 8-41 “植物 - 微生物”联合定向土壤修复工程

图 8-42 土壤深翻作业

图 8-43 喷洒菌剂

表 8-8 DDT 监测结果

序号	2013 年 5 月	2013 年 10 月	2014 年 5 月	2014 年 10 月	2015 年 5 月
1	0.241	0.155	0.102	0.047	未检出
2	0.21	0.128	0.095	0.048	未检出
3	0.201	0.122	0.103	0.043	未检出
4	0.232	0.15	0.097	0.022	未检出
5	0.222	0.144	0.086	0.039	未检出
6	0.192	0.121	0.085	0.041	未检出
7	0.212	0.138	0.096	0.026	未检出
8	0.233	0.138	0.082	0.034	未检出
9	0.212	0.13	0.077	0.028	未检出
10	0.202	0.124	0.084	0.041	未检出
11	0.182	0.121	0.092	0.023	未检出
12	0.174	0.116	0.087	0.038	未检出
13	0.144	0.108	0.105	0.031	未检出
14	0.164	0.1	0.084	0.043	未检出
15	0.174	0.106	0.074	0.032	未检出
16	0.166	0.101	0.091	0.038	未检出
17	0.152	0.093	0.083	0.035	未检出
18	0.175	0.106	0.064	0.02	未检出
19	0.13	0.087	0.073	0.037	未检出
20	0.146	0.103	0.062	0.027	未检出
21	0.122	0.088	0.05	0.017	未检出
22	0.141	0.102	0.072	0.026	未检出
23	0.173	0.105	0.083	0.035	未检出
24	0.134	0.091	0.065	0.021	未检出
25	0.074	0.067	0.042	0.006	未检出
26	0.121	0.086	0.058	0.02	未检出
27	0.143	0.105	0.084	0.046	未检出
28	0.124	0.096	0.068	0.023	未检出
29	0.152	0.098	0.069	0.03	未检出
30	0.163	0.128	0.086	0.036	未检出
31	0.174	0.067	0.062	0.014	未检出
32	0.184	0.152	0.09	0.021	未检出
33	0.171	0.124	0.094	0.02	未检出
34	0.154	0.132	0.083	0.035	未检出
35	0.152	0.102	0.071	0.027	未检出

续表

序号	2013 年 5 月	2013 年 10 月	2014 年 5 月	2014 年 10 月	2015 年 5 月
36	0.151	0.096	0.068	0.017	未检出
37	0.141	0.102	0.082	0.038	未检出
38	0.124	0.056	0.046	0.011	未检出
39	0.144	0.098	0.067	0.032	未检出
40	0.141	0.088	0.064	0.028	未检出
41	0.14	0.091	0.065	0.016	未检出
42	0.145	0.098	0.064	0.021	未检出
43	0.13	0.096	0.078	0.041	未检出
44	0.131	0.087	0.063	0.019	未检出
45	0.13	0.09	0.075	0.029	未检出
46	0.138	0.095	0.077	0.04	未检出
47	0.117	0.076	0.067	0.031	未检出
48	0.124	0.083	0.061	0.027	未检出
49	0.109	0.078	0.078	0.03	未检出
50	0.123	0.096	0.078	0.041	未检出
51	0.134	0.094	0.077	0.03	未检出
52	0.13	0.09	0.075	0.031	未检出
53	0.122	0.083	0.061	0.017	未检出
54	0.256	0.094	0.083	0.031	未检出
55	0.197	0.099	0.066	0.026	未检出
56	0.22	0.084	0.06	0.016	未检出
57	0.208	0.099	0.073	0.02	未检出
58	0.149	0.107	0.089	0.029	未检出
59	0.14	0.089	0.062	0.008	未检出
60	0.221	0.133	0.082	0.017	未检出

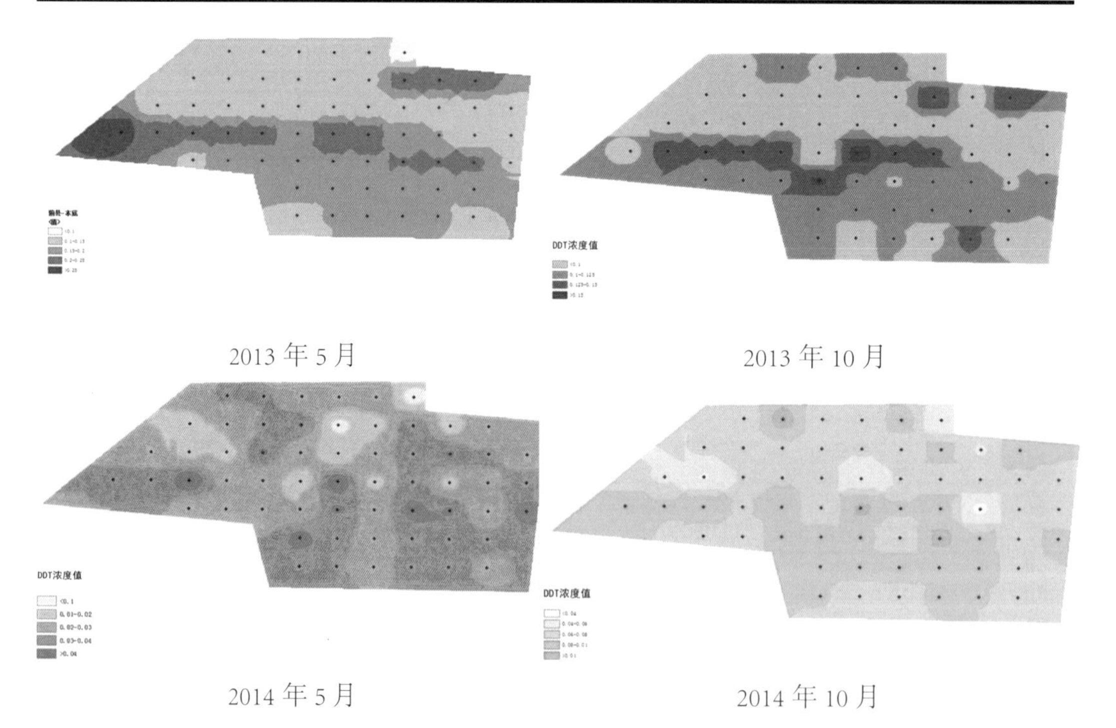

图 8-44　示范区域土壤 DDT 浓度跟踪调查结果

8.4.2 小结

项目实施后，示范区内土壤 DDT 污染得到有效控制，土壤中 DDT 含量满足《土壤环境质量标准》（GB 15618—1995）一级标准要求，项目实施达到预定效果。

第 9 章 运行管理机制

9.1 组织管理推动机制

9.1.1 建立专家组

本项目虽然是对成熟技术的综合示范，但是整个项目涉及农村饮用水安全、污水处理、生活垃圾处理处置和污染土壤修复 4 个方面近 20 项相关技术。为了保证项目所采用的技术成功应用，特别是不同技术的集成和示范推广，项目组成立了由水、土壤、生态等领域 10 余名专家组成的专家组，对项目实施提供咨询，针对关键技术应用和难点问题，第一时间提供技术解决方案。

为了确保项目领导小组和专家组发挥其应有的作用，项目制定了联动机制，专家组实时跟踪、实时解惑、实时指导；领导小组和专家组每季度召开一次项目进展督查汇报会，共同研究项目实施方案和方法举措，并就项目技术应用、示范工程建设等作详细指导（见图 9-1）。

图 9-1 专家组在项目实施现场指导工作

9.1.2 组织管理和技术培训

为提高科技惠民示范项目实施和示范推广效果，定期组织全县各村镇和项目管理人员，通过科技讲座、交流学习等方式，全面深入了解项目示范内容、效果、适用范围、基础需求等，带动全县开展生态环境改善建设。

为确保项目示范工程在各示范村内能够顺利实施并持续正常运行，项目组组织对参与示范工程建设的施工人员、各示范村选派的后期运行维护人员以及设备使用人员开展了技术培训，由项目组技术人员进行培训、指导各示范工程和设备的建设、运行、维护和管理技术，在项目实施过程中，配合项目组完成各项示范工程建设和管护任务（见图 9-2 和图 9-3）。

图 9-2　蓟县村镇管理人员培训

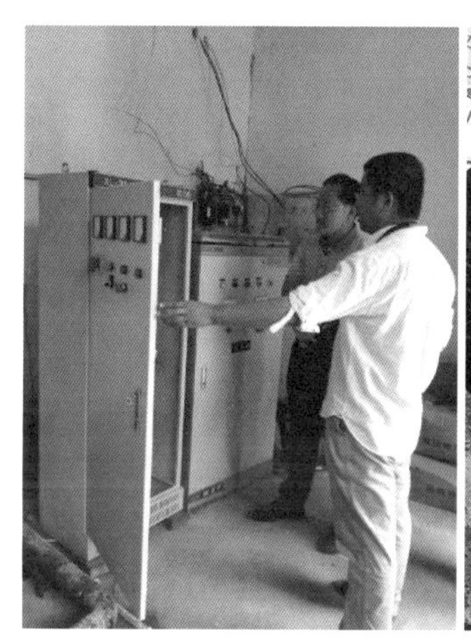

图 9-3　示范村工作人员培训

9.2 后期运行管理机制

为确保各项示范工程在项目执行期结束后能长期正常运行，某镇政府建立了科技惠民项目后期运行管理机制。

在后期管理方面，在项目总体验收后，镇政府负责各示范工程的日常维护、常规检修和保养，确保各示范工程的稳定运行。

在运行维护方面，由各示范村选派专人长期负责污水处理设施、集中式饮用水安全供水系统和秸秆气化系统的运行和维护管理，工作人员的专业知识由项目组技术人员进行技术培训。生活垃圾分拣由各村现有的卫生协管员兼任，镇环卫所负责生活垃圾清运工作。高温发酵生产有机肥系统采用市场化机制运作。

在资金保障方面，生活垃圾收集清运工作采用区财政定额补贴。其他示范工程由镇政府统筹使用地方政府专门设立的饮用水源保护区生态补偿转移支付资金，支付集中式污水处理设施、车载移动式污水处理系统、集中式饮用水安全供水系统、秸秆制气集中供气等各项示范工程的日常运营维护费用和工作人员的工资。

9.3 受益公众体验机制

9.3.1 村民环保知识宣传普及

农村生态环境改善示范工程，其主要目的就是使公众的生态环境得到根本改善，使公众的人体健康得到保证。因此，示范工程的顺利实施离不开示范村内广大村民的参与。

为提高示范村村民的参与积极性和参与效果，项目组通过建立宣传通讯员制度，以海报、宣传板、技术人员亲自讲解等形式，向示范点的村民普及环保知识、宣传项目内容和成果等。

（1）由各示范村配备科技惠民成果宣传通讯员，及时将项目科技成果及各项示范工程的进展情况向村民传达，并把村民提出的可行的项目改造意见、示范工程的运行和使用问题收集、转达给项目管理和技术人员。

（2）项目组针对各项示范工程，设计制作了通俗易懂的宣传海报（见图 9-4），以宣传板的形式，向村民全面展示项目的科技成果、示范工程内容、示范效果等。

（3）项目组科技人员针对示范工程的内容、效果向村民进行讲解，并充分利用示范工程建设施工、运行调试等各种机会，随时对村民进行宣传培训，解答村民的问题（见图 9-5）。

9.3.2 受益公众满意度测评

为提高项目的惠民效果，在示范工程完成后，留给示范村村民 6 个月的成果体验时间，及时对村民提出的使用问题进行解答，虚心接受村民提出的可行的项目改造意见。之后，项目组以抽样问卷调查的形式向 7 个村的村民开展了科技惠民项目测评（见图 9-6 和图 9-7）。

问卷调查表格设计结合项目内容，面向村民生活实际情况，主要包括项目认知度、饮用水工程、污水处理工程、垃圾处理工程 4 大部分，了解项目的宣传培训是否到位、示范工程运转情况以及村民的实际体验情况。

项目组对 7 个村庄的 100 位村民进行了问卷调查。

（1）针对项目总体情况，95% 以上的村民通过宣传、施工等知晓或了解了科技惠民项目内容，80% 以上的被调查村民参与过科技惠民项目组织的生态环保知识普及宣传活动，91% 的村民认为本次科技惠民示范工程令村庄环境有所改善，对项目的实施情况和效果满意。

（2）针对安全饮用水示范工程，开展集中式饮用水示范工程的村庄中，99% 的村民认为，之前是每日定点供应 1 小时水，现在改为自来水管网，可以随时用水，很方便。

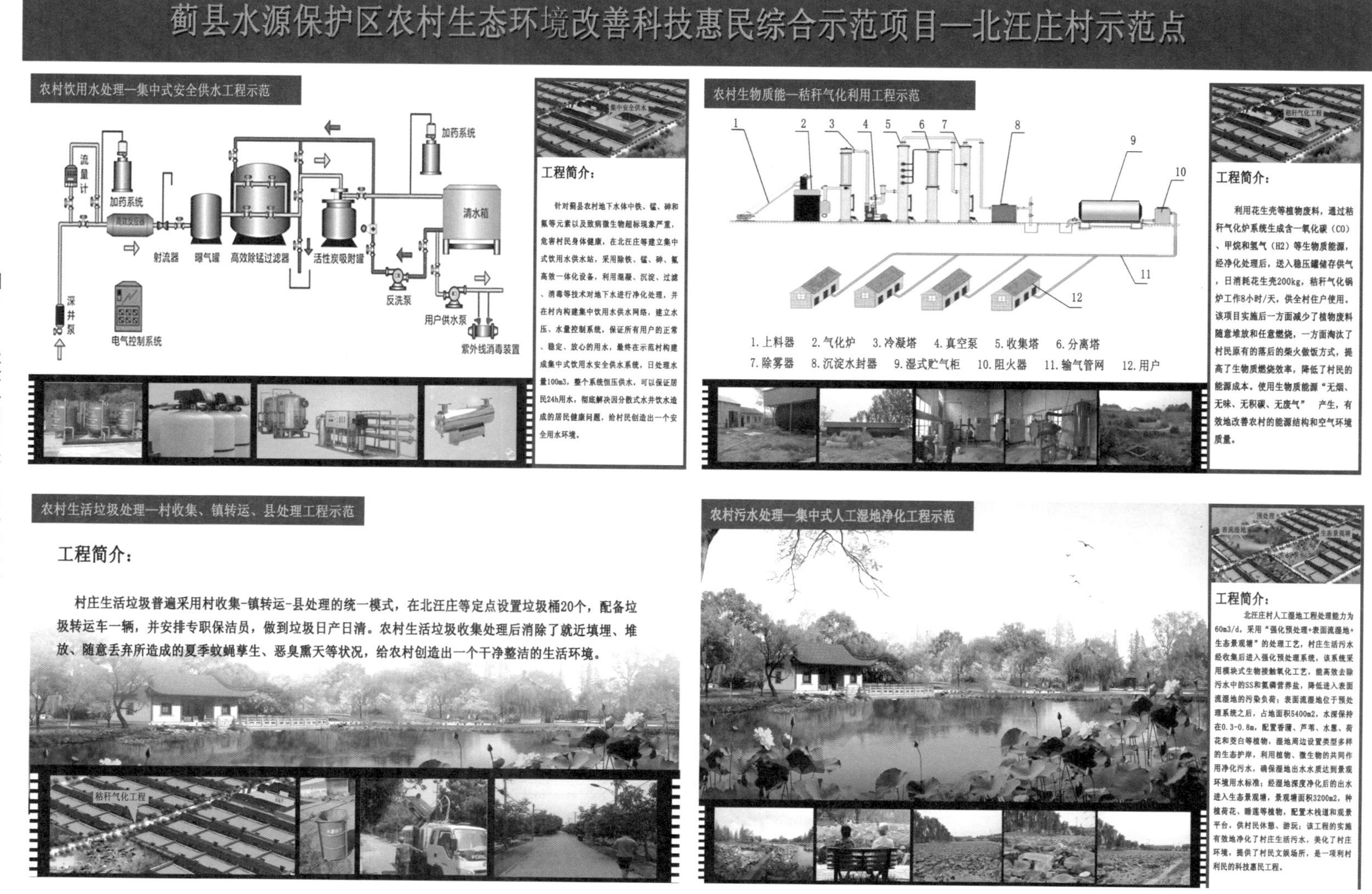

图 9-4 科技惠民示范项目宣传海报

图 9-5　项目组成员为村民宣传项目内容

之前都是自己打井，有深有浅，有些饮用水水井周边不远就是污水坑，水也不好喝。示范工程开展后，统一供应的自来水水质很好，家人也都放心了。村民对安全饮用水示范工程的满意度达到 94%。

（3）针对污水处理示范工程，44% 的村民认为生活污水处理设施可以明显改善村容村貌，对水库周边水环境改善也有很大作用，51% 的村民认为村庄环境有所改善。村民对污水处理示范工程实施情况和效果的满意度达到 95%，不满意的村民主要是担心设施在运营阶段需要自己付费。

（4）针对农村生活垃圾收集处理示范工程，村民普遍认为村中街道布置垃圾桶后十分方便，村里随意堆放垃圾的情况大大减少，垃圾桶能够做到每天定时清运。村里垃圾定期收集、定期清运后，村容村貌和环境有所改善。村民非常支持利用农业废弃物（秸秆、果木枝、花生壳、废菌棒等）开展集中式气化工程或高温发酵生产有机肥等资源化利用方式。村民对生活垃圾收集处理示范工程的实施情况和效果满意度达到97%，不满意的原因同污水一样，担心工程运行需要付费。

（5）针对污染土壤修复与重建示范工程，90% 以上的村民知晓此处在开展土壤修复示范工程，40% 的村民通过参加宣传培训十分了解土壤修复的意义和重要性，53% 的村民有一定的了解。86% 的村民表示，土壤修复技术对农村土壤意义大，希望在今年及以后的耕种过程中可以体验到示范工程的实施效果，并希望可以将此技术推广应用至更多地区。

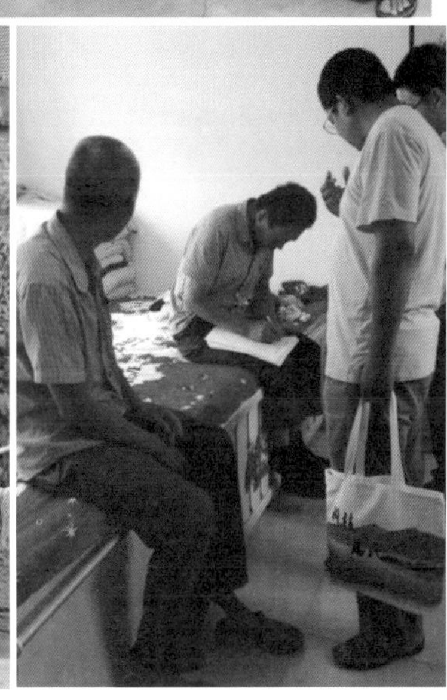

图 9-6 项目组成员深入村民家中进行问卷调查

图 9-7 项目组成员入户解答群众问题

第 10 章 运行费用效益分析

本项目以提升和改善农村生态环境、保护水源地水质和促进农村可持续发展为目标，融合了饮用水安全、水污染控制、固废资源化利用、生态修复与重建及农村环境经济良性发展为一体的生态理念，集成应用先进适用技术，开展综合示范工程。在改善当地生态环境的同时，农民也可通过废弃物的资源化利用减少生产生活支出成本，经过简单培训后获得设施运行维护的就业岗位。饮水安全得到保障后减少因病返贫的几率等经济和社会效益，真正实现了让科技成果惠及民生，促进农村地区的可持续发展。

为更客观、科学、直观地了解本项目各项示范工程和技术是否确实可复制、可推广，运用环境经济学理论，借鉴环境费用效益分析方法，对本项目各项示范工程的运行费用（成本）和所形成的经济、社会和环境效益进行了综合分析。分析结果显示，本项目各项效益大于运行费用，环境效益显著，并具有较大的社会和经济效益，适合于在类似的农村地区推广使用。

10.1 运行费用分析

根据项目长期运行机制，在项目验收后，各项示范工程将交由出头岭镇政府负责运行维护。根据初步核算，各项示范工程的日常运行和维护费用，每年预计约需 66 万元，包括动力费、人工费、原料费、设备维护费等。具体核算情况如下。

1. 集中式饮用水安全供水系统

各集中式饮用水安全供水设备安装功率为 7.5 ～ 22.5 kW，日运行 6 h，变频运行，工况系数 0.8。以 22.5 kW 的系统为例，主要运行费用如下所示。

动力费：主要为电费，以电价为 0.37 元 / 度计算，则运行电费为 22.5×6×0.8×0.37=40 元 / 天，小计 1.46 万元 / 年。

人工费：由示范村的电工兼职设备看守与维护，每月补贴 100 元 /（月•人），小计 0.12 万元 / 年；

单套运行费用合计 1.58 万元 /（年•套）。

5 个集中式饮用水安全供水系统运行费用共计约 5.44 万元 / 年。

2. 集中式农村污水处理系统

3 套集中式农村污水处理系统中，2 套安装功率为 4.5 kW，1 套为 6.0 kW，运行 24 小时 / 天，工况系数为 0.85。以 4.5kW 系统为例，主要运行费用如下。

动力费：主要为电费，以电价为 0.37 元/度计算，则运行电费为 4.5×24×0.85×0.37=34 元 / 天，小计 1.2 万元 / 年。

人工费：由示范村的电工兼职设备看守与维护，每月补贴 100 元 /（月•人），小计 0.12 万元 / 年。

单套运行费用合计 1.32 万元 / 年•套。

3 套集中式农村污水处理系统运行费用共计约 4.35 万元 / 年。

3. 分散式农村污水处理系统

1）小型一体化污水处理设备

动力费：主要为电费，平均每套每年预计需要 0.1 万元。

单套运行费用合计 0.10 万元 /（年•套），14 套共计 1.4 万元 / 年。

2）车载移动式污水处理系统

动力费：主要为车用柴油费用，预计需 0.1 万元 / 月，1.2 万元 / 年。

人工费：司机和操作人员由镇环卫所工作人员兼职，每月补贴 200 元，0.24 万元 / 年。

单套运行费用合计 1.44 万元 /（年•套）。

2 套车载移动式污水处理系统运行费用共计约 2.88 万元 / 年。

4. 秸秆气化系统

以北汪庄村的秸秆气化系统为例，主要运行费用如下所示。

原料费：原料主要为花生壳、秸秆，用量为 200 ～ 250 kg/d，按照原料价格 0.4 元 /kg 计算，则原料成本约 2.88 万元 / 年。

动力费：主要为电费，以电价为 0.37 元 / 度计算，则电费共计 0.68 万元 / 年。

人工费：需 1 人定时开启设备，填料制气，并对设备进行看守和简单维护，0.06 万元 /（月•人），共计 0.72 万元 / 年。

单套运行费用合计 4.28 万元 / 年。

北汪庄村和南擂鼓台村 2 套秸秆气化系统运行费用共计约 11.46 万元 / 年。

5. 生活垃圾分类收集转运系统

以 1 个示范村为例。

设备维护费：包括垃圾桶更换费用和垃圾清运车维护费用，0.2 万元 / 年。

动力费：主要为垃圾清运车的燃料动力费，500 元 /（月•辆），共计 1.6 万元 / 年，平均到每个村约 0. 18 万元 / 年。

人员费：需垃圾清运员 1 名，0.1 万元 /（月•人），共计 1.2 万元 / 年。

每个示范村运行费用为 1.58 万元 / 年，7 个示范村共计约 11.06 万元。

6. 高温发酵生产有机肥系统

按照年产 2 000 t 估算。

原料费：畜禽粪便 50 元 /t，农作物秸秆 150 元 /t，生物菌剂 225 元 /kg，生产 1 t 有机肥所需的畜禽粪便与秸秆比例为 7:3（质量比），生物菌剂为 0.2 kg/t，则共需原料费 25.0 万元 / 年。

动力费：主要为电费，生产每吨有机肥耗电量为 14 ～ 18 度，非农电，峰谷电价 0. 3 ～ 1.4 元 / 度，按照平均电价 0. 55 元 / 度计算，则需 1.76 万元 / 年。

人工费：平均 20 元 /t，则 2 万元 / 年。

设备维护费：0.5 万元 / 年。

运行费用合计 29.26 万元 / 年。

各项示范工程运行费用见表 10-1 所示。

表 10-1 各项示范工程运行费用一览表

<table>
<tr><th colspan="2">示范工程</th><th>运行费用 /（万元 / 年）</th></tr>
<tr><td colspan="2">集中式饮用水安全供水示范工程</td><td>5.44</td></tr>
<tr><td colspan="2">集中式农村污水处理示范工程</td><td>4.35</td></tr>
<tr><td rowspan="2">分散式农村污水处理示范工程</td><td>小型一体化污水处理设备</td><td>1.40</td></tr>
<tr><td>车载移动式污水处理系统</td><td>2.88</td></tr>
<tr><td rowspan="3">农村生活垃圾收集处理资源化利用示范工程</td><td>秸秆气化系统</td><td>11.46</td></tr>
<tr><td>生活垃圾分类收集转运</td><td>11.06</td></tr>
<tr><td>高温发酵生产有机肥</td><td>29.26</td></tr>
<tr><td colspan="2">合计</td><td>65.85</td></tr>
</table>

因高温发酵生产有机肥系统能够通过有机肥销售获得经济效益，抵消运行成本，无须示范村自行承担。故各示范村示范工程的运行费用为 3.5 ～ 10 万元 / 年，详见表 10-2，人均约 54 元 / 年。目前，蓟州区农村生活垃圾收集转运工作由区财政资金定额补贴，无须示范村另行支付。因此，各示范村需使用生态转移支付资金支付的运行费用为 2 ～ 8 万元，在支付能力范围之内，能够保证各项示范工程的后续运行。

表 10-2 各示范村示范工程运行费用一览表

<table>
<tr><th>示范村</th><th>示范工程</th><th>金额 / 万元</th><th>合计 /（万元 / 年）</th></tr>
<tr><td rowspan="4">北汪庄村</td><td>集中式污水处理系统</td><td>1.32</td><td rowspan="4">7.80</td></tr>
<tr><td>集中式饮用水安全供水系统</td><td>0.61</td></tr>
<tr><td>生活垃圾分类收集转运系统</td><td>1.58</td></tr>
<tr><td>秸秆气化系统</td><td>4.29</td></tr>
<tr><td rowspan="3">王新房村</td><td>集中式污水处理系统</td><td>1.32</td><td rowspan="3">3.51</td></tr>
<tr><td>集中式饮用水安全供水系统</td><td>0.61</td></tr>
<tr><td>生活垃圾分类收集转运系统</td><td>1.58</td></tr>
<tr><td rowspan="4">南播鼓台村</td><td>集中式污水处理系统</td><td>0.57</td><td rowspan="4">10.64</td></tr>
<tr><td>集中式饮用水安全供水系统</td><td>1.32</td></tr>
<tr><td>生活垃圾分类收集转运系统</td><td>1.58</td></tr>
<tr><td>秸秆气化系统</td><td>7.17</td></tr>
<tr><td rowspan="3">田新庄村</td><td>集中式污水处理系统</td><td>0.57</td><td rowspan="3">3.73</td></tr>
<tr><td>集中式饮用水安全供水系统</td><td>1.58</td></tr>
<tr><td>生活垃圾分类收集转运系统</td><td>1.58</td></tr>
</table>

续表

示范村	示范工程	金额／万元	合计／(万元／年)
小稻地村	集中式污水处理系统	0.57	3.47
	集中式饮用水安全供水系统	1.32	
	生活垃圾分类收集转运系统	1.58	
五清庄村	分散式污水处理系统	2.14	3.72
	生活垃圾分类收集转运系统	1.58	
小安平村	分散式污水处理系统	2.14	3.72
	生活垃圾分类收集转运系统	1.58	

10.2 效益分析

10.2.1 环境效益

通过项目实施，村庄生态环境得到有效改善。各项示范工程的污染减排效果明显，其中 COD 年消减量 21.67 t、总氮年消减量 2.18 t、总磷年消减量 0.25 t。秸秆气化系统消耗周边作物秸秆、废菌棒等农业废弃物，不仅可以有效避免秸秆焚烧造成的大气环境污染，而且所产生的清洁能源可以替代农村散煤燃烧，每年可节煤 90 t，减少二氧化硫排放 0.75 t/a，减少氮氧化物排放 0.66 t/a，减少二氧化碳排放 240 t/a。采用市场价值法、防护费用法等对项目直接形成的污染物减排和资源能源节约等环境效益进行估算，减排产生的直接经济效益约 40 万元／年。项目有效地改善了当地村民的居住生活环境，改良了农田土壤质量，农村生活垃圾和农业废弃物得到了有效的资源化利用，同时项目实施对当地的环境空气质量、地表和地下水环境质量改善做出了贡献，特别是对我市最大的集中式饮用水水源地于桥水库的水源保护发挥了重要的示范作用。

另外，本项目所形成的农村生活污水处理、生活垃圾处置、农业废弃物资源化利用等农村污染治理技术模式和经验被推广应用于镇内其他村及蓟州区其他乡镇的农村生态环境综合整治工作中，为于桥水库水源保护区内其他乡镇开展系统的农村污染防治提供了重要的技术示范模式和经验，对全区农村生态环境的全面改善起到较好的示范和带动作用，对全市农村生态环境综合整治具有较好的借鉴意义。

10.2.2 经济效益

本项目全面改善了出头岭镇的生态环境，强有力地促进了当地转变生产方式和特色产业发展。项目的直接经济效益包括：南擂鼓台有机肥厂的运营不仅消化掉全镇食用菌的废菌棒和畜禽粪便，减少了对水库周边地区污染，同时生产的有机肥料每年可获利润约 80 万元。秸秆气化所产生的生物燃气免费供给村民使用，每年可为村民节省约 110 万元的燃气费用。

间接经济效益包括，示范工程中农村生活垃圾处理处置工程建设的秸秆气化站和有机肥厂，带动全镇形成了北方特色农业“秆 - 菌 - 肥 - 气”循环经济产业链。生产的有机肥料，用于当地农民的生产中，特别是应用于千亩有机韭菜园，不仅降低了生产成本，还提高了农作物的产品等级，促进农民增产增收，提高了他们的收入水平。在农村土地流转新政策实施后，修复过的受污染土地流转价格也将有所提高，达到了绿色经济和农民增收双赢的目的。

10.2.3 社会效益

本项目在出头岭镇示范村分别形成两套农村集中式与分散式饮用水保障和水污染治理示范推广系统，完善了农村生活垃圾等固体废弃物处理处置机制和技术推广示范，建立了一套污染土壤生态修复与重建的技术推广体系，使各项先进技术的应用有引领、能落地、可展示、可复制、可推广，推动了我市农村循环经济发展，引领了整个天津市农村生态环境改善，使示范成果在全国同类型农村生态环境的治理中得到了广泛的应用。

通过项目实施，形成 7 个示范基地，示范区面积覆盖 2.02 平方千米，受惠人口达 1.6 万人，建立农村环境保护相关技术培训基地 8 个，培训基层业务人员 500 人，培养专业团队数 14 个，创造就业岗位 30 余个，带动全镇脱贫人口达百余人。

10.3 运行费用效益分析结论

分析结果显示，项目经济效益能够覆盖运行成本，环境和社会效益显著，特别是对于桥水库的水源保护发挥了重要的示范作用，适合于在类似的农村地区推广使用。项目效益评估见表 10-3。项目生活垃圾收运系统的运行费用由区财政每年定额补贴，其他示范工程运行费用来源于于桥水库生态补偿转移支付资金，项目后期运行可有效保障。

表 10-3　项目费用效益评估结果

科目		金额 /（万元 / 年）	合计 /（万元 / 年）
费用估算	运行费用	66.0	66.0
效益估算	环境效益	40.0	230.0
	经济效益	190.0	
	社会效益	—	

第三篇　技术理论篇

第 11 章　农村饮水安全供水技术

11.1　概述

11.1.1　农村饮水安全的重要意义

水是人类生存的必要条件和一切生产活动的重要资源。农村饮水安全是世界性问题。全球有 6 亿多人无法获得安全的饮用水，发展中国家 80% 的疾病与饮水直接相关。据联合国卫生组织估计，目前 1/4 的人口患病是由于水污染引起的。每天有 2.5 万人因饮用被污染了的水而死去，其中大部分是抵抗力弱的儿童，每年有 460 万儿童因饮用污染的水而死于腹泻。联合国可持续发展大会指出“我们将逐步实现安全饮用水的普及看作是与消除贫困、女性权利及保护人类健康同等必要的任务”。水涉及众多领域，它不仅是卫生领域的问题，也是一个复杂的社会问题。人类不仅需要水，更需要安全的饮用水。生活饮用水安全卫生是影响人类健康的重要因素，也是衡量社会经济发展和人类生活质量的重要指标（陈家巧，1996）。

我国农村人口众多，受自然、社会条件制约，城乡二元化发展，饮水安全问题非常严重，农村饮用水问题利害关系重大。解决农村饮水安全问题是当前农民最关心、最直接、最现实的利益问题之一。环保部在 2014 年 3 月发布了全国第一个大规模研究报告，调查数据表明目前我国还有 2.8 亿人口未使用安全干净的饮用水。尤其在农村，生活饮用水安全问题尤为突出。农村安全饮用水的覆盖率远远低于城市。发展农村供水，保证饮水安全，是改善农村居民生存条件的基本需要，是贯彻落实以人为本、构建和谐社会的必然要求，也是全面建设小康社会和社会主义新农村的重要任务；对减少疾病、改善居民生活环境、提高卫生健康水平、解放农村劳动力、促进农村社会经济发展以及解决三农问题都具有重大的意义。

1. 我国农村饮水安全的发展历程

我国政府在解决农村饮水困难和饮水不安全问题方面高度重视，中华人民共和国成立后至 2015 年年底，我国农村供水先后历经了自然发展、饮水起步、饮水解困、饮水安全 4 个阶段，自 2016 年起进入农村饮水巩固提升的新阶段。

1）自然发展阶段

20 世纪五六十年代，大多数农村居民从自然界（包括河流、湖泊、井、塘等）获得饮用水，国家重视以灌溉排水为重点的农田水利基本建设，结合蓄、引、提等灌溉工程建设，农村供水同农田水利基本建设一并发展，修建了水窖、水柜、土井等，解决了一些地方农民的饮水困难问题。

2）饮水起步阶段

1980 年春，原水电部在山西阳城县召开了第一次农村人畜饮水座谈会，采取以工代赈方式和在小型农田水利补助经费中安排专项资金等措施解决农村饮水困难问题。在 20 世纪 80 年代初期，国务院相继通过了《改水防治地方性氟中毒暂行办法》《关于农村人畜饮水工作的暂行规定》以及《关于加快解决农村人畜饮水问题的报告》来帮助各地农村解决饮水困难的问题。

3）饮水解困阶段

20 世纪 90 年代，解决农村饮水困难正式纳入国家重大规划。1991 年，国家制定了《全国农村人畜饮水、农村供水 10 年规划和“八五”计划》。1994 年，解决农村人畜缺水问题被纳入《国家八五扶贫攻坚计划》，通过财政资金和以工代赈渠道，大幅度增加农村饮水资金投入，累计解决了 2.8 亿农村居民饮水困难问题，基本结束了我国农村长期饮水困难的历史，实现了从喝水难到喝上水的目标。

4）饮水安全阶段

2005—2015 年，农村饮水安全问题引起党中央国务院的高度重视。2005 年中央人口资源工作座谈会强调：“要把切实保护好饮用水源，让群众喝上放心水作为首要任务。”2005 年政府工作报告中提出：“我们的奋斗目标是让人民群众喝上干净的水，呼吸新鲜的空气，有更好的工作和生活环境。”在《国民经济和社会发展第十一个五年规划纲要》中，也把加快实施农村饮水安全工程作为新农村建设的重点工程。国务院先后批准实施《2005—2006 年农村饮水安全应急工程规划》《全国农村饮水安全工程“十一五”规划》和《全国农村饮水安全工程“十二五”规划》，累计解决了 5.2 亿农村居民和 4 700 多万农村学校师生的饮水安全问题。2009 年，中国提前 6 年实现了联合国千年宣言提出的饮水安全发展目标。2016 年年底，中国农村集中供水率达到 84%，自来水普及率达到 79%，农村饮水安全保障水平显著提升。我国农村长期存在的饮水不安全问题基本得到解决，实现了从喝上水到喝好水的目标。

5）巩固提升阶段

为进一步提高农村饮水安全保障水平，“十三五”期间，中央决定实施农村饮水安全巩固提升工程。2016 年，国家发展改革委、水利部、财政部、卫生计生委、环境保护部、住房城建部联合印发通知并召开视频会议，要求各地围绕全面建成小康社会、打赢脱贫攻坚战的战略部署和目标要求，以健全机制、强化管护为保障，综合采取改造、配套、升级、联网等方式，进一步提升农村集中供水率、自来水普及率、供水保证率和水质达标率。根据国家发展改革委、水利部、财政部、卫生计生委、环境保护部和住房城建部等 6 个部委印发的《关于做好“十三五”期间农村饮水安全巩固提升及规划编制工作的通知》，到 2020 年，全国农村饮水安全集中供水率达到 85% 以上，自来水普及率达到 80% 以上；水质达标率整体有较大提高；小型工程供水保证率不低于 90%，其他工程的供水保证率不低于 95%。

2. 农村饮水安全工程的效益

农村饮水安全的发展取得了巨大的经济社会效益，深受农民的欢迎，被广大农村群众誉为“德政工程”“民心工程”。2009 年中国国际工程咨询公司组织对农村饮水安全工程“十一五”规划实施开展中期评估，调查了 5 万户农户，结果显示，农民满意率达 96%。2010 年审计署对 19 个省农村饮水安全工作的审计调查认为，农村饮水安全工程建设取得了明显成效：促进了社会和谐，密切了党群、干群关系；改善了农民生活条件，提高了农民健康水平；解放了农村劳动生产力，促进了农村经济发展；加强了民族团结，维护了社会稳定。2014 年国务院委托中国科学院对农村饮水安全工作开展第三方评估得出，农村饮水安全工程使数以亿计的农村居民从中受益，各利益攸关方相当满意，是国家许多重大惠民工程中最受农村居民欢迎的工程之一。实施农村饮水安全工程，具有显著的社会、经济、生态环境效益。

一是减少了农村涉水性疾病，提高了健康水平。农村供水工程是农村公共卫生服务体系的重要组成部分，承担了农村地区一部分疾病预防控制任务。随着农村饮水安全工程建设，广大农村群众用上了干净、清洁的自来水。已查明的砷病区村、中重度氟病区村、血吸虫疫区村等涉水重病区村的饮水安全问题全部得到解决，基本杜绝了介水性疾病的传播，减少了农民的医疗费用，提高了人民群众特别是妇女儿童的健康水平。

二是提升了农民的生活品质，促进了美丽乡村建设。农村供水工程承担着减少农村贫困人口、防止贫困人口返贫的任务，起到了促进新农村建设、加快农村现代化进程的功能。农村饮水条件的改善，不仅使农村劳动力从以前找水、拉水、背水中解放出来，很多农民通过外出打工增加了经济收入，而且为农副产品加工、畜牧业的发展提供了条件，增加了就业机会，为当地农民发展生产创造了基础条件。农村居民也像城市居民一样享受到自来水之便利，许多农户用上了洗衣机、热水器，提高了生活质量。一些发达地区还率先开展了农村生活排水工程建设，农村环境卫生得到明显好转，与广播电视、通信、公路等基础设施建设一道，促进了基础公共服务设施均等化，缩小了城乡差距，为农村居民扎根农村生产创业创造了条件。

三是提高了农村供水保证率，增强了抗旱防灾能力。农村供水工程是国家和地区防灾减灾体系的重要组成部分，承担着解决农村地区因干旱出现的饮水困难任务，是保障农村居民基本生存权和生存条件的基础设施。实施农村饮水安全工程建设，推进农村供水集中连片规模化发展，大幅度提高了供水保证率和抵御旱灾的能力，干旱季节发生饮水困难的人数比历史同期显著减少。

四是增进了民族团结，维护了社会和谐稳定。农村饮水安全工程主要向民族、边疆、贫困地区倾斜；促进了区域协调发展和城乡基本公共服务均等化，同时促进了民族团结，维护了边疆稳定。广大农民用上自来水后，切实感受到了党和政府的温暖，幸福感和获得感显著增强。农村饮水安全项目实施后，水事纠纷大为减少，邻里关系改善，社会风气好转，农民的精神面貌也发生了很大的变化，社会更加稳定，民族更加团结。

11.1.2 农村饮水安全的基本概念

1. 农村饮水安全的定义

农村饮水安全的基本概念，是农村居民能够及时方便地获得足量、洁净、负担得起的生活用水。农村供水有时候也称村镇用水，范围只是向县城以外的乡镇，还有农庄供水，以满足居民和企事业单位用水的需要。县城作为城市不作考虑，县城所在的镇，不作为农村。饮水安全不仅仅是喝的问题，还有用的问题，例如洗衣服、养殖等。

安全饮用水指的是一个人终身饮用也不会对健康产生明显危害的饮用水。根据世界卫生组织的定义，所谓安全饮用水是按人均寿命 70 岁为基数，以每天每人饮水 2 升计算，一直能够保障饮用者身体不产生危害，即为安全饮用水。除了正常饮用该类水，安全饮用水还应包含日常个人卫生用水，包括洗澡用水、漱口用水等生活用水。

2. 农村饮水安全的评价标准

按照水利部、卫生部 2004 年 11 月《农村饮用水安全卫生评价指标体系》的规定，农村饮用水安全评价分为“安全”和“基本安全”两个等级，由水质、水量、方便程度和保证率 4 项指标组成，4 项指标中只要有一项低于安全或基本安全最低值，就不能定为饮用水安全或基本安全。

（1）水质。符合国家《生活饮用水卫生标准》（GB 5749—2006）要求的为安全；符合《农村实施〈生活饮用水卫生标准〉准则》要求（即符合 GB 5749—2006 中表 4）的为基本安全。

（2）水量。每人每天可获得的水量不低于 40 ～ 60 L 为安全；不低于 20 ～ 40 L 为基本安全。根据气候特点、地形、水资源条件和生活习惯，将全国分为 5 个类型区，不同地区的具体水量标准可参照表 11-1 确定。

表 11-1 不同地区农村生活饮用水水量评价指标 单位：升 /（人·天）

分区	一区	二区	三区	四区	五区
安全	40	45	50	55	60
基本安全	20	25	30	35	40

一区包括：新疆维吾尔自治区，西藏自治区，青海，甘肃，宁夏回族自治区，内蒙古自治区西北部，陕西、山西黄土高原丘陵沟壑区，四川西部。

二区包括：黑龙江，吉林，辽宁，内蒙古自治区西北部以外地区，河北北部。

三区包括：北京，天津，山东，河南，河北北部以外地区，陕西关中平原地区，山西黄土高原丘陵沟壑区以外地区，安徽，江苏北部。

四区包括：重庆，贵州，云南南部以外地区，四川西部以外地区，广西壮族自治区西北部，湖北、湖南西部山区，陕西南部。

五区包括：上海，浙江，福建，江西，广东，海南，安徽，江苏北部以外地区，广西壮族自治区西北部以外地区，湖北，湖南西部山区以外地区，云南南部。

本表不含香港、澳门和台湾。

（3）方便程度。人力取水往返时间不超过 10 min 为安全；取水往返时间不超过 20 min 为基本安全。

（4）保证率。供水保证率不低于 95% 为安全；不低于 90% 为基本安全。

农村饮用水水源大致可分为两类：地表水源和地下水源。其中地表水源主要包括河流、湖泊、冰川；地下水源包括潜水、承压水和泉水。在水资源紧缺的地区，降水也被积蓄起来作为饮用水。在一些水资源紧缺的高原地区，窑窖水也被用作农村饮用水源。

11.1.3 农村饮水安全现存的问题

虽然我国农村饮水安全工作取得了显著成效，但由于我国自然地理条件复杂，农村人口众多以及各地区间经济社会发展不平衡，目前还是有很多农村地区的饮水不安全问题依然突出。

1. 农村饮用水水源地保护严重滞后

由于农村的水源类型复杂，点多面广，保护难度大。且随着工业规模的扩大和社会经济的不断进步，农村饮用水水源水质的保护管理没有相应的措施，预警监测机制也没有很好地落实，地表和浅层地下水都受到不同程度的污染，导致水源质量下降，威胁农村饮水安全。《水污染防治法》明确规定，饮用水水源保护由各级地方政府负责，划定水源保护区，采取有效保护措施保护水源。农村饮用水水源保护工作十分复杂、工作难度极大，而目前的水源保护措施及监管相对薄弱，缺少专项经费用于水源保护。水源保护区和保护范围划定工作相对滞后，在农村局部水环境恶化趋势尚未扭转、农村生活排水问题日渐突出的状况下，供水水质保障形势更趋严峻。

2. 水质合格率有待进一步提高

我国农村供水工程供水水质合格率普遍偏低。2008 年卫生部门按工程数量统计的水质合格率仅为 35.7%。2009 年卫生部对 29 个省（区、市）和新疆生产建设兵团的 2.8 万处农村集中供水工程进行水质卫生监测，水质合格率仅为 37.94%。按照水利部对农村供水工程供水水质合格率自 2010 年起每年提高 5 个百分点，2013 年全国农村供水水质合格率超过 53% 的要求和工作部署，各地积极行动，2013 年水样水质合格率大幅提高，超额完成了目标任务。水质合格率偏低的主要原因是未配备或未正常使用水处理及消毒设备，导致微生物指标超标。我国百姓普遍有将饮用水烧开后饮用的习惯，这在一定程度上降低了微生物指标超标对人体健康的危害。在《生活饮用水卫生标准》（GB 5749—2006）中，仍然对小型集中式供水和分散式供水工程的 14 项水质指标执行放宽限制标准，这在一定程度上也表明农村供水水质保障确有较大的提升空间。我国也尚未形成规模化水厂自检、区域水质检测中心巡检、卫生疾控部门监测的农村饮水安全水质检测监测体系。

3. 工程建设标准偏低，部分技术设备适用性不强

我国地形地质条件复杂，农村人口居民分散，这导致农村供水工程规模较小，部分工程由于建设时间较早、资金不足等原因，建设标准偏低，水处理设施、消毒设备、供水入户管网等配套不完善，工程规模化程度不高，供水保障程度不高。《全国农村饮水安全工程“十二五”规划》明确工程建设人均补助标准的全国平均数为 536 元 / 人，

并实行差别化补助政策实施。然而，相关调研发现，部分地区尤其是山区和地广人稀的边远地区，实际工程建设资金需求较高，现行投资标准相对偏低，加之地方政府财力有限，影响项目实施和工程建设标准。另外，科技能力支撑不足，缺乏适合农村特点的水质净化与消毒的技术和设备，目前成熟的除氟等特殊水处理技术制水成本高，管理复杂，很难在农村推广使用。目前还未找到适合农村地区、简单而有效的处理水质的技术，这就需要加快研发符合农村用水要求的水处理技术。

4. 农村饮水安全工程可持续规范化管理水平低

目前，规模化供水工程运行管理更为规范，水厂管理人员专业技术水平普遍较高，然而农村饮水安全工程往往规模较小，工程建成后，特别是单村工程，多由村集体管理，管理人员多为未经专业培训的非专职农民代管，管理水平偏低。尤其是较为偏远的农村，一般生产生活条件艰苦，对于专业的技术人员及管理人员的吸引力不强。相对农民低的经济承受能力来说，农村供水所需要的成本较高。农民不仅经济能力薄弱，对于饮水资源的支付意愿也很低，加之财政资金投入不足或资金配套不到位，工程运行维护资金投入不足，工程折旧及大修费用等无法得到有效的保证，设备设施更新、升级改造不及时，缺乏专业维护和使用人员等，无法正常管理和运行农村饮水安全工程，持续的、规范化的管理很难。

5. 对农村饮水安全的重要性认识不足

虽然国家高度重视农村饮水安全问题，但是部分地方政府并不能意识到提高农户安全饮用水可及性的重要性。国家向各地区下拨资金支持改善农村饮水安全工作，但在部分地区这些资金并没有得到真正落实；有的地区农村供水工程建设过程中缺乏监管，导致其建设质量较低，建设进度缓慢；有的地区农村饮水工程建设出现盲目赶进度、前期准备工作不充分的现象；还有一些地方政府为了发展地区经济，不惜破坏农村饮用水水源。总之，村民对水和健康的知识不了解，建设饮水工程积极性不高，同时缺乏水资源忧患意识，节水观念极为淡薄。

11.1.4 农村饮水安全对策建议

1. 加强水源地保护

饮用水水源分为地表水水源、地下水水源和其他多种类型的水源。首先要依法严格实施饮用水水源保护区制度，合理确定保护区。按照 2015 年 6 月 4 日环境保护部办公厅、水利部办公厅联合印发的《关于加强农村饮用水水源保护工作的指导意见》（环办〔2015〕53 号）的要求，以供水人口多、环境敏感的水源以及农村饮水安全工程规划支持建设的水源为重点，划定农村饮用水水源保护区或保护范围。对供水人口在 1 000 人以上的集中式饮用水水源，按照《水污染防治法》《水法》等法律法规要求，参照《饮用水水源保护区划分技术规范》，科学编码并划定水源保护区；对供水人口小于 1 000 人的饮用水水源，参照《分散式饮用水水源地环境保护指南（试行）》，划定保护范围。保护区范围内严禁修建任何危害水源水质卫生的设施及一切有碍水源水质卫生的行为，因地制宜地进行水源安全防护、生态修复和水源涵养等工程建设。同时，大力治理污染，严厉打击违法排污行为，定期对集中供水水源保护区检查，对查出的问题要进行专项整治并挂牌督办。对违法违规建设的项目，要责令停建并限期治理整顿或拆除；对排污超标的企业和单位，要责令限期达标排放或搬迁。要积极开展农业面源污染防治，指导农户合理施用化肥、农药，严禁使用高毒、高残留农药，推广水产生态养殖，推进畜禽粪便和农作物秸秆的资源化利用。

2. 因地制宜，选择安全供水模式

我国农村地广人稀，水资源分布不均，经济发展程度存在差异，各地的生活习惯也不尽相同，因此农村饮水安全工程建设要根据当地实际情况，对现有水资源进行充分利用，根据用水人口和用水规模，选择适宜的供水方式，尽可能向集中化、规模化发展，确保工程长期发挥供水效益。对于农村人口较集中、经济较发达的区域，可建设规范的集中供水系统；对于人口相对分散的区域，先建设小型供水设施，待条件成熟时，再建设大型处理系统，完善供水输送系统，实现集中供水，发挥规模效应；对于完全分散的农户，采取临时过渡的办法，先建设微型的分散的饮水设施，如专用水井、水池和水塘等，有条件的地区还可采用户用净化设备进行深度净化。

3. 完善农村饮水安全工程运行管理长效机制

对于农村饮水安全工程来说，前期的建设是基础，后期的管理是关键。因此，要建立和完善农村饮水安全工程运行管理长效机制，保证安全供水工程的运行健康。在管理体制方面，建立农村饮水安全经营管理机构，明确管理职责、运行机制、消费征收、维护养护等。在资金保障方面，一是加大对农村饮水安全工程运行的财政支持力度，建立农村饮水安全工程运行维护资金，专项用于工程维修养护和运行成本补贴；二是建立起科学合理的农村水价机制，制定以水养水及有偿供水的政策；三是可根据不同类型工程的特点，在保证农民饮用水的前提下，更好地引入市场竞争机制。在人员技术方面，加强农村安全供水技术人才的培养，对农村劳动力进行供水理论和实际操作等方面的专门培训，并建立岗位培训制度，进行岗位技术培训，使尽可能多的农村劳动力能够胜任农村安全供水服务的要求，促进农村饮水安全管理水平的提高，实现农村饮水安全工作的良性循环。

4. 加强宣传教育

农村，特别是落后贫困地区人口的卫生知识缺乏，良好的饮水卫生习惯形成率较低。切实加强农村饮用水安全、水源保护等相关知识及工作的宣传力度，增强农村居民水源保护意识，让群众充分认识到水是生命之源和保护水源地的必要性。加强节水意识宣传，对群众进行安全用水、环境卫生及健康教育宣传，提高群众对饮用水安全的认识，使农民在日常生产生活中自觉地维护饮用水水源的水质安全，是农村改善饮用水水质工作的基础。

11.2 常用农村饮水处理工艺

11.2.1 常用净化处理工艺

目前常用的给水净化处理工艺主要有吸附法、混凝沉淀法、离子交换法、膜过滤等，各种工艺技术具有自身的工艺特点。

1. 吸附法

吸附法是一种利用多孔性固体（称为吸附剂）吸附水中某种或几种污染物以回收或去除某些污染物，从而使水体净化的方法。

1）吸附法的工艺流程

吸附法单元操作通常包括 3 个步骤。首先，使水体和固体吸附剂接触，水体中的污染物被吸附剂吸附；然后，将吸附有污染物的吸附剂与原水分离；最后，进行吸附剂的再生或更新。吸附可分为物理吸附和化学吸附。水质净化过程往往是几种吸附的综合结果。主要的吸附剂有活性硅藻土、活性炭、硅胶、活性氧化铝、沸石分子筛和吸附树脂等。

2）吸附法的工艺特点

该工艺具有流程简单、投资小、适用于小水量净化治理等优点。但是该工艺只针对特异性的物质有作用，同时需要操作人员定期进行吸附剂再生或更换。由于吸附法对进水的预处理要求高，吸附剂的价格昂贵，因此在净水处理中吸附法主要用来去除水中的微量污染物，达到深度净化的目的。

2. 混凝沉淀法

混凝沉淀法是利用混凝剂对污水进行深度净化处理的一种常用方法。

1）混凝沉淀法的工艺流程

在原水中投放混凝剂，将废水中的悬浮物、胶体和可絮凝的其他物质凝聚成“絮团”，再经沉降设备将絮凝后的废水进行固液分离，“絮团”沉入沉降设备的底部而成为泥浆，顶部流出的则为色度和浊度较低的清水。

该技术主要是在均匀混合的前提下进行，较常用的混合设备分为两大类，第一类为管道混合器，第二类为机械搅拌器。管道混合器是使流体在管道内流过时，通过某一构件或混合元件的作用而达到均匀混合的目的，是一种无任何机械运动部件的混合器。工业上常采用的管道混合器有静态挡板式、孔板式、三通式混合器等几种类型。管道静态混合器的主要性能优势是安装方便，但使用时耗水较多，浪费水源。机械搅拌器是搅动物料使之发生某种方式的循环流动，从而使物料混合均匀。机械搅拌器虽然安装维护相对困难，成本偏高，但使用时不会造成水源浪费。

絮凝设备也主要分为两种。第一种是水力型，主要靠水流在向前流动中完成絮凝过程，不附加任何人工设备，常见形式有隔板絮凝池、折板絮凝池和网络絮凝池。第二种是机械型，可随水质、水量变化而随时改变转速以保证絮凝效果，但需要机械设备，因而增加了机械维修工作量，且能耗高。

原水中比较大的悬浮颗粒，自身重力达到一定要求以后，就会逐渐下沉，这样就能实现与水的分离。比较常用的沉淀池为平流式沉淀池和斜管式沉淀池。

（1）平流式沉淀池。平流式沉淀池优点是简单、经济和稳定，沉淀效果好，对冲击负荷和温度变化的适应能力较强，施工容易，造价较低，能够满足自然沉淀和混凝沉淀这两种沉淀方式的要求。缺点是沉淀池的面积大，这在客观上会增加排泥的难度。

（2）斜管式沉淀池。斜管式沉淀池需要在沉淀过程中借助于平行倾斜板，原水中的杂质与水在斜管内迅速分离，清水从上部送出池外，沉淀在斜管壁上的杂质沿壁滑下，进入积泥区，这样能提高沉淀效率，减少不必要的面积需求。

过滤环节主要是利用颗粒类的过滤原料，其中包括石英石、砾石、果壳滤料、陶粒、沸石滤料、颗粒活性炭等，将原水中的杂物截留，在整个过滤过程中，滤料颗粒间的孔隙会越来越小，因此对细小的悬浮物质也有过滤作用。滤池种类较多，按照滤速的大小可分为快滤池和慢滤池。快滤池按照控制方式可分为无阀滤池、普通快滤池、虹吸滤池等，不同的滤池形式各异。无阀滤池借助于自动的水控装置，可实现自动过滤、自动反冲洗，操作管理方便，但池体结构复杂，滤料装卸困难。普通快滤池运行管理可靠，有成熟的运行经验，但使用时阀门容易损坏。虹吸滤池无需大型阀门及相应的开闭控制设备，易于自动化操作，使用时各项指标都很好，但是土建结构复杂，池深大，成本偏高。生物慢滤池主要利用顶部的滤膜截留悬浮固体，同时发挥微生物对水质的净化作用，由于自身价格低廉，结构简单，所以使用方便，管理容易，更适用于农村。

2）混凝沉淀法的工艺特点

该工艺的优点是易操作、效率高、处理方法成熟稳定、电耗较低，适用于较大规模的净水系统。缺点是设备占地面积大，污泥需经浓缩后脱水，投入的药剂过多时，药剂本身也会对水体造成污染（增大 COD 含量等）。水质千变万化，最佳的投药量各不相同，必须通过实验确定，需要较多的操作人员，日常需要消耗各种药剂。

3. 离子交换法

离子交换法是一种借助于离子交换剂上的离子和水中的离子进行交换反应而除去水中污染离子的方法。

1）离子交换法的工艺流程

离子交换法是以圆球形树脂（离子交换树脂）过滤原水，水中的离子会与固定在树脂上的离子交换。常见的两种离子交换方法分别是硬水软化和去离子法。硬水软化主要是用在反渗透（RO）处理之前先将水质硬度降低的一种前处理程序。软化机里面的球状树脂，以两个钠离子交换一个钙离子或镁离子的方式来软化水质。

离子交换树脂利用氢离子交换阳离子，而以氢氧根离子交换阴离子。包含磺酸根的苯乙烯和二乙烯苯制成的阳离子交换树脂会用氢离子交换碰到的各种阳离子（例如 Na^{+}、Ca^{2+}、Al^{3+}）。同样，包含季铵盐的苯乙烯制成的阴离子交换树脂会用氢氧根离子交换碰到的各种阴离子（如 Cl^{-}）。阳离子交换树脂释放出的氢离子与阴离子交换树脂释放出的氢氧根离子相结合后生成纯水。

2）离子交换法的工艺特点

该工艺去除污染效率高，净化效果好，可做到污染物的回收利用。可以有选择地去除水中的阴离子或阳离子，不影响其他离子的浓度，适合于有特殊需求的水体或者特殊环境。缺点是对废水的预处理要求较高，树脂再生液需要进一步处理，需要定期进行再生，再生中需要采用具有一定腐蚀性的酸或碱，需要较高的操作技术。

11.2.2 常用消毒处理工艺

目前，常用的饮用水消毒工艺有氯系消毒、臭氧消毒、紫外消毒以及联合消毒等。

1. 氯系消毒

氯系消毒包括氯气法、二氧化氯法、氯胺法等，它们都是通过一系列化学反应来达到消毒的目的。

1）氯气法

氯气是一种黄绿色的有刺激性气味的气体，微溶于水，20 ℃时的溶解度为 0.732 g/100 L 水，在水中的氧化还原电位为 1.36 V。它在水处理中的应用历史悠久，处理效果较好，残留时间较长，价格低廉，来源充足，使用方便，我国大部分水厂都采用氯气法消毒。

（1）消毒原理。主要是依靠水解产物次氯酸起作用，次氯酸透过细胞壁进入菌体，通过氧化作用破坏细菌的酶系统使之死亡。

（2）技术特点。氯气法消毒的优点是控制简单、操作方便、经济性强。其缺点是液氯在水体中有多种副反应，产生有致癌作用的物质。此外，液氯不能有效杀灭隐孢子虫及其孢囊。

2）二氧化氯法

二氧化氯是一种有刺激性气味的黄绿色到橙黄色气体，是国际上公认的安全、无毒的绿色消毒剂；易溶于水但不与水反应，在水溶液中相对稳定，以溶解气体的形式存在，但在光照或较高温度下会分解成次氯酸、氯气和氧气。当空气中 ClO_2 浓度为 10% 时，就可能爆炸，无法储存。ClO_2 的制备方法有两种：电解法和化学法。电解法生产 ClO_2 的设备有许多种，但 ClO_2 产量较少，售价高，且阳极及阳膜需依赖进口。目前饮用水消毒中应用最为普遍的是化学法。根据反应原料的不同，化学法又可分为亚氯酸钠法和氯酸盐法。

（1）消毒原理。ClO_2 在饮水处理中的运用主要依赖于其强大的氧化性。ClO_2 的氧化电位高达 1.73 V，能氧化去除水中的 S^{2-}、SO_3^{2-}、SnO_2^{2-}、Fe^{2+}、Mn^{2+} 等离子。对水中残余的有机物，它能将大分子有机物氧化降解为中、小分子有机物，主要生成以含氧基团为主的有机物、CO_2 和 H_2O。ClO_2 可将酚氧化成醌式支链酸，将致癌物 3,4- 苯并醌氧化成无致癌性的醌式结构，将灰黄霉素、腐植酸降解，且产物不以氯仿出现。对经水传播的病原微生物，如病毒、大肠杆菌、孢子、真菌、蠕虫、异氧菌等，ClO_2 均有较好的去除效果，它可有效将核酸 RNA 或 DNA 氧化，阻止细菌的合成代谢，使细菌死亡。

（2）技术特点。ClO_2 具有除臭、除味、脱色、消毒、除铁锰、控制卤代烃的形成、杀菌效果好、持效性长、价格低廉等优点，在水处理中已表现出强劲的发展势头。但其缺点在于，对于原水中存在的天然腐殖质等有机物，ClO_2 无法降解，投加的 ClO_2 有 50% ～ 70% 转变为 ClO^{3-}、ClO^{2}，对人体红血细胞有损害，对碘的吸收代谢有干扰，还会使血液胆固醇升高。

3）氯胺法

（1）消毒原理。氯胺消毒是通过加入氨或氨盐来延长氯的有效作用时间的杀毒方法。氯与氨在水中生成一氯胺、二氯胺等，氯胺再水解释放出杀毒成分次氯酸氯胺，可以阻止或减缓氯与水中有机污染物的反应，是控制消毒副产物的有效手段，但是本方法对贾第虫和隐孢子囊杀灭效果不理想。

（2）技术特点。氯胺法的优点在于，用氯胺替代液氨，消除了液氨运输不便的问题和泄漏的风险；水射器不易结垢；氯胺原材料成本比液氨略有增加，但氯胺设施造价低，设备维护费用低，因此氯胺技术总成本低于液氨技术；氯胺系统占地面积小；氯胺的稳定性好，持续作用时间长，可以有效控制管网中的微生物的繁殖和生物膜的形成，并能保证管网余氯量。因此，氯胺常作为二次消毒剂与其他快速消毒工艺联合使用。尽管氯胺法消毒优点显著，但对于外加的液氨或氨盐是否会通过某种途径转化为亚硝酸盐、有机胺等有严重危害的化学物质，是目前比较关注的问题。

2. 臭氧消毒

1）消毒原理

臭氧在常温常压下是一种不稳定的淡紫色气体，它在水中溶解度很小，微溶于水，在 0 ℃、常压下的溶解度为 0.039 g/L，在蒸馏水中半衰期为 20 ～ 30 min。臭氧具有极强的氧化能力，它在水中的氧化还原电位为 2.07 V，仅次于氟（2.67 V）而居第二位。臭氧的氧化能力为氯气的 1.52 倍，氧化速度很快。它与水溶解的反应有两种途径：一种是臭氧分子或单个氧原子直接与溶于水的还原剂反应；另一种是臭氧分解为二级氧化剂羟基（OH），再与还原剂发生反应。羟基氧化有机物常常无选择性且可完全氧化为二氧化碳和水。它与游离的或络合的金属离子发生电子传递反应，将 Fe^{2+}、Mn^{2+}、Co^{2+} 等氧化为高价化合物；和醛、酮和低价醇发生氧化反应，将芳香族化合物、脂类化合物氧化为过氧化物、乙醇、酮、酸等。

臭氧杀菌消毒依赖于它强大的氧化作用，它能氧化分解细菌的葡萄糖氧化酶和脱氢氧化酶，即破坏细胞膜脂质及一些蛋白质基因，使蛋白质变性，从而破坏细胞物质代谢的氧化还原过程，导致细胞死亡。

2）技术特点

（1）技术优点。作为氯消毒的替代方法，臭氧消毒对致病菌尤其是耐氯的隐孢子虫和贾第虫，在低投加量的情况下就可以达到理想的杀灭效果。臭氧的氧化能力是氯的 2 倍，杀菌能力是氯的数百倍。臭氧既能氧化水中的有机物，也能氧化无机物，且与有机物作用后不产生卤代物。臭氧消毒受 pH 值、水温及水中含氨量的影响较小，臭氧消毒的脱色效果好，还有一定的微絮凝作用，能去除微生物、水草、藻类等有机物产生的异味，使水的水质观感、口感均有极大改善。

（2）技术缺点。臭氧与有机物反应会生成一系列的中间副产物，包括不饱和醛类、环氧化合物等。同时，臭氧不能有效地去除氨氮，对水中有机氯化物亦无氧化效果。臭氧使用时需现场制备，成本较高，这也限制了它的广泛应用。在我国浙江、深圳等地有数十家水厂已经应用臭氧进行饮用水的消毒。

3. 紫外消毒

1）消毒原理

紫外线是波长在 100 ～ 380 nm 的电磁波，实际用来消毒的紫外线的波长范围为 200 ～ 300 nm。紫外线消毒不同于传统的化学消毒剂消毒。化学消毒剂通过破坏微生物的细胞结构，进而阻止微生物新陈代谢、合成和生长。而紫外线消毒则是通过产生一系列的光化学反应破坏微生物的 DNA 和 RNA，DNA 和 RNA 遭到破坏，微生物的分裂和后续的繁殖将会停止。因细菌、病毒的生命周期一般较短，在不能繁殖新细菌和病毒的情况下就会迅速死亡。

2）技术特点

（1）技术优点。运行成本较低。隐孢子虫对传统的加氯消毒具有抗性，而紫外线消毒技术能够有效将其杀灭，而且其对大部分微生物均具有灭杀效果。有文献记载，紫外线消毒不但不会产生消毒副产物和臭味问题，而且对氯消毒产生的含氮消毒副产物具有一定的降解去除作用。

（2）技术缺点。紫外线消毒对管网中的水不能保持持续的消毒保护。紫外线消毒的适用条件较为苛刻，对所处理的水质要求比较高，受很多因素制约，如水中悬浮物、三价铁离子、浊度和高锰酸盐等。另外，有机物的出现会导致紫外灯受污染，其消毒效果会降低，需要定期清洗维护。

4. 联合消毒方式

饮水消毒联用技术很多，有 O_3/UV、O_3/H_2O_2、UV/TiO_2、UV/H_2O_2 等，其中效果较好的是光催化臭氧化法。

1）光催化臭氧化技术

（1）技术原理。光催化臭氧化（O_3/UV）是在 20 世纪 70 年代，由 Garrison 等人在治理含复杂铁氰盐废水中开发出来的。20 世纪 80 年代后期，其研究范围扩大到饮用水的深度处理。O_3/UV 主要是利用臭氧在波长 200 ～ 275 nm 的紫外光照射下，产生光电效应，内部电子脱离平衡态，生成以 •OH 为主的具有高度化学活性的自由基氧化有机物。当然，水中同时存在少量 UV 光解及臭氧氧化反应。•OH 自由基产生的机理存在两种解释：臭氧在紫外光照射下产生原子氧和氧气，原子氧与水结合生成羟基。

$$O_3 + hv \rightarrow O + O_2$$

$$O + H_2O \rightarrow 2 \cdot OH$$

臭氧和水在紫外光照射下产生过氧化氢，过氧化氢光照产生羟基，进入羟基自由基的循环。

$$O_3 + H_2O + h\nu \rightarrow O_2 + H_2O_2$$

$$H_2O_2 + h\nu \rightarrow 2 \cdot OH$$

开始产生的羟基主要来自过氧化氢光解，以后由于有机物参与，羟基主要由下列反应产生。

$$O_2 + O_3 \rightarrow O_3 + O_2$$

$$O_3 + H \rightarrow HO_3$$

$$HO_3 \rightarrow \cdot OH + O_2$$

目前人们还无法确定哪种机理是正确的或哪种机理占主导地位。

（2）技术特点。O_3/UV 的协同效应使它们的氧化能力大大提高，效果超过两者氧化能力的迭加，氧化速度比单独用臭氧氧化提高了 10 ～ 104 倍。它们能氧化臭氧难以降解的六氯苯、三氯甲烷、四氯化碳、多氯联苯等。美国环保局 1977 年规定，O_3/UV 技术为多氯联苯废水处理的最佳实用技术。N.Takahashi 等用 O_3/UV 氧化酚及小分子（C_1 ～ C_6）有机物，发现 O_3/UV 比 O_3 等氧化速度更快，而且能较快氧化 O_3 难以氧化的醇、醛、羧酸等，并且能够将这些物质完全氧化降解为 CO_2 和 H_2O。Curol.M 等在 3 种 pH 值（2.5，7.0，9.0）条件下，用 O_3/UV，O_3，UV 分别氧化酚类化合物，发现在一定 pH 值下，3 种方法的处理效果为：O_3/UV > O_3 > UV。Guittonueau.s 等比较了 O_3/UV 和 H_2O_2/UV 氧化 4-氯硝基苯的效果，结果表明，投加相同剂量的氧化剂，O_3/UV 比 H_2O_2/UV 更有效。光催化臭氧化饮用水处理的高效性已被世界各国公认，需加快研究催化臭氧的机理及可能的毒副作用。

2）紫外线 - 氯联合技术

（1）技术原理。采用紫外线 - 氯联合消毒技术，可为生活饮用水提供多级消毒的安全保障，同时也可提升水厂的应急能力。其工艺流程为：利用紫外线对微生物灭活效率高的特点，在净水工艺流程中首先以紫外线消毒作为消毒主工艺，充分保证对微生物的灭活效果，随后仅以少量余氯就能抑制微生物的复活，可有效减少后续氯的投加量，进而降低消毒副产物的产生。对于水源水质较好的水厂这一效果尤为明显。

目前能够大规模应用于水处理工程中的紫外线灯主要包括低压汞灯、低压高强汞灯和中压汞灯 3 种（根据紫外灯管内汞的饱和蒸气压的不同来区分），详见表 11-2。

表 11-2 几种紫外灯管的技术参数

项目	低压汞灯	低压高强灯	中压汞灯
发射波长 /nm	253.7	253.7	185 ～ 600
汞蒸气压力 /Pa	0.1 ～ 10	0.1 ～ 10	50 ～ 300 000
工作温度 /℃	30 ～ 50	60 ～ 100	600 ～ 900
灯弧长 /cm	15 ～ 200	15 ～ 200	10 ～ 200
灯寿命 /h	8 000 ～ 12 000	8 000 ～ 12 000	3 000 ～ 9 000
光电转化效率（200 ～ 300 nm）/%	30 ～ 40	30 ～ 40	15 ～ 25

（2）技术特点。由于紫外线没有持续的杀菌能力，因此独立使用紫外消毒时，只建议在用水终端进行使用。但是，张永吉等人的研究发现，在紫外线辐照度为 0.1 mW/cm^2，紫外线剂量分别为 5、10 mJ/cm^2 时，经紫外线照射灭活后的大肠杆菌在可见光下会发生明显的光复活，光复活率分别高达 84.5% 和 45%。因此在实际水处理中，紫外线消毒更多是与氯或氯胺等技术联合使用。对于大中型水厂，供水管网面积较大时应采取紫外线消毒和氯联合消毒工艺，以保证持续的杀菌能力。

11.2.3 常用深度处理技术

传统的饮用水处理工艺（原水－混凝沉淀－过滤－氯消毒）主要以去除浊度和细菌为目标。随着我国经济的快速发展，工业及生活污染越来越严重，有机物和氨氮已逐渐成为我国饮用水水源地的主要污染物，国家也相应制定了更严格的饮用水水质标准。经传统技术处理得到的水质不能达到饮用水水质标准，深度处理技术应运而生。其中应用最为广泛的为臭氧－生物活性炭技术和膜处理技术。

1. 臭氧－生物活性炭技术

臭氧－生物活性炭技术将臭氧化学氧化、活性炭物理化学吸附、生物氧化降解技术合为一体。

采用臭氧氧化和生物活性炭滤池联用的方法，将臭氧化学氧化、臭氧灭菌消毒、活性炭物理化学吸附和生物氧化降解 4 种技术合为一体，其主要目的是在常规处理之后进一步去除水中有机污染物、氯消毒副产物的前体物以及氨氮，降低出水中的生物可降解溶解有机碳（BDOC）和可生物同化有机碳（AOC），保证净水工艺出水的化学稳定性和生物稳定性。

1）技术原理

在水处理过程中，臭氧与生物活性炭两者的作用表现出互补性，先用臭氧氧化后再用活性炭吸附，臭氧能有效地将大分子有机物氧化成小分子有机物，提高水的可生化性，剩下的小分子有机物由生物活性炭吸附降解。在实际应用中，炭种选择、工艺位置等各方面因素都会对其处理效果产生一定的影响。

（1）活性炭炭种选择。活性炭根据生产原料可分为木质活性炭、果壳活性炭和煤质活性炭等。由于木质活性炭和果壳活性炭原料缺乏，生产受限，在城市净水等领域多采用煤质活性炭。国内目前用于自来水厂深度处理的臭氧生物活性炭工艺则基本上选用柱状炭和破碎炭。

（2）工艺位置。目前国内对于臭氧活性炭工艺位置的具体设置可以分为先炭后砂和先砂后炭两种形式。先炭后砂形式为臭氧接触池和生物活性炭滤池置于沉淀池和砂滤池之间（即沉淀池—臭氧生物活性炭—砂滤池）。先砂后炭形式为臭氧接触池和生物活性炭滤池置于砂滤池之后（即沉淀池—砂滤池—臭氧生物活性炭）。砂滤池承担了大量的浊度截留作用，进入炭池水的浊度往往较清，炭池的负荷会较小，反冲洗周期较长。低反冲洗频率可以促进微生物的生长，提高生物降解的能力，还可延长活性炭滤料的使用寿命，降低生产运行成本。但是，先砂后炭形式存在微生物泄漏的风险，尤其是当反冲洗周期较长时。

2）技术特点

臭氧 - 生物活性炭技术不仅可以去除水体浊度、嗅味、色度，改善絮凝效果和水质口感，还可以去除难降解的和溶解性的有机物。该技术对有机污染物的去除率为 50% 以上，比常规处理提高 15% ～ 20%。同时，该技术可以提高对铁、锰的去除率，氨氮去除率能达到 90% 左右。水中的氨氮和亚硝酸盐可被生物氧化为硝酸盐，从而减少了后氯化的投氯量，降低了三卤甲烷等消毒副产物的生成。另外臭氧和活性炭联合使用，还可以延长活性炭的运行寿命，减少运行费用。但也存在局限性，臭氧氧化处理饮用水存在臭氧利用率低、氧化能力不足等缺陷；若水中含有溴化物（Br）时，臭氧氧化将会生成溴酸根（BrO-）及溴代三卤甲烷（Br-THM）等有害副产物，对人体健康有很大的影响。

2. 膜处理技术

膜处理技术是根据两相之间的浓度、电位及压力的不同，将水与污染物质分离，达到净化水质的目的。作为一种高效的水处理技术，膜处理技术具有占地面积小、基本不需要化学药剂、产水水质稳定、受进水波动影响小等优点，并且近年来，随着滤膜价格的降低，膜技术将成为 21 世纪最有前景的深度处理技术。

1）技术原理

膜处理技术指以压力为推动力，依靠膜的选择性，将液体中的组分进行分离的方法，包括微滤（MF）、超滤（UF）、纳滤（NF）和反渗透（RO）4 种方法。

膜是一种分子级的分离过滤介质，当溶液与膜接触时，在压力、电场或温差作用下，某些物质可以透过膜，而另外一些物质则被选择性地拦截，从而使溶液中不同组分分离。膜的种类很多，根据分离膜孔径的不同，可以分为多种，详见表 11-3。不同孔径的膜分别对应不同的分离机理、设备和应用对象。把上述的膜制成适合工业使用的构型，与驱动设备（压力泵、电场、加热器或真空泵）、阀门、仪表和管道连成一套系统，在一定的工艺条件下操作，就可以用来分离水溶液。对于农村饮用水，主要用此法去除各类矿物质离子。

表 11-3 分离膜的分类及分离物质

种类	分离物质
反渗透膜	该分离膜孔径为 0.1~1 nm，该膜仅允许水之类的溶剂通过
纳滤膜	该分离膜孔径为 1~2 nm，主要分离氨基酸、抗生素等小分子量物质
超滤膜	该分离膜孔径为 2~20 nm，主要分离胶体、蛋白质、热原、病毒、多糖及酶等
微滤膜	该分离膜孔径为 0.05~10 μm，主要分离细菌及微粒

2）技术特点

常用的膜处理技术有超滤和反渗透，这两种方法都可以去除水中的离子和大分子物质，两者的区别是去除效率不同。

超滤不能有效去除氨氮、氟等特别小的离子，对钙镁离子浓度忍受力较高。相对于压力式超滤，浸没式超滤技术的超滤装置放置在膜池中，进水要求比压力式超滤宽泛，抗污染的能力强，适用于悬浮物含量较高，特别是经过混凝处理的原水。此外，由于超滤技术简化了沉淀过滤法工艺，其占地小、运管方便，且出水水质远远高于传统方法，适宜在农村集中式饮用水供水地区大力推广。反渗透膜可以高效去除各种离子，但是没有选择性，会将对人体有益的元素同时去除，处理的水不适合长期饮用。该工艺的优点是出水水质好，一般制备纯水时使用，占地面积小；缺点是设备自动化程度高，需要工人有较丰富的操作经验，同时设备能耗较高，制水过程中会有一定的污水产生。

11.3 农村饮水安全工程建设和运行管理

11.3.1 农村饮水安全工程建设

1. 农村饮水安全工程建设原则

根据《村镇供水工程技术规范》（SL 310—2004），农村供水工程的建设和管理应遵循以下基本原则。

（1）合理利用水资源，有效保护供水水源。水质和水量是农村饮水安全工程建设过程中必须考虑的两个问题，相关部门要根据当地水资源的实际情况对其进行合理规划，尽量避免选用含氟、含碘以及含盐的水源。此外，在条件允许的情况下，还可以建设一些小型水源工程，以此来保证特大干旱年份有水喝。

（2）符合国家现行的有关生活饮用水卫生安全的规定。

（3）与当地村镇总体规划相协调，以近期为主，近、远期结合，设计年限宜为10～15年，可分期实施；农村饮水安全工程的建设不能单纯地只注重近期目标，还要根据农村未来的发展情况，制订长远目标，使近期目标与长远目标相结合，更好地推进农村饮水安全工程的建设。

（4）充分听取用户意见，因地制宜地选择供水方式和供水技术，在保证工程安全和供水质量的前提下，力求经济合理、运行管理简便。由于每个农村的经济发展水平不同，因此，在对工程规模和类型的选择上，应该尽可能符合当地的经济发展现状，工程运行的建管机制也要根据实际情况来具体制订。此外，由于农村饮水安全工程具有投资量大、回收周期长和收益低等特点，从而导致在建设过程中，如果单纯地依靠群众自筹或政府承担，那么势必会比较困难。因此，还必须坚持群众自筹和政府扶持相结合的投资政策原则。

（5）积极采用适合当地条件并经工程实践和鉴定合格的新技术、新工艺、新材料和新设备。

（6）充分利用现有水利工程。

（7）尽量避免洪涝、地质灾害的危害，或有抵御灾害的措施。

2. 农村饮水安全工程建设模式

受地形地貌、经济条件等各方面因素的影响，农村饮水安全工程可以分为不同的建设模式，在选择上也不尽相同。目前，我国农村饮水安全工程采用的建设模式主要以分区域管理的方式为主，即根据当地水资源和现有饮水工程设施分布的实际情况来布置工程措施，主要包括城镇管网延伸模式、联村集中供水模式、单村联户供水模式和单户自管供水模式。

一是实行城镇管网延伸模式。凡是城市供水管网能覆盖的地区，充分利用现有城镇供水设施，发展适度规模城镇管网延伸供水模式，改造升级建设净水消毒设施，实施集中供水工程，形成“以镇带村、一网辐射城镇和农村”的安全饮水格局，实现城乡供水一体化。

二是实行联村集中供水模式。在人口密集、村组集中、水源可靠的地区，打破村镇区域界限，将多个农村的工程建设体系连接起来，采用区域性供水方式，推行“一网管多村”供水模式，建设规模化集中供水工程，形成多个村庄集中的供水工程体系。

三是实行单村联户供水模式。在人口相对集中、无法实施联村供水且具有一定经济实力的村庄，建设小型集中供水工程，并配套相应的净水和消毒设施，实现村内自来水“户户通”。

四是实行单户自管供水模式。针对海拔较高、气候特殊、居住较为偏僻的山区村庄，综合考虑处理和运行维护成本，通过“补助、自筹、自建、自管”实施单户饮水工程，采用户用净化设备，保障饮水安全。

11.3.2 农村饮水安全工程运行管理模式

国家实行农村饮水安全工程，将解决各地农村饮水不安全人口饮水问题提上议事日程。水利部下发了《关于加强农村饮水安全工程建设和运行管理工作的通知》《关于加强村镇供水工程管理的意见》等文件。这些文件精神，对农村供水工程运行管理提供了理论基础。农村饮水安全工程运行管理应积极探索新模式，进一步明晰产权，落实管理主体。加强农民用水户协会建设，推行用水户全过程参与的工作机制，让农民群众真正享有知情权、参与权、管理权和监督权。

1. 水行政主管部门参与的公司化水厂管理模式

目前，我国正在实施的农村饮水安全工程投资主体为国家，饮水安全工程以国有资金为主。地方县级水行政主管部门应成立全县农村饮水安全工程供水总公司，负责全县农村饮水安全工程的运行和管理工作，并接受上级水行政主管部门的指导和监督；各乡镇按照企业化经营模式成立独立的供水分公司，具体负责工程的运行和管理，按照现代企业要求建立以水养水的良性管理运行机制，实行企业管理，单独核算，自主经营，自负盈亏。

2. 联村水厂管理分公司模式

目前，我国实施的农村饮水安全工程实行联村供水方式较多，如果不因为地理条件限制，多数镇（乡）有一个水厂或两个水厂供水，解决全辖区内的饮水不安全问题。如果全镇（乡）有两个及以上供水水厂，由镇（乡）成立农村饮水安全供水分公司运行管理，镇（乡）供水公司与分公司实行公司经理负责制，对农村饮水安全工程的运行管理和经营负直接责任。经理可在水利系统内外公开招聘有经营能力的人员担任，其他管理和经营人员从水利系统和社会上招聘。管理人员招聘后均实行上岗前的技术和经营培训，经营期间定期培训和考核，对能够胜任的人员继续留用，对不胜任的人员解除聘用合同。

3. 单村水厂管理模式

规模较小的单村农村饮水安全工程，因规模小，供水范围窄，供水量小，水费收入少，不宜成立供水分公司。过去，已建成的水厂由村委会代管或托管，因管理水平低，专业化程度差，服务意识弱，水费的收支不平衡，工程带病运行，不维修或不及时维修，造成工程无法正常运行，在群众中造成不良影响。因此，单村饮水安全工程的管理模式应是由县水行政主管部门在一个镇（乡）或两个镇（乡）成立一处供水公司，机构精简，经理和维修管理人员选配责任心强、管理水平高、技术业务精的人员担任。还可以根据实际情况，因地制宜地采取承包、租赁等多种经营形式，放开搞活经营权和管理权。

4. 股份制管理模式

本着原有水厂如果能够使用或正在使用，可以实行并网运行，避免资源的浪费和损失的原则，在处理原有小水厂的并网问题时，可采取股份制管理模式。对原有的水厂请造价评估公司对其产值进行评估，新水厂建成后，按照双方投资的比例进行股份划分，分别持股，以股份制有限公司进行经营，按照股份的多少进行盈利分红。水厂向社会公开招聘人员管理。

5. 股份制公司化管理模式

在完全新建水厂采取股份制公司化管理模式时，对不同水厂规模和类型的供水工程，研究产权归属、出资人代表、管理主体、水价形成机制、工程运行管理制度等，利用市场机制进行农村饮水安全工程建设和运营管理，发展民营企业参与投资、建设、营运、管理的新模式，建立“归属清晰、权责明确、保护严格、流转顺畅”的现代企业供水公司。

参考文献

[1] 陈华．浅谈农村饮水安全存在的问题及对策分析 [J]．中国农业信息，2016(21):19.

[2] 徐志坚．我国农村饮水安全问题及对策探讨 [J]．科技资讯，2015，13(12):104.

[3] 邓海威，黄文超，王苏琦，等．浅谈我国农村饮水安全存在的问题及对策 [J]．农村经济与科技，2015，26(01):181-182.

[4] 谌建武．我国农村饮水安全问题及对策 [J]．科技创新与应用，2014(02):168.

[5] 刘颖．我国农村安全饮水安全管理中存在的问题和对策 [J]．农民致富之友，2013(18):229.

[6] 徐佳．农村供水工程运行状况及发展模式问题研究 [D]．天津：天津大学，2016.

[7] 常庆芳．我国农村饮水安全工程存在的问题及对策 [J]．内蒙古水利，2012(04):82.

[8] 李斌，杨继富．农村饮水安全工程评价指标体系研究 [J]．中国水利水电科学研究院学报，2014，12(04):380-385.

[9] 李斌，杨继富．农村供水工程可持续运行管理模式研究 [J]．中国水利，2014(21):47-50.

[10] 贾燕南，杨继富，赵翠，等．农村供水消毒技术及设备选择方法与标准 [J]．中国水利，2014(13):47-50.

[11] 贾燕南，杨继富，赵翠．农村饮水安全消毒集成技术研究及应用前景分析 [J]．中国水利，2013(14):66-68.

[12] 陈军．城市饮用水处理的突出问题和发展趋势 [J]．企业技术开发，2014，22(24):73-75.

[13] 刘子媛．中国农户安全饮用水可及性的影响因素研究 [D]．杭州：浙江工商大学，2015.

[14] 辜娟娟，胡九成．饮用水处理技术的现状与进展 [J]．化学工程师，1999(06):37-41.

[15] 高鹏翼．浅谈给水工程水体消毒 [J]．辽宁师专学报（自然科学版），2013,15(01):80-84.

[16] 岳银铃，鄂学礼，凌波，等．二氧化氯消毒技术在农村饮用水消毒中的应用探讨 [J]．中国卫生检验杂志，2010,20(04):773-774,923.

[17] 刘文君，孙文俊．农村地区饮用水消毒技术的应用 [J]．中国水利，2005,(19):31-33.

[18] 朱昱，陈卫国．“紫外线+氯”联合消毒技术用于十堰市第三水厂工程 [J]．中国给水排水，2013,29(18):56-59.

[19] 蔡璇．饮用水深度处理技术研究进展及应用现状 [J]．净水技术，2015,34(S1):44-47.

[20] 马卫明．饮用水深度处理技术的研究进展与应用现状 [J]．环境与发展，2017,29(03):105,107.

第 12 章 农村污水处理技术

12.1 概述

12.1.1 农村生活污水处理的必要性

随着国民经济的快速发展，农民的生活条件得到了很大改善，生活水平有了很大提高，与此同时，生活用水逐渐增多，随之而来的污水产生量也越来越多。生活污水已成为我国农村地区主要的污染排放源之一，其来源包括冲厕污水、餐厨废水、洗衣和洗浴废水、家庭畜禽散养等活动产生的污水。我国农村地域广阔，各地农村生活污水的水质、水量和排放方式随各地经济发展水平和居民生活习惯不同而差异较大，主要存在着污水总量大但个体水量小、水质和水量波动大、区域排放特征差异显著等特点。据不完全统计，2015 年我国有 6.1 亿农村人口，分布于 270 多万个自然村，每年产生的污水量达 100 亿吨左右。相比较城镇而言，占全国总面积近 90% 的广大农村基础设施建设比较落后，普遍存在污水收集与处理系统缺乏的现象。根据新发布的《全国农村环境综合整治“十三五”规划》，我国目前仅有 22% 的建制村生活污水得到处理。

《水污染防治行动计划》《“十三五”生态环境保护规划》明确要求，农村污水处理要统一规划、统一建设、统一管理，到 2020 年，要新增完成环境综合整治的建制村为 13 万个。同时，根据环境保护部发布的《村镇生活污染防治最佳可行技术指南（试行）》（HJ-BAT-9），如果农村生活污水产生量选用 60L/（人•天），按 6 亿农村人口计算，我国农村生活污水年产生量将达到 130 亿吨。巨大的农村生活污水排放量和严重欠缺的污水处理能力，导致不少农村地区出现污水横流的现象，群众对此反映强烈。为改善农村人居环境，2008 年至 2016 年间，中央财政累计投入农村环保专项资金（节能减排资金）375 亿元，带动了地方上千亿元的农村环保投入，建成了一大批农村生活污水处理设施。到 2014 年年底，全国已建成 24.8 万套农村生活污水处理设施，生活污水年处理量达到 7 亿吨，对改善农村人居环境发挥了重要作用。

12.1.2 农村生活污水处理的标准

近年来，建设部、环保部先后发布了一系列与农村相关的标准和规范，如建设部 2008 年发布的《村庄整治技术规范》（GB 50445—2008）、2010 年发布的《小城镇污水处理工程建设标准》（建标 148—2010）和《关于印发分地区农村生活污水处理技术指南的通知》（建村〔2010〕149 号），2013 年环保部发布的《农村生活污水处理项目建设与投资指南》（环发〔2013〕130 号）等，涉及农村生活污水治理的内容，用以指导农村生活污水处理工程建设。

农村生活污水的排放要满足国家和地方的排放标准。不同区域农村对出水水质要求也有较大差异，在未制定污水排放标准的农村地区，可以参考表 12-1，根据排水去向确定排放要求。

表 12-1　农村污水排放参照标准

排水去向	排入地表水体	灌溉用水	渔业用水	景观环境用水
参考标准	《城镇污水处理厂污染物排放标准》GB 18918—2002	《农田灌溉水质标准》GB 5084—2005	《渔业水质标准》GB 11607—89	《城市污水再生利用景观环境用水水质》GB/T 18921—2002

12.2 农村污水处理常用技术工艺

常规污水处理主要包括两个部分，第一部分是污水的一级处理，又称物理处理，第二部分为污水的二级处理，即生化处理。结合不同区域产业特色及出水水质要求，还可设置深度处理单元，作为第三部分。

12.2.1 常用一级处理工艺

污水一级处理又称物理处理，用以去除废水中的漂浮物和部分呈悬浮状态的污染物，调节废水 pH 值，减轻废水的腐化程度和后续处理工艺负荷，以避免损害后序工艺的机械设备，确保安全运行。农村污水处理中常用的一级处理工艺是沉淀法，通过重力沉降分离废水中呈悬浮状态的污染物。这种方法简单易行，分离效果良好，应用非常广泛，主要构筑物有沉砂池和沉淀池。

1. 沉砂池

沉砂池的作用是从废水中分离密度较大的砂土等无机颗粒。沉砂池内的污水流速控制到只让密度大的无机颗粒沉淀，而不让较轻的有机颗粒沉淀，以便把无机颗粒和有机颗粒分离开来，分别处置。一般沉砂池能够截留粒径在 0.15 mm 以上的砂粒。沉砂池形式很多，目前国内城市污水处理常用的沉砂池有平流沉砂池、曝气沉砂池、旋流沉砂池等池型，以平流沉砂池截留效果为最好。

平流沉砂池是常用的形式，污水在池内沿水平方向流动。平流沉砂池由入流渠、出流渠、闸板、水流部分及沉砂斗组成。它具有截留无机物颗粒效果较好、工作稳定、构造简单和排沉砂方便等优点。

旋流沉砂池是利用机械力控制水流流态与流速、加速砂粒的沉淀并使有机物随水流带走的沉砂装置。它具有占地省、除砂效率高、操作环境好、设备运行可靠等特点，但对水量的变化有较严格的适用范围，对细格栅的运行效果要求较高。其关键设备为国外产品，价格很高。

目前较先进的技术是曝气沉砂池，即池内安装了曝气装置，在沉砂池一侧曝气，使污水在池内呈螺旋状流动前进，以曝气旋流速度控制砂粒的分离，流量变化时仍能保持稳定的除砂效果。在曝气的作用下，污水中的有机颗粒经常处于悬浮状态，也可使砂粒互相摩擦，能够去除砂粒上附着的有机污染物，有利于取得较为清洁的砂粒及其他无机颗粒。曝气还有去除油脂和合成洗涤剂的作用。

2. 沉淀池

沉淀池是应用沉淀作用去除水中悬浮物的一种构筑物。沉淀池按水流方向分为水平沉淀池和垂直沉淀池。沉淀效果取决于沉淀池中水的流速和水在池中的停留时间。用于一级处理的沉淀池，通称初次沉淀池。初次沉淀池是污水处理中第一次沉淀的构筑物，其作用为：①去除污水中大部分可沉的悬浮固体；②作为化学或生物化学处理的预处理，以减轻后续处理工艺的负荷和提高处理效果。

按照池内水流方向的不同，初次沉淀池可分为平流式沉淀池、竖流式沉淀池、辐流式沉淀池和斜板斜管沉淀池。

平流式沉淀池的工作原理与平流式沉砂池类似。池形呈长方形，由进水装置、出水装置、沉淀区、缓冲区、污泥区及排泥装置等组成。废水从平流式沉淀池的一端进入，从另一端流出，水流在池内做水平运动，池平面形状呈长方形，可以是单格或多格串联。池的进口端底部设污泥斗，贮存沉积下来的污泥。

竖流式沉淀池一般由进水管、集水槽、中心管、反射板、出水管和排泥管组成，废水从进水管进入沉淀池的中心管，并从中心管的下部流出，经过反射板的阻拦向四周均匀分布，沿沉淀区的整个断面上升。处理后的废水由四周集水槽收集，然后自出水管排出。集水槽一般采用自由堰或三角形锯齿堰。为了避免漂浮物溢出池外，应在水面设置挡板。

斜板斜管沉淀池是根据理想沉淀池的原理，在沉淀池中加设斜板或蜂宵斜管以提高沉淀效率的一种新型沉淀池，它由斜板（管）沉淀区、进水配水区、清水出水区、缓冲区和污泥区组成。

辐流式沉淀池亦称辐射式沉淀池，一般为较大的圆池，直径一般为20～30 m，最大直径可达100 m，在农村污水处理中较少用到。池的进、出口布置基本上与竖流池相同，进口在中央，出口在周围。但池径与池深之比，辐流池的比竖流池的大许多倍。水流在池中呈水平方向向四周辐射流，由于过水断面面积不断变大，故池中的水流速度从池中心向池四周逐渐减慢。

12.2.2 常用二级生化处理工艺——活性污泥法

适用于农村生活污水处理要求的二级生化处理方法主要包括生物膜法和活性污泥法两大类，近年来在工程中都有较多应用。每种类型又包含多种处理工艺，其中活性污泥法主要有氧化沟、A/O、A^2/O、CAST、SBR法等；生物膜法主要有生物滤池、生物接触氧化、MBR等。此外，在近期无力修建污水处理厂的地区或污水管网以外的地区，还可以采用净化沼气池技术进行生活污水处理。

活性污泥法是在人工充氧条件下，对污水和各种微生物群体进行连续混合培养，经一定时间后因好氧微生物繁殖而形成污泥状絮凝物，即活性污泥，其上栖息着以菌胶团为主的微生物群，具有很强的吸附与氧化有机物的能力。利用活性污泥的生物凝聚、吸附和氧化作用，可以分解去除污水中的有机污染物，然后使污泥与水分离，根据需要将部分污泥再回流到曝气池，多余部分则作为剩余污泥排出系统。影响活性污泥工作效率（处理效率和经济效益）的主要因素是处理方法的选择与曝气池和沉淀池的设计及运行。

活性污泥法作为最广泛应用的污水处理技术，具有处理效果好、去除率高、运行稳定、运行费用低等优点。对于处理量小于 10 万吨 / 天，且有脱氮除磷要求的中小型污水处理站，活性污泥法是首选方案。

典型的活性污泥法处理系统由曝气池、沉淀池、污泥回流系统和剩余污泥排除系统组成。污水和回流的活性污泥一起进入曝气池形成混合液。从空气压缩机站送来的压缩空气通过铺设在曝气池底部的空气扩散装置，以细小气泡的形式进入污水中，目的是增加污水中的溶解氧含量，还使混合液处于剧烈搅动的悬浮状态。溶解氧、活性污泥与污水互相混合、充分接触，使活性污泥反应得以正常进行。

第一阶段，污水中的有机污染物被活性污泥颗粒吸附在菌胶团的表面，这是其巨大的比表面积和多糖类黏性物质起的作用，同时一些大分子有机物在细菌胞外酶作用下分解为小分子有机物。

第二阶段，微生物在氧气充足的条件下，吸收这些有机物，并氧化分解，形成二氧化碳和水，一部分供给自身的增殖繁衍。活性污泥反应的结果是污水中有机污染物得到降解而去除，活性污泥本身得以繁衍增长，污水得以净化处理。

经过活性污泥净化后的混合液进入二次沉淀池，混合液中悬浮的活性污泥和其他固体物质在这里沉淀下来与水分离，澄清后的污水作为处理水排出系统。经过沉淀浓缩的污泥从沉淀池底部排出，其中大部分作为接种污泥回流至曝气池，以保证曝气池内的悬浮固体浓度和微生物浓度;增殖的微生物从系统中排出，称为剩余污泥。事实上，污染物很大程度上从污水中转移到了这些剩余污泥中。

活性污泥工艺的运行主要是对活性污泥量和供氧量进行控制，曝气池的活性污泥浓度（称混合液悬浮固体）是可以调节的，也就是活性污泥量和负荷率是可以调节的，运行时应根据具体情况注意调节。活性污泥法容易出现污泥膨胀，即污泥含水量极高，不易沉降。这将造成污泥随水流出沉淀池，破坏水质，同时，污泥的流失使曝气池中污泥减少，整个过程逐渐失效。在发现污泥有膨胀趋势时，应立即分析原因，采取措施。

经过广泛应用和技术上的不断改进，衍生出了很多技术更加先进的新工艺，包括氧化沟、A/O、A^2/O、SBR、CAST 等。

1. 氧化沟工艺

氧化沟是指反应池呈封闭无终端循环流渠形布置，池内配置充氧和推动水流设备的活性污泥法污水处理工艺。氧化沟是活性污泥法的一种变形，在水力流态上不同于传统的活性污泥法。氧化沟利用连续环式反应池（Continuous Loop Reactor，简称CLR）作生物反应池，通常在延时曝气条件下使用，用一种带方向控制的曝气和搅动装置，向反应池中的物质传递水平速度，从而使被搅动的混合液在一条闭合曝气渠道内进行连续循环。氧化沟一般由沟体、曝气设备、进出水装置、导流和混合设备组成，沟体的平面形状一般呈环形，也可以是长方形、L 形、圆形或其他形状，沟端面形状多为矩形和梯形。

氧化沟法由于具有较长的水力停留时间、较低的有机负荷和较长的污泥龄，因此相比传统活性污泥法，可以省略调节池、初沉池、污泥消化池，有的还可以省略二沉池。氧化沟能保证较好的处理效果，这主要是因为巧妙结合了 CLR 形式和曝气装置特定的定位布置，使氧化沟具有独特的水力学特征和工作特性。

（1）氧化沟结合推流和完全混合的特点，有利于提高缓冲能力。氧化沟在短期内（如一个循环）呈推流状态，而在长期内（如多次循环）又呈混合状态。这两者的结合，可以提供很大的稀释倍数从而提高缓冲能力。同时，污水在沟内的停留时间又较长，这就要求沟内有较大的循环流量，进入沟内的污水立即被大量的循环液所混合稀释，因此氧化沟系统具有很强的耐冲击负荷能力。

（2）氧化沟具有明显的溶解氧浓度梯度，适用于硝化 – 反硝化生物处理工艺。氧化沟的曝气装置是定位的，混合液在曝气区内溶解氧浓度是上游高，然后沿沟长逐步下降，出现明显的浓度梯度，到下游区溶解氧浓度就很低，基本上处于缺氧状态。在设计中安排好氧区和缺氧区，可以实现硝化 – 反硝化脱氮的目的。

（3）氧化沟沟内功率密度的不均匀配备，不仅有利于氧的传递和液体混合，而且有利于充分切割絮凝的污泥颗粒。当混合液经平稳的输送区到达好氧区后期，污泥仍有再絮凝的机会，因而也能改善污泥的絮凝性能。

（4）氧化沟的整体功率密度较低，可节约能源。氧化沟的混合液一旦被加速到沟中的平均流速，维持循环仅需克服沿程和弯道的水头损失，因而氧化沟可以较低的整体功率密度来维持混合液流动和活性污泥的悬浮状态。据国外报道，氧化沟比常规的活性污泥法能耗降低 20% ～ 30%。

氧化沟工艺的主要缺点是由于水力停留时间长和水深浅，占地面积较大；设备少但能耗高，运行费用较大；需设独立的沉淀池和刮泥系统。

目前应用较为广泛的氧化沟类型包括卡鲁塞尔氧化沟、奥尔伯氧化沟、一体化氧化沟等。这些氧化沟由于在结构和运行上存在差异，因此各具特点，典型的工艺流程如图 12-1 所示。

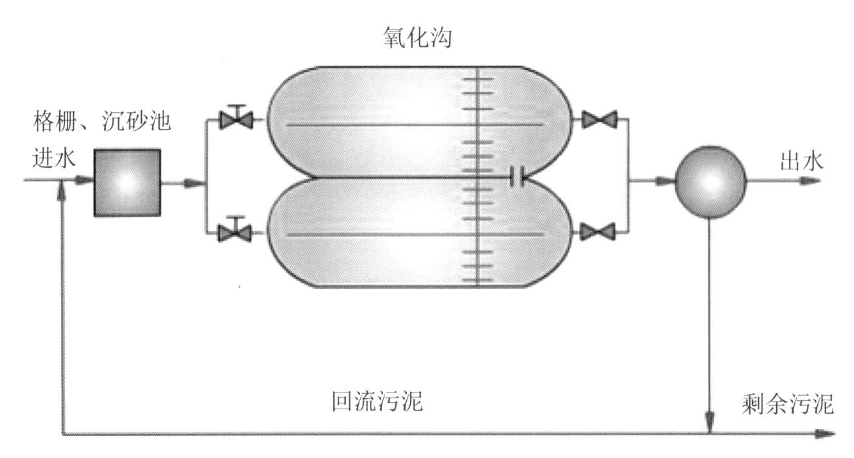

图 12-1　污水处理典型工艺——氧化沟

卡鲁塞尔（Carrousel）氧化沟的研制目的是为了在较深的氧化沟沟渠中使混合液充分混合，并能维持较高的传质效率，以克服小型氧化沟沟深较浅、混合效果差等缺陷。它使用立式表曝气机，曝气机安装在沟的一端，因此形成了靠近曝气机下游的富氧区和上游的缺氧区，有利于生物絮凝，使活性污泥易于沉降，BOD_5的去除率可达95%～98%，脱氮效率约为90%，除磷效率约为50%。如投加铁盐，除磷效率可达95%。卡鲁塞尔氧化沟具有以下几个主要优点。

（1）在处理城市污水时不需要预沉池。

（2）污泥稳定，不需消化池可直接干化。

（3）工艺极为稳定可靠，工艺控制极其简单。

（4）不再使用卧式转刷曝气机而采用立式低速搅拌机，使沟深可增加到 5 m 甚至 8 m，从而使曝气池的占地面积大大减小。

奥尔伯（Orbal）氧化沟简称同心圆式氧化沟，由多个同心的圆形或椭圆形沟渠和独立的二沉池组成。污水和回流污泥先进入外沟渠，在与沟内混合液不断混合、循环的过程中，依次进入相邻的内沟渠，最后由中心沟渠排出。沉淀污泥一部分通过回流污泥设施提升至厌氧池进水处与污水混合，剩余污泥通过剩余污泥设施提升至剩余污泥处理系统处理。沟内采用曝气转盘，在旋转过程中可以不断向系统中充入氧气，并且将其混匀。奥尔伯氧化沟的脱氮效果很好，但除磷效率不够高，要求除磷时还需前加厌氧池。应用上多为椭圆形的三环道组成，三个环道用不同的溶解氧（DO），外沟一般设为厌氧状态，中沟设为缺氧状态，内沟设为好氧状态，有利于脱氮除磷。

奥尔伯氧化沟有两个主要特点：首先是这种工艺中的曝气器都使用了曝气转盘；其次这些渠道的形状能够很好地缓和水流冲击，还能将水体在流动时产生的惯性有效应用到水流前进的推动力上，而且，将多个渠道进行串联的模式能够有效解决水流断流的问题，提高处理效率。

一体化氧化沟是指集曝气、沉淀、泥水分离功能为一体，无须建造单独二沉池的氧化沟，出水由上部排出，污泥则由沉淀区底部的排泥管直接排入氧化沟内。这种氧化沟设有专门的固液分离装置和措施，不设污泥回流系统，它既能连续进出水，又是合建式，从理论上讲最经济合理，且具有很好的脱氮除磷效果。

一体化氧化沟除一般氧化沟所具有的优点外，还有以下独特的优点。

（1）工艺流程短，构筑物和设备少，不设初沉池、调节池和单独的二沉池。

（2）污泥自动回流，投资少，能耗低，占地少，管理简便。

（3）造价低，建造快，设备事故率低，运行管理工作量少。

（4）固液分离效果比一般二沉池高，使系统在较大的流量范围内稳定运行。

2. SBR 工艺

SBR 法是序批式活性污泥法的简称。它的主体构筑物是 SBR 反应池，污水的整个生物处理过程都在该反应池中完成。SBR 法按时间顺序包括进水、曝气、沉淀、排水、待机 5 个工序。其工作流程是：将待处理废水快速引进反应器中，一旦液体充满整个容器，就开始向其中持续充入空气，目的是保证微生物的氧气供应，从而使好氧微生物不断生长繁殖，分解废水中含有的有机大分子物质，处理达到标准后不再曝气，静置后活性污泥沉降，上清液外排。上述过程可概括为；短时间进水—曝气反应—沉淀—短时间排水—进入下一个工作周期。随着周期的更迭，反应器不断将收集到的废水进行处理排放，如此往复。其中进水工序可分为非限制曝气进水（进水同时曝气）和限制曝气进水（进水器不曝气）；曝气工序可根据需要选择连续曝气方式或间歇曝气方式。

SBR 典型工艺流程如图 12-2 所示。

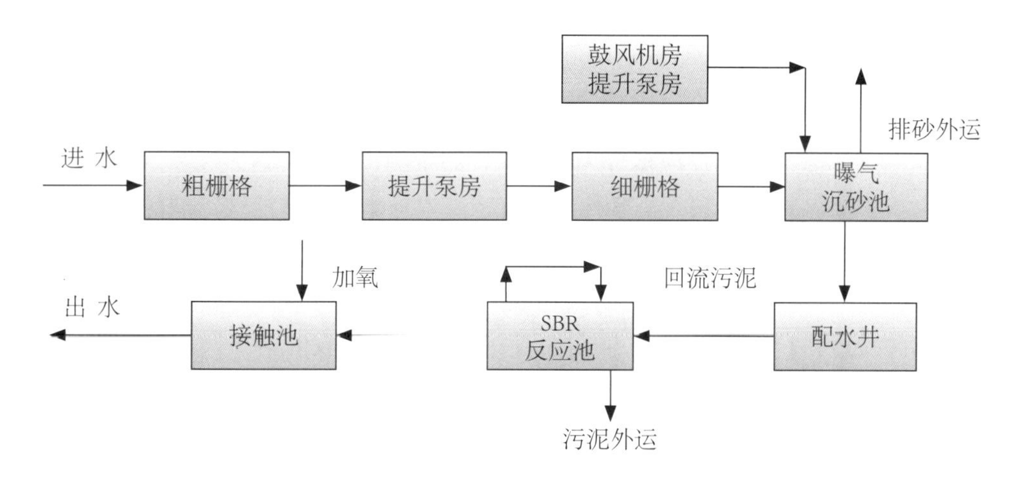

图 12-2 污水处理典型工艺——SBR 法

SBR 工艺的主要优点如下。

（1）处理流程简单，构筑物少，可比传统活性污泥法少建初沉池、二沉池、污泥回流系统，因此基建费用省。

（2）SBR 反应池兼有时间上的理想推流和空间上的完全混合的特点，污水在理想的静止状态下沉淀，泥水分离效果好，出水水质好。

（3）间歇反应器污泥沉降性能好，可有效抑制丝状菌的生长。

（4）工艺过程中的各工序可根据水质、水量进行调整，操作灵活方便。

（5）可以通过调节生化反应时间适应变化大的污水，提高难降解废水的处理效率，使出水效果稳定。

（6）SBR 工艺不仅可以满足 BOD_5 和 SS 的排放标准，而且可以通过调节溶解氧浓度，实现好氧、缺氧、厌氧状态交替，在降解有机物的同时脱氮除磷。

（7）污泥量少，SBR 反应池中污泥趋于好氧稳定，可以不建污泥消化系统。

SBR 工艺不足之处如下。

（1）由于是序批式进水，间歇运行，所以其设备闲置率高。

（2）脱氮除磷效果相对不稳定，而且其运行操作要完全靠自动控制系统来控制，几乎不可能在人工手动操作下完成。

（3）排水时间短，并且排水时要求不搅动沉淀污泥层，因而需要专门的排水设备(滗水器），且对滗水器的要求很高。

（4）设备质量要求高，投资费用高；设备维护管理要求较高，因此对操作人员的专业素质要求较高。

3. 循环式活性污泥工艺（CAST）

循环式活性污泥工艺（CAST）是 SBR 工艺的一种变形工艺，它在 SBR 工艺基础上增加了生物选择器和污泥回流装置，并对时序做了调整，从而大大提高了 SBR 工艺的可靠性及处理效率。

CAST 工艺由进水 / 曝气、沉淀、滗水、闲置 / 排泥 4 个基本过程组成。前部设置生物选择器，后部安装自动滗水器。CAST 整个工艺在一个反应器中完成有机污染物的生物降解和泥水分离过程。反应器分为 3 个区，即生物选择区、兼氧区和主反应区（曝气区）。生物选择区在厌氧和兼氧条件下运行，基本功能是调节活性污泥的絮体负荷，使系统中形成凝聚性良好的活性污泥，防止产生污泥膨胀。在生物选择区内，污水与回流污泥接触，充分利用活性污泥的快速吸附作用而加速对溶解性底物的去除，并对难降解有机物起到酸化水解作用，同时可使污泥中过量吸收的磷在厌氧条件下得到有效释放，污泥回流液中所含有的硝酸盐可在生物选择区得以反硝化。兼氧区主要是通过再生污泥的吸附作用去除有机物，同时促进磷的进一步释放和强化氮的硝化 / 反硝化作用，并通过曝气和闲置还可以恢复污泥活性。主反应区（好氧区）由于间歇运行和生物絮体外表和内层的同时硝化 / 反硝化作用，不但进行氧化还原反应，也能有效地脱氮。在 CAST 池的末端设有潜水泵，潜水泵不断地从主反应区抽送污泥至生物选择区，剩余污泥泵在沉淀阶段结束后将剩余污泥排出系统。在池子的末端设有由电机驱动的可升降的滗水堰，以排出处理后的污水，滗水装置及其他操作过程，如溶解氧和排泥等均实行中央自动控制。

典型工艺流程参考图 12-3。

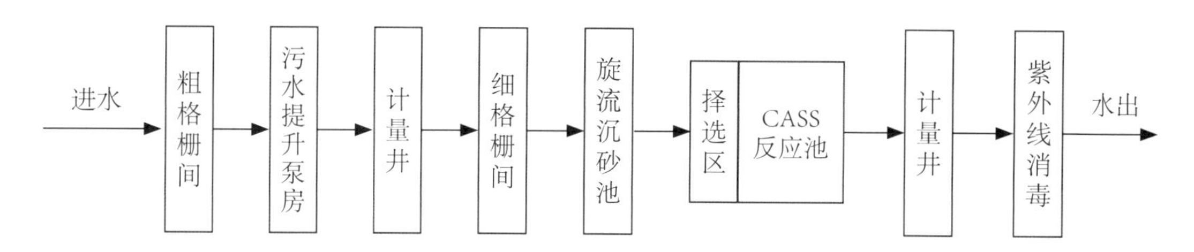

图 12-3 污水处理典型工艺——CAST 工艺

CAST 工艺的主要优点如下。

（1）具备较高的抗冲击负荷能力，对于进水水量、水质的变化有较强的适应性；在出现水力冲击负荷时，可简单地通过改变操作循环而予以缓冲。

（2）在同一池子中进行生物过程和泥水分离过程，无须设置初沉池和二次沉淀池，加大了生化反应的生物体量，提高了基质降解速率。

（3）无论是在厌氧段或好氧段，在系统中都同时进行硝化和反硝化，因而具有除磷脱氮的功能。

（4）反应池进水端设置了生物选择区，集中接纳进水较高浓度的有机物来水，与一部分回流活性污泥相混合，有利于絮凝性细菌的生长，抑制了专性好氧丝状菌，有效地防止了污泥膨胀，形成了沉淀性能良好的活性污泥，稳定化程度高。

（5）因静止沉淀从表面撇水排出，从而保证了出水水质，处理出水无须沙滤池或絮凝滤池等的处理即可达到很高的水质要求。

（6）能实现生物除磷，并可在系统中进行过程优化。

（7）占地少，基建费用低，池容积小于传统活性污泥法中的初沉池、曝气及二沉池的总和；运行费用较低。

（8）采用组合式模块结构设计，方便分期建设和扩建工程。

（9）系统组成简单，运行灵活。

CAST 工艺的主要缺点是自动化程度高，运行管理较复杂，要求较高的设备维护水平；设备闲置率高，维修工作量大。

4. A/O 工艺

1）缺氧 / 好氧脱氮工艺

A/O 工艺根据其不同目的可分为缺氧 / 好氧工艺和厌氧 / 好氧工艺两种。A 表示缺氧时，O 表示好氧，A/O 即为缺氧 / 好氧工艺，这种工艺是在传统活性污泥法的基础上，加入缺氧生物处理，达到污水脱氮的目的。

在一般污水处理的脱氮过程中，污水中的有机氮首先经过胺化过程转变为氨态氮，然后经硝化反应转变为亚硝酸氮和硝态氮，最后经过反硝化作用转变为氮气。在上述反应过程中，有机物的胺化过程不需要太多的能量，但硝化和反硝化过程是一个耗能的反应过程，这意味着如果没有提供足够的碳源或其他能源，将无法完成硝化和反硝化过程。

在 A/O 脱氮工艺中，污水在好氧条件下使含氮有机物被细菌分解为氨，然后在好氧自养型亚硝化细菌的作用下进一步转化为亚硝酸盐，再经好氧自养型硝化细菌作用转化为硝酸盐，完成硝化反应，同时，一些好氧微生物对污水中的有机物质进行分解利用。在缺氧条件下，兼性异养细菌利用或部分利用污水中的有机碳源为电子供体，以硝酸盐替代分子氧作电子受体，进行无氧呼吸，分解有机质，同时，将硝酸盐中氮还原成气态氮，完成反硝化反应。A/O 脱氮工艺不但能取得比较满意的脱氮效果，而且通过上述缺氧－好氧循环操作，同样可取得较高的 COD 和 BOD 去除率。

缺氧 / 好氧生物脱氮工艺的优点如下。

（1）工艺简单，构筑物少，可以节省基建资金和运行成本，占地面积较小。

（2）缺氧池在前，原水中的有机碳源可用于微生物脱氮，无须添加额外的碳源，减少了工艺的运行成本。

（3）微生物脱氮反应较彻底。

缺氧 / 好氧生物脱氮工艺的缺点如下。

（1）由于好氧池被置于缺氧池之后，硝化反应是相对较彻底的，因此进入二沉池的混合物中含有一定量的硝态氮，沉淀池内一旦因为操作问题产生了反硝化反应，就会产生大量氮气，导致污泥上浮，导致出水水质恶化。

（2）A 段中氧气浓度过低，相关的聚磷菌不能很好生长，对磷的转化去除能力下降，除磷效果不理想。

2）厌氧 / 好氧除磷工艺

A 表示厌氧时，A/O 工艺即为厌氧 / 好氧工艺，这种工艺是在传统活性污泥法的基础上，加入厌氧生物处理，达到污水除磷的目的。A 段中，在厌氧状态下（没有溶解氧和硝态氮存在），兼性菌将溶解性有机物转化成挥发性脂肪酸（VFA）；聚磷菌把细胞内的聚磷酸盐水解为磷酸盐排出体外，并从中获得能量，吸收污水中易降解的有机物，同化成聚 β －羟基丁酸（PHB）等有机物贮存于细胞内。

O 段的氧浓度正常甚至高于一般水平，好氧微生物利用有机物进行生长繁殖，使有机物被分解。聚磷菌以分子氧或化合态氧作为电子受体，氧化代谢体内贮存的 PHB 等物质，并产生能量，过量地从污水中摄取磷酸盐，一部分被用来合成高能物质 ATP，另外的绝大部分则被合成为聚磷酸盐而贮存在细胞内，通过剩余污泥的排放实现高效生物除磷的目的。

A/O 生物除磷工艺的优点如下。

（1）操作简便，不仅能够分解有机物，还能有效降低磷含量。

（2）在厌氧池内首先会分解一部分有机物，减轻了好氧池的压力，丝状菌难生长，不会影响污泥的正常沉降。

（3）水力停留时间短。

（4）剩余污泥中磷含量较高，农业可利用率较高。

A/O 生物除磷工艺的缺点如下。

（1）受条件限制，磷不会被彻底去除。

（2）在二沉池中，如果污泥不能被及时回流，被吸收的磷再次被释放出来，会在很大程度上降低去除率，造成外排水中磷含量超标。

5. A^2/O 工艺

A^2/O 工艺即厌氧 - 缺氧 - 好氧工艺。此工艺是在 A/O 法生物除磷系统的基础上增加一个缺氧过程，通过厌氧区、缺氧区和好氧区的各种组合以及不同的污泥回流方式来去除水中的有机污染物和氮、磷。其典型的运转方式见图 12-4。

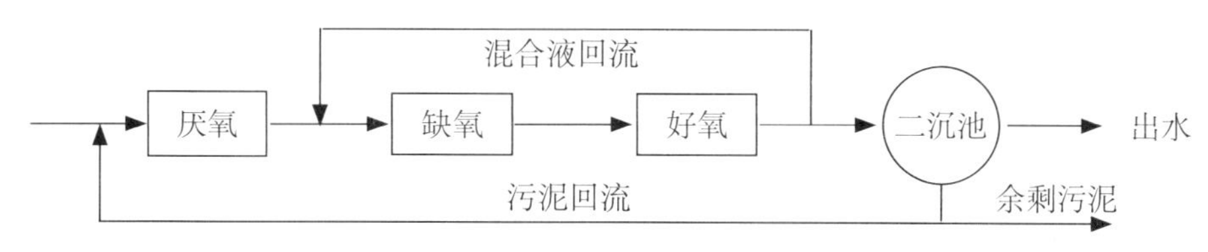

图 12-4 污水处理典型工艺——A^2/O

被收集的污水被引入厌氧区（DO < 0.2 mg/L），这个区域内的兼性厌氧细菌可以将一些种类的有机大分子发酵分解为挥发性脂肪酸（VFA）等小分子物质。厌氧区内的聚磷菌将体内贮存的聚磷酸盐分解，释放出能量维持自身生存，同时还能将环境中的挥发性脂肪酸摄取到体内，转化为聚 β - 羟基丁酸（PHB）。厌氧区出水进入缺氧区（DO ≤ 0.5mg/L），由于从好氧区回流的液体富含硝酸盐，缺氧区内的反硝化细菌利用污水中未分解的有机物为碳源，使硝酸盐发生反硝化反应生成氮气，在去除有机物的同时实现了脱氮的目的。上述两个区域都设有搅拌器，使污泥持续处在悬浮状态下。废水进入好氧区后，有机物被进一步氧化分解，聚磷菌将体内的 PHB 分解用于机体生长繁殖，同时大量吸收水体中的磷酸盐，以聚磷酸盐的形式在体内贮存。最终，废水中的有机物、氮、磷都得到了有效去除。

该项工艺主要优点如下。

（1）流程简单，总水力停留时间少于其他同类工艺，节省基建投资。

（2）该工艺在厌氧、缺氧、好氧环境下交替运行，有利于抑制丝状菌的膨胀，SVI 一般小于 100，可改善污泥沉降性能。

（3）该工艺不需要外加碳源，厌氧、缺氧池只需缓速搅拌，节省运行费用。

（4）理想的推流过程使生化反应推动力增大，效率提高，净化效果好。

（5）耐冲击负荷，对污水有稀释、缓冲作用，有效抵抗水量和有机物的冲击。

（6）工艺过程中的各工序可根据水质、水量进行调整，运行灵活。

（7）适当控制运行方式，实现厌氧、缺氧、好氧状态交替，具有良好的脱氮除磷效果。

但传统 A^2/O 工艺也存在着本身固有的缺点，如下所示。

（1）进入沉淀池的处理水要保持一定浓度的溶解氧，减少停留时间，防止产生厌氧状态和污泥释放磷的现象出现，但溶解氧浓度也不宜过高，以防循环混合液对缺氧反应器的干扰。

（2）由于除磷主要通过排泥，而污泥增长有一定限度，不易提高，因此除磷效果难再提高，

12.2.3 常用二级生化处理工艺——生物膜法

生物膜法是与活性污泥法并列的一类废水好氧生物处理技术，是生物净化过程的人工化和强化，主要去除废水中溶解性的和胶体状的有机污染物。

生物膜法污水处理技术主要是利用附着生长于某些固体物表面的微生物（即生物膜）进行有机污水处理。生物膜是由高度密集的好氧菌、厌氧菌、兼性菌、真菌、原生动物以及藻类等组成的生态系统，其附着的固体介质称为滤料或载体。生物膜自滤料向外可分为厌气层、好气层、附着水层和运动水层。

生物膜法净化污水的机理如下。

（1）依靠固定于载体表面上的微生物膜来降解有机物，由于微生物细胞几乎能在水环境中任何适宜的载体表面牢固地附着、生长和繁殖，由细胞内向外伸展的胞外多聚物使微生物细胞形成纤维状的缠结结构，因此生物膜通常具有孔状结构，并具有很强的吸附性能。

（2）生物膜附着在载体的表面，是高度亲水的物质，在污水不断流动的条件下，其外侧总是存在着一层附着水层。生物膜是由细菌、真菌、藻类、原生动物、后生动物和其他一些肉眼可见的生物群落组成，形成由有机污染物－细菌－原生动物（后生动物）组成的食物链。其中细菌一般有假单胞菌属、芽孢菌属、产碱杆菌属、动胶菌属以及球衣菌属。原生动物多为钟虫、独缩虫、等枝虫、盖纤虫等。后生动物只有在溶解氧非常充足的条件下才出现，且主要为线虫。污水在流过载体表面时，污水中的有机污染物被生物膜中的微生物吸附，并通过氧向生物膜内部的扩散，在膜中发生生物氧化等作用，从而完成对有机物的降解。产生的二氧化碳等无机物又沿着相反的方向，即从生物膜经过附着水层转移到流动的废水中或空气中去。生物膜表层生长的是好氧和兼氧微生物，而在生物膜内层的微生物则往往处于厌氧状态，当生物膜逐渐增厚，厌氧层的厚度超过好氧层时，会导致生物膜的脱落，而新的生物膜又会在载体表面重新生成。通过生物膜的周期更新，可维持生物膜反应器的正常运行。

（3）生物膜法通过将微生物细胞固定于反应器内的载体上，实现了微生物停留时间和水力停留时间的分离。载体填料的存在对水流起到强制紊动的作用，同时可促进水中污染物质与微生物细胞的充分接触，从实质上强化了传质过程。生物膜法克服了活性污泥法中易出现的污泥膨胀和污泥上浮等问题，在许多情况下不仅能代替活性污泥法用于城市污水的二级生物处理，而且还具有运行稳定、抗冲击负荷强、占地面积少、更为经济节能、具有一定的硝化反硝化功能等优点。

生物膜法与活性污泥法相比，具有以下特点。

（1）生物相多样化。生物膜是固定生长的，能够栖息增殖速度慢、世代时间长的

细菌和较高级的微型生物，如硝化菌，它的繁殖速度要比一般的假单胞菌慢 40 ～ 50 倍，故用生物膜法可获得很高的脱氮能力。在生物膜上出现的生物除细菌、原生动物外，还能出现在活性污泥中比较少见的真菌、藻类、后生动物以及大型的无脊椎生物等。

（2）生物量多，设备处理能力大。生物膜法普遍的特点之一是膜具有较少的含水率，单位体积内的生物量有时可达到活性污泥的 5 ～ 20 倍，因此处理构筑物具有较大的处理能力。

（3）剩余污泥的产量少。在生物膜中，食物链较活性污泥更长，剩余污泥量较活性污泥法的要少。生物膜厌气层中的厌气菌能降解好气过程合成的剩余污泥，从而使总的剩余污泥量大大减少，这对于污泥处置是很有利的。

（4）运行管理比较方便。生物膜法不需要污泥回流，易于维护管理，而且由于微生物固着生长，不会出现污泥膨胀问题，还可以充分利用丝状菌的氧化能力。

（5）工艺过程比较稳定。有机负荷和水力负荷的波动影响较小，即使工艺设备遭到较大的破坏，也可以较快恢复。由于固着生长的特点，处理构筑物还可间歇运行。

（6）动力消耗较少。当采用在填料下直接曝气时，由于气泡的再破裂提高了充氧效率，加上厌气膜不消耗氧的特性，故一般动力消耗较活性污泥法要小。

生物膜法和活性污泥法相比，具有如下一些缺点。

（1）需要较多的填料和填料的支撑结构，在某些情况下基本建设投资超过活性污泥法。

（2）出水带有许多非常细小的生物碎片，这些碎片由于缺乏类似活性污泥的生物絮凝能力，故出水较混浊。

生物膜法处理技术有生物滤池（普通生物滤池、高负荷生物滤池、塔式生物滤池）法、生物转盘法、生物接触氧化法和生物流化床法等。

1. 生物接触氧化法

生物接触氧化法是一种好氧生物膜污水处理方法，介于普通活性污泥法与生物滤池两者之间。该系统由浸没于污水中的填料、填料表面的生物膜、曝气系统和池体构成。该工艺具备淹没式生物滤池特征，其工作原理是在池内充填填料，已经充氧的污水浸没全部填料，并以一定的流速流经填料，在填料上布满生物膜，污水与生物膜广泛接触，在生物膜上微生物新陈代谢功能的作用下，污水中有机物得到去除，污水得到净化。

该法中微生物所需氧由鼓风曝气供给，由于内部的缺氧环境势必导致生物膜内层供氧不足甚至处于厌氧状态，这样在生物膜中形成了由厌氧菌、兼性菌和好氧菌以及原生动物和后生动物形成的长食物链的生物群落，能有效地将不能好氧生物降解的 COD 部分厌氧降解为可生化的有机物。生物膜生长至一定厚度后，填料壁的微生物会因缺氧而进行厌氧代谢，产生的气体及曝气形成的冲刷作用会造成生物膜的脱落，并促进新生物膜的生长。典型工艺流程如图 12-5 所示。

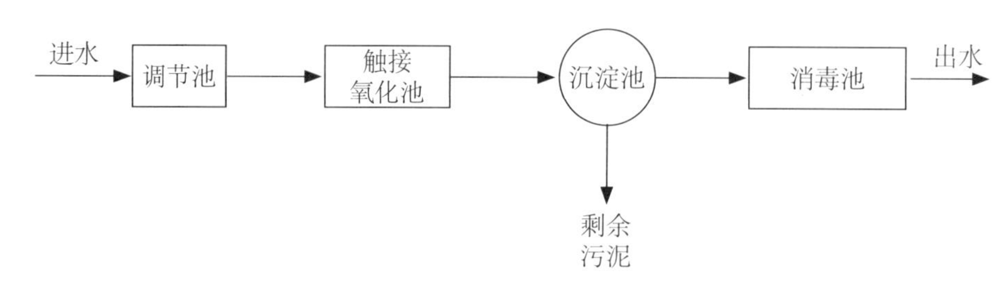

图 12-5 污水处理典型工艺——接触氧化

生物接触氧化法兼有活性污泥法及生物膜法的特点，主要优点如下。

（1）生物接触氧化工艺内置填料具有较大的比表面积，可以形成高稳定性、高密度的生态体系，生物量大，缩短挂膜时间，并减小设备体积及占地面积。池内的生物固体浓度高于活性污泥法和生物滤池的固体浓度，具有较高的容积负荷。

（2）污泥浓度高，污泥龄长，剩余污泥产量少，性质稳定，不需污泥回流，不易发生污泥膨胀现象。

（3）处理效率高，能适应较宽范围的污水有机负荷变化，具有较强的抗水质水量冲击负荷能力，对某些难降解有机物分解能力较强。

（4）生物接触氧化工艺对氧的利用率是传统活性污泥法的 4 ～ 9 倍，节省 20% ～ 30% 的动力消耗，运行费用较低。

（5）设备简单，易操作，处理时间短，运行管理较活性污泥法简单。

生物接触氧化法存在的主要问题如下。

（1）池内填料间的生物膜有时会出现堵塞现象，当填料下部的曝气系统发生故障时，维修工作十分麻烦。

（2）填料易老化，一般 4 ～ 6 年需更换一次；需定期反洗，产水率低。

（3）由于前端物化处理后废水中 SS 含量较低，生物膜固着的载体较少，导致生物膜密度较小，易造成脱膜，脱落的生物膜在二沉池沉淀效果较差。

（4）布水、曝气不易均匀，易出现死区。

2. 生物滤池法

生物滤池法是依靠废水处理构筑物内填装的填料的物理过滤作用，以及填料上附着生长的生物膜的好氧氧化、缺氧反硝化等生物化学作用联合去除废水中污染物的人工处理技术。其工艺原理为：在滤池中装填一定量粒径较小的粒状滤料，滤料表面生长着生物膜，滤池内部曝气，污水流经时，利用滤料上高浓度生物量的强氧化降解能力对污水进行快速净化，此为生物氧化降解过程；同时，因污水流经时滤料呈压实状态，利用滤料粒径较小的特点及生物膜的生物絮凝作用，截留污水中的大量悬浮物，且保证脱落的生物膜不会随水漂出，此为截留作用；运行一定时间后，因水头损失的增加，需对滤池进行反冲洗，以释放截留的悬浮物并更新生物膜，此为反冲洗过程。

生物滤池的主要优点如下。

（1）处理能力强。细小的填料颗粒提供了巨大的比表面积，使滤池单位体积内保持较高生物量，而且填料上的生物膜较薄，活性较高，使得该工艺具有高水力负荷和高容积负荷。

（2）抗冲击能力强。由于滤料的高比表面积，当外加有机负荷增加时，滤料表面的高生物活性的生物膜上的微生物可以快速增殖，另一方面由于整体生物滤池的缓冲能力使得生物滤池受水质水量变化影响小。

（3）出水水质高。由于滤料表面高活性生物膜对 COD、BOD 和氨氮等污染物的高效去除、填料本身截留和表面生物膜的生物絮凝作用，可吸附、截留一些难降解物质，去除 SS，使得处理后的出水水质很好。

（4）易挂膜，启动快。生物滤池在水温 10 ～ 15 ℃时，2 ～ 3 周即可完成挂膜过程。在暂时不使用的情况下可关闭运行，滤料表面的生物膜不会死亡，一旦通水曝气，可在很短的时间内恢复正常，非常适合一些水量变化大的地区的污水处理。

（5）占地面积少，基建投资省。该工艺生化反应和过滤在一个单元中进行，处理装置结构紧凑，无需二沉池，同时，由于生物膜的高数量和高活性使其可在较短的停留时间内对污水进行快速净化，节约占地面积，节省基建投资。

（6）结构模块化，运行管理方便，便于维护和进行后期的改扩建。此方法可与其他传统工艺组合使用，对老厂进行技术改造。此外，还可建成封闭式厂房，减少臭气、噪声对周围环境的影响，视觉景观好。

生物滤池法的主要缺点如下。

（1）要求预处理。由于生物滤池采用的填料粒径一般都比较小，如果进水 SS 较高，会使滤池在很短的时间内达到设计的水头损失，发生堵塞，这样就导致频繁的反冲洗，增加了运行费用与管理的不便，因此要求对进水 SS 进行预处理。

（2）需要定期反冲洗，清洗滤池中截留的 SS，同时更新生物膜。在反冲洗操作中，短时间内水力负荷较大，反冲出水直接回流入初沉池，会对初沉池造成较大的冲击负荷，因此该工艺需要一个污泥缓冲池，以减轻对初沉池的冲击负荷。

（3）水头损失较大，对废水的总提升高度大。

（4）滤料流失。由于设计或运行管理不当，会造成滤料随水流失等问题。

常见的生物滤池类型包括低负荷生物滤池、高负荷生物滤池、塔式生物滤池和曝气生物滤池。

低负荷生物滤池滤料粒径较大，自然通风供氧，且进水 BOD 容积负荷较低，又称普通生物滤池或滴滤池。滤料是生物膜的载体，一般多采用实心拳状滤料，如碎石、卵石、炉渣和焦炭等。运行时，废水沿载体表面从上向下流过滤床，和生长在载体表面上的大量微生物及附着水密切接触进行物质交换。出水带有剥落的生物膜碎屑，需用沉淀池分离。生物膜所需要的溶解氧直接或通过水流从空气中取得。在普通生物滤池中，生物黏膜层较厚，贴近载体的部分常处在无氧状态。

普通生物滤池工艺的优点是处理效果好，BOD 的去除率可达 90% 以上，出水 BOD 可下降到 25 mg/L 以下，硝酸盐含量在 10 mg/L 左右，出水水质稳定，运行管理较简单。

缺点是占地面积大，易于堵塞，灰蝇很多，影响环境卫生。后来，人们通过采用新型滤料，革新流程，提出多种形式的高负荷生物滤池，使负荷率比普通生物滤池提高数倍，池体积大大缩小。

高负荷生物滤池是在低负荷生物滤池的基础上，通过限制进水 BOD 含量并采取处理出水回流等技术获得较高的滤速，将 BOD 容积负荷提高 6 ～ 8 倍，同时确保 BOD 去除率不发生显著下降。滤料的粒径较大，一般采用卵石、石英石和花岗岩等。一般进入高负荷生物滤池的 BOD_5 值必须低于 200 mg/L，否则应采用处理水回流技术对原水进行稀释处理。

塔式生物滤池的构筑物呈塔式，塔内分层布设轻质滤料（填料），废水由上往下喷淋的过程中，与滤料上的生物膜及自下向上流动的空气充分接触，使废水获得净化。在整个塔体上，沿高度方向用格栅分成数层，以支承滤料和生物膜的质量。滤料的要求与普通生物滤池基本相同，但还要求滤料的容重要小，要有较大的空隙率，以利于通风和排出脱落的生物膜。塔式生物滤池进水 BOD 浓度可以提高到 500 mg/L，污水与空气及生物膜的接触非常充分，较高的水力负荷又使生物膜受到强烈的水力冲刷，从而使生物膜不断脱落、更新。

曝气生物滤池是由接触氧化和过滤相结合的一种生物滤池，工艺要求的设备体积和占地面积较小，而且没有二沉池；这种工艺对水质变化不敏感，处理效果稳定；构筑物主要以模块的形式进行建造，便于后期改扩建。曝气生物滤池与普通活性污泥法相比，具有有机负荷高、占地面积小（是普通活性污泥法的 1/3）、投资少（节约 30%）、不会产生污泥膨胀、氧传输效率高、出水水质好等优点，但它对进水 SS 要求较严（一般要求 SS 浓度 ≤ 100 mg/L，最好 SS ≤ 60 mg/L），因此对进水需要进行预处理。同时，它的反冲洗水量、水头损失都较大。

3. 膜生物法（MBR）

膜生物法是把生物反应与膜分离相结合，以膜为分离介质替代常规重力沉淀固液分离获得出水，并能改变反应进程和提高反应效率的污水处理方法，简称 MBR 法。膜组器是由膜组件、供气装置、集水装置、框架等组装成的基本水处理单元，是膜生物法污水处理工程进行固液分离的膜装置。污水中的有机物经过生物反应器内的微生物的降解作用，使水质得到净化。而膜的主要作用是将污泥与分子量大的有机物及细菌等截留于反应器内，使出水水质达标，同时保持了反应器内有较高的污泥浓度，加速生化反应的进行。

根据膜组器与生物反应器的组合方式，膜生物处理系统分为浸没式膜生物处理系统和外置式膜生物处理系统。浸没式膜生物处理系统是指膜组器浸没在生物反应池中，污染物在生物反应池进行生化反应，利用膜进行固液分离的设备或系统。外置式膜生物处理系统是指膜组器和生物反应池分开布置，生物反应池内的活性污泥混合液泵入膜组器进行固液分离的设备或系统，产水排放或深度处理，浓缩的泥水混合物回流到循环浓缩池或生物反应池，形成循环。浸没式的能耗通常低于分置式，结构也比分置式更为紧凑，占地面积小，但缺点是膜通量相对较低，容易发生膜污染，不容易清洗和更换膜组件。

MBR 工艺与传统的废水生物处理工艺相比较，最大的优点是能有效地保持污泥活性。对大于膜孔径的分子、微生物和絮状物等有很好的截留，有利于形成高浓度的活性污泥，加快生化反应速率。具体优点如下。

（1）出水水质较好且稳定可靠，可直接回用，实现了污水资源化。且由于 MBR 膜组件取代了传统工艺中的二沉池，可解决由活性污泥膨胀引起的二沉池泥水分离效率低等问题。

（2）水力停留时间和固体停留时间分离。污泥停留时间较长，剩余污泥大大减少，加快生化反应速率。好氧膜生物反应器处理生活污水时污泥浓度一般为 10 ～ 20 g/L，最高可达 50 g/L。

（3）设备紧凑，占地面积小，约为常规生物处理工艺的二分之一。

（4）易于自动化控制管理。

（5）脱氮除磷效果较好。有利于硝化细菌的截留和繁殖，系统硝化效率高，通过运行方式的改变可达到脱氮和除磷功能。

（6）处理后的水细菌总数比较少，无须进行紫外线、臭氧消毒。

MBR 法的主要缺点是投资、运行费用高，能耗较高，存在膜污染问题。

12.2.4 常用二级生化处理工艺——净化沼气池

生活污水净化沼气池是分散处理生活污水的新型构筑物，适用于近期无力修建污水处理厂的城镇或城镇污水管网以外的单位、办公楼、居民点、旅游景点、住宅、宾馆、学校和公共厕所等。研究表明，冬季地下水温能保持在 5 ～ 9 ℃以上的地区，或在池上建日光温室升温可达此温度的地区，均可使用该净化池来处理生活污水和粪便。

1. 技术原理

生活污水净化沼气池是一个集水压式沼气池、厌氧滤器及兼性塘于一体的多级折流式消化系统。粪便经格栅去除粗大固体后，再经沉砂池进入前处理区进行沼气发酵，并逐步向后流动，生成的污泥及悬浮固体在该区的后半部沉降并沿倾斜的池底滑回前部，再与新进入的粪便混合进行沼气发酵。清液则溢流入前处理区，在这里与粪便以外的其他生活污水混合，进行沼气发酵，并向后流动经过厌氧滤器部分。填料上的生物膜重点细菌将污水进一步进行厌氧消化，再溢流入后处理池。前处理区是经过改进的水压式沼气池，后处理区为三级折流式兼性池，与大气相通，上部有泡沫过滤板拦截悬浮固体，以提高出水水质。

我国的沼气技术已经发展成熟，已有相关国家或行业标准。沼气利用方式可根据应用条件分为庭院式和集中式两大类。在以庭院式住宅形式为主的小城镇建设中，可利用庭院式沼气形式；在以多层甚至高层住宅形式为主的城镇中，可利用集中式沼气形式。庭院式沼气池的形式有固定拱盖的水压式池、大揭盖水压式池、吊管式水压式池、曲流布料水压式池、顶返水水压式池、分离浮罩式池、半塑式池、全塑式池和罐式池等，但归总起来大体由水压式沼气池、浮罩式沼气池、半塑式沼气池和罐式沼气池 4 种基本类型变化形成。集中式沼气形式的原料来源除了居民日常的生活垃圾、生活污水外，还可以利用乡镇企业，像造酒厂、副食品加工厂、养猪场等的有机废物，解决能源问题的同时，减少了环境污染。

2. 技术特点

生活污水净化沼气池是将分散的生活污水在源头就将其处理，改善了居住条件，保护了环境卫生，美化了城市。同时经处理的污水，可直接用于农田灌溉或排入江河水域中，减轻了水体富营养化，有利于保护水源清洁等，具有良好的环保效果。用这种方法来处理城镇生活污水，投资少，见效快。由于经过厌氧处理，使得污泥量减少 95%，清运污泥量随之减少，缓解了污泥处理压力。

12.2.5 常用深度处理工艺

当区域内收纳水体对农村生活污水处理设施的出水水质要求较高时，可考虑增加深度处理工艺，进一步去除污染物浓度，以满足出水水质要求。结合农村环境现状，深度处理方案设计尽量与村庄整体环境绿化美化、现有纳污坑塘综合整治等项目结合起来，形成独具特色的自然景观，最终实现治污项目与自然生态的完美融合。深度处理方案设计中可考虑的工艺包括人工湿地、氧化塘等。

1. 混凝沉淀法

混凝是指投加混凝剂，在一定水力条件下完成水解、缩聚反应，使胶体分散体系脱稳和凝聚的过程。絮凝是指完成凝聚的胶体在一定水力条件下相互碰撞、聚集或投加少量絮凝剂助凝，以形成较大絮状颗粒的过程。混凝过程是工业用水和生活污水处理中最基本也是极为重要的处理过程，通过向水中投加一些药剂（通常称为混凝剂及助凝剂），使水中难以沉淀的颗粒能互相聚合而形成胶体，然后与水体中的杂质结合形成更大的絮凝体。絮凝体具有强大的吸附力，不仅能吸附悬浮物，还能吸附部分细菌和溶解性物质。絮凝体通过吸附，体积增大而下沉。混凝沉淀法在水处理中的应用是非常广泛的，它对悬浮颗粒、胶体颗粒、疏水性污染物具有良好的去除效果，对亲水性、溶解性污染物也有一定的絮凝效果。混凝工艺对原水悬浮颗粒、胶体颗粒及相关有机物、色度物质、油类物质的浓度均无限制，处理效率有所不同。

常用的混凝剂有硫酸铝、明矾、三氯化铁、硫酸亚铁、聚合氯化铝、聚合硫酸铁等。聚合氯化铝是一种无机高分子混凝剂，是由于氢氧根离子的架桥作用和多价阴离子的聚合作用而生产的分子量较大、电荷较高的无机高分子水处理药剂。它主要通过压缩双层、吸附电中和、吸附架桥、沉淀物网捕等机理作用，使水中细微悬浮粒子和胶体离子脱稳、聚集、絮凝、混凝、沉淀，达到净化处理效果。

常用的絮凝剂有聚丙烯酰胺、活化硅酸、骨胶等，其中最常用的是聚丙烯酰胺。聚丙烯酰胺（PAM）为水溶性高分子聚合物，不溶于大多数有机溶剂，具有良好的絮凝性，可以降低液体之间的摩擦阻力，按离子特性分可分为非离子、阴离子、阳离子和两性型 4 种类型。

2. 人工湿地

1）基本概念

人工湿地是用人工筑成的水池或沟槽，底面铺设防渗漏隔水层，充填一定深度的基质层，种植水生植物，利用系统中“基质 + 水生植物 + 微生物”的物理、化学、生物的三重协同作用，通过基质过滤、吸附、沉淀、离子交换、植物吸收和微生物分解来实现对污水的高效净化。人工湿地的坑中要求放置大小不同的砾石，组成透水透气的地下结构，在上部安置布水系统，表面种植特选植物。通过种植特定的湿地植物，建立起一个人工湿地生态系统，当污水通过系统时，经砂石、土壤过滤以及植物根际的多种微生物活动，污水的污染物和营养物质被系统吸收、转化或分解，从而使水质得到净化。

2）技术原理

人工湿地污水处理技术的原理是通过人工建造和控制来运行与沼泽地类似的地面，将污水有控制地投配到湿地上，使污水在湿地土壤缝隙和表面沿一定方向流动的过程中，利用土壤、人工介质、植物、微生 的物理、化学、生物三重协同作用，对污水进行处理的一种技术。其生态系统的作用机理包括吸附、滞留、过滤、沉淀、微生物分解、转化、氧化还原、植物遮蔽、残留物积累、蒸腾水分和养分吸收及各类动物的其他作用等。系统中因植物根系对氧的传递释放，使其周围的环境中依次呈现出好氧、厌氧和缺氧状态，保证了废水中氮、磷不仅能被植物和微生物作为营养成分而直接吸收，而且还可以通过硝化、反硝化作用及微生物对磷的过量积累作用将其从废水中去除，老化的微生物作为肥料被植物吸收。

系统去除的污染物范围广泛，包括氮、磷、悬浮物、有机物、病原体等。在进水浓度较低的条件下，人工湿地对 BOD_5 的去除率可达 85% ～ 95%，COD 去除率可达 80% 以上，出水中 BOD_5 的浓度为 10 mg/L，SS 小于 20 mg/L。废水中大部分有机物作为异养微生物的养分，最终被转化为微生物有机体、CO_2 和水。人工湿地示意见图 12-6。

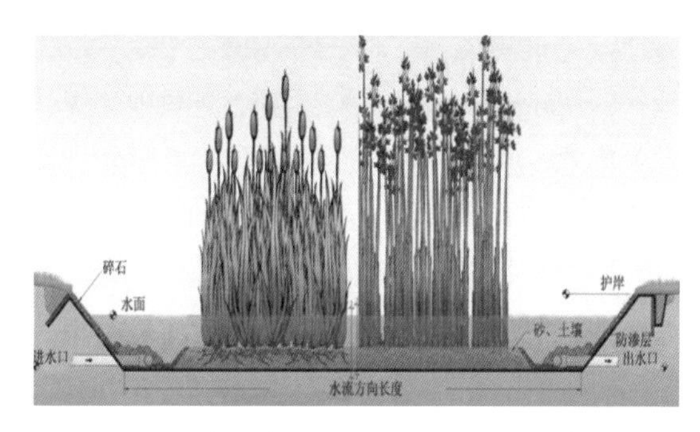

图 12-6 污水深度处理工艺——人工湿地

3）系统分类

人工湿地处理系统可以分为以下几种类型：自由水面人工湿地处理系统、潜流型人工湿地处理系统、垂直水流型人工湿地处理系统等。

人工湿地一般选用耐污能力强、根系发达、去污效果好、具有抗冻及抗病虫害能力、有一定经济价值、容易管理的本土植物，可选择一种或多种植物作为优势种搭配栽种，从而增加植物的多样性并具有景观效果。潜流人工湿地可选择芦苇、蒲草、荸荠、莲、水芹、水葱、茭白、香蒲、千屈菜、菖蒲、水麦冬、风车草、灯芯草等挺水植物。水面型湿地可选择菖蒲、灯芯草等挺水植物，凤眼莲、浮萍、睡莲等浮水植物，伊乐藻、茨藻、金鱼藻、黑藻等沉水植物。

（1）水面型湿地（Free-water surface wetland）。水面型湿地（见图 12-7）以地面布水，并保持一定水层，面水体呈推流，以地表出流为主要特征。工程通常维持原场地纵坡，辅以尽可能少的人工平整，底部不封闭，保持原貌不扰动，污水在缓坡上以推流形式缓慢流动，形成自由水面状态，水沿床面流动时，水面与空气之间可发生快速的气体交换。污水与土壤、植物，特别是与土壤表层由气生根、水生根和枯枝落叶等形成的湿地地表根毡层和植物茎秆上的生物膜相互作用而得到净化。本类型湿地具有工程简单、易于控制、运行调节较灵活的优点，但有机负荷和水力负荷较低、冬季运行难度较大。

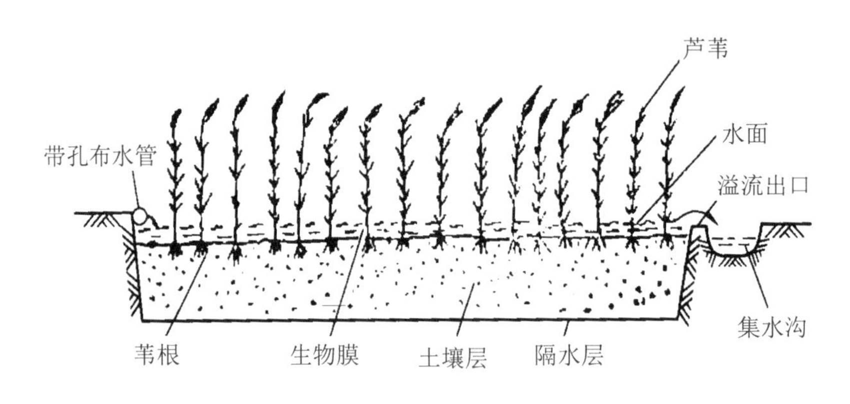

图 12-7　水面型湿地纵断面示意

（2）渗滤型湿地（Seepage wetland）。渗滤型湿地（见图 12-8）采用地表布水、经水平和垂直入渗汇入集水暗管和集水沟出流，它能充分利用地表和地下两部分的物理、化学和生物作用使污水得以净化。处理单元包括布水区和收水区两部分，并有进出水控制设施。单元设计主要考虑水力负荷、布水方式、集水系统布设位置、地下水位、土壤渗透性等。渗滤湿地的特点是：全年水力负荷大、污染物去除率高、能保证冬季安全连续运行、能维持湿地生态和植被的最佳生长条件，但工程投资较高。

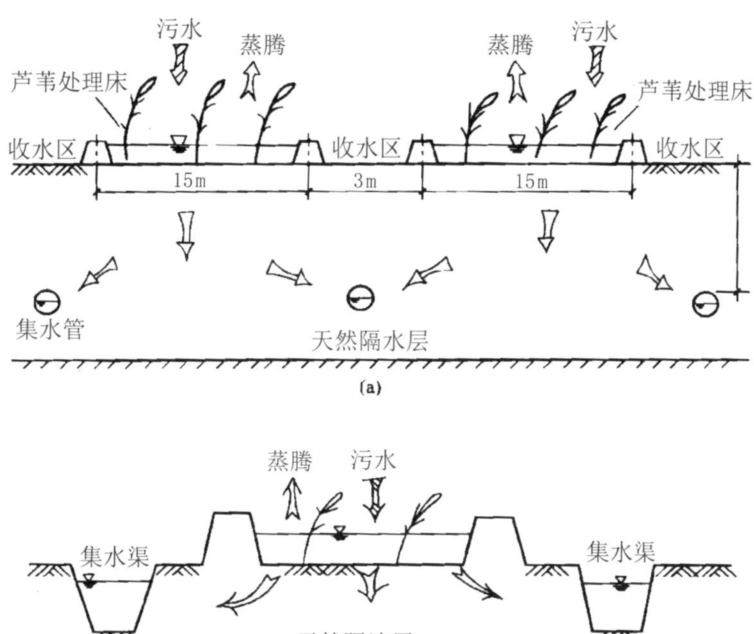

图 12-8　渗滤湿地工程结构与水流路径示意

（3）地下潜流型湿地 -I 型（Subsurface water flow wetland -I）。地下潜流型湿地 -I 型（见图 12-9）也称人工苇床或根区法（root-zone method）湿地。系统由渗透性较好的土壤或其他介质（碎石、粗砂等）与生长在其中的植被（通常为芦苇、蒲草等）组成。系统设有防渗层，底部具一定坡度，布水区与集水区为粒径约 10 mm 的砾石，污水沿介质水平渗流进入集水区。集水区底部设有多孔集水管，并与可调节系统内水位的出水管相连。此类系统的特点是水力负荷高、污染物负荷高、能安全连续运行，但一次性投资较高，介质选择要求较为严格。

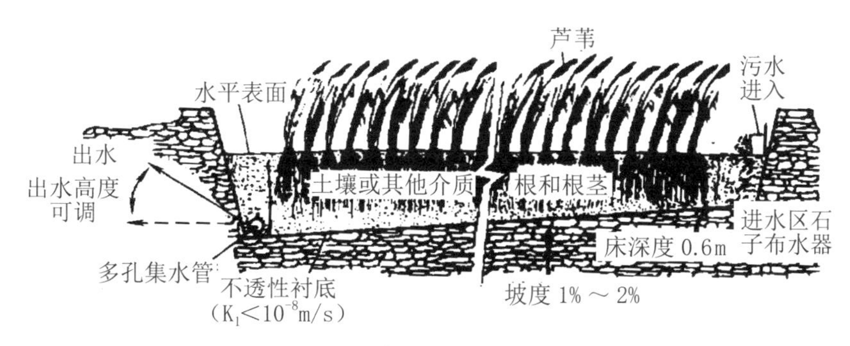

图 12-9 地下潜流型湿地 -I 型

（4）地下潜流型湿地 -II 型（Subsurface water flow wetland-II）。地下潜流型湿地 -II 型（见图 12-9）也称植物滤床（PF），通常采用间歇布水方式。其典型流程为：

原污水 → 布水器 → 配水井→ 植物滤床 → 集水与水位控制井 → 出水。与Ⅰ型不同的是，穿孔管间歇布水，水流路径为自上而下垂直下渗，介质为碎石或粗砂+原状土，植物多为芦苇，集水管位于系统底部。

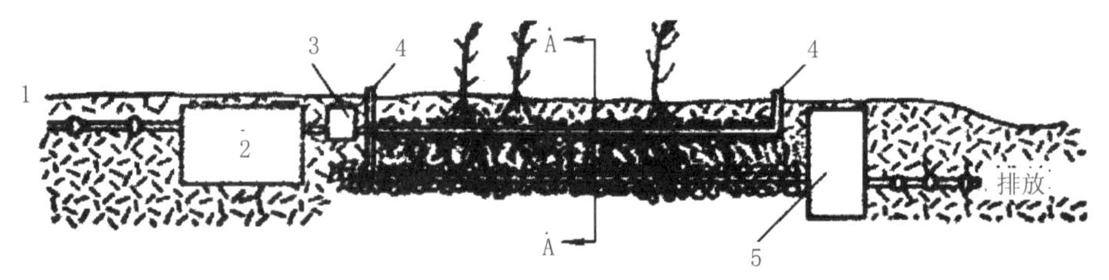

1—污水进水管；2—化粪池；3—布水景；4—通风管；
5—检查人孔（有时兼作消毒接触池）

(a)

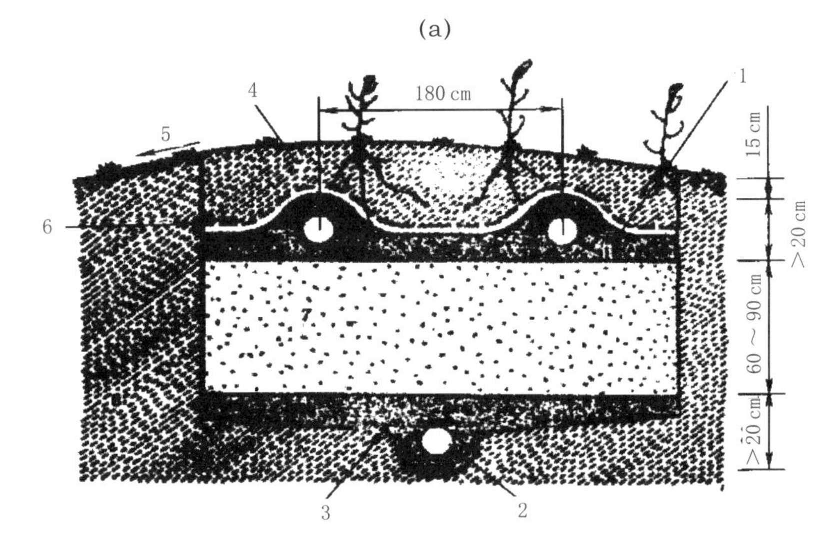

1—污水管；2—穿孔管或承插管（上覆一层不透水纸）；3—砂砾（6 ~ 37mm）；4—顶部填土；5—排水坡面；6—芦苇或排水纤维；7—砂砾（2 ~ 6 mm）；8—豆粒石

(b)

图 12-10　地下潜流型湿地 -II 型剖面
(a) 剖面图；(b) 剖面图 A-A

各种污水湿地处理工艺的特征比较如表 12-2 所示。

4）技术特点

人工湿地处理系统具有缓冲容量大、处理效果好、工艺简单、投资少、运行费用低等优点，非常适合中、小型村庄生活污水的集中处理。

湿地是地球上生产力最高的环境系统之一，在维持生态平衡等方面具有决定性作用，被形象地喻为“地球之肾”。湿地具有调蓄洪水、降解污染物、维持生物多样性和物种平衡、增加降水、调节局部气候等重要功能，同时在提供各类自然资源、发展旅游观光、实施教育科研等方面也有着不可替代的价值。

表 12-2 污水湿地处理工艺的比较

	水面湿地	渗滤湿地	潜流床 I 型	潜流床 II 型
介质	原状土壤; 低渗透性	原状土壤; 中等渗透性	碎石、粗砂、炉渣、土壤; 高渗透性	碎石、粗砂、细砂、土壤; 高渗透性
防渗层	天然隔水层、地下水顶托	天然隔水层、地下水顶托	人工防渗层，如塑料、HDPE 板、膨润土、土工布等	人工防渗层，如塑料、HDPE 板、膨润土、土工布等
布水方式	地表布水	地表布水	地下布水	地下布水
水面	有	有	无	无
布水器	溢流堰	水管	砾石布水器	穿孔管 + 滤布 + 碎石
水流路径	地表推流	垂直与水平入渗	水平渗透	垂直渗透
集水方式	明沟	穿孔 PVC 波纹管或侧渗明沟	滤层砾石	穿孔管 + 滤布 + 碎石
植物种类	天然或人工引种挺水植物、浮水植物等	天然或人工引种挺水植物、浮水植物等	人工引种挺水植物、花卉等	人工引种挺水植物、花卉等
来源	表面交换与植物传输	表面交换与植物传输	植物传输	植物传输
适用 范围	大中规模城市污水二级、三级处理工程	大中规模城市污水二级、三级处理工程	中小规模生活污水二级、三级处理工程	中小规模生活污水二级、三级处理工程
温度影响	较大	较小	中等	较大
有效处理部位	水柱中植物表面、土壤表层	水柱中植物表面、根毡层、土壤、植物根际	介质表面、植物根际	介质表面、植物根际

3. 氧化塘

氧化塘也称为稳定塘，是一种利用天然净化能力对污水进行处理的构筑物的总称。其净化过程与自然水体的自净过程相似，通过在塘中种植水生植物，进行水产和水禽养殖，形成人工生态系统，在太阳能作为初始能量的推动下，形成多条食物链，其中不仅有分解者生物即细菌和真菌，生产者生物即藻类和其他水生植物，还有消费者生物，如鱼、虾、贝、螺、鸭、鹅、野生水禽等，三者分工协作，对污水中的污染物进行更有效地处理与利用。污水进入氧化塘，其中的有机污染物不仅被细菌和真菌降解净化，而其降解的最终产物，一些无机化合物作为碳源、氮源和磷源，参与到食物网中的新陈代谢过程，并从低营养级到高营养级逐级迁移转化，最后转变成水生植物、动物等产物。氧化塘通常是将土地进行适当的人工修整，建成池塘，并设置围堤和防渗层，依靠塘内生长的微生物来处理污水，主要利用菌藻的共同作用处理废水中的有机污染物。污水在塘内通过长时间的停留，其有机物通过不同细菌的分解代谢作用后被微生物降解。由于氧化塘内繁殖有大量的藻类，对出水质量要求较高时，可考虑增加除藻设施。

按照塘内微生物的类型和供氧方式来划分，氧化塘可以分为厌氧塘、兼性塘、好氧塘、曝气塘。厌氧塘的原理与其他厌氧生物处理过程一样，依靠厌氧菌的代谢功能，使有机底物得到降解。反应分为两个阶段：首先由产酸菌将复杂的大分子有机物进行水解，转化成简单的有机物（有机酸、醇、醛等）；然后产甲烷菌将这些有机物作为营养物质，进行厌氧发酵反应，产生甲烷和二氧化碳等。氧化塘设施见图 12-11。

图 12-11　污水深度处理工艺——氧化塘

兼性塘是最常见的一种氧化塘，有效水深一般为 1.0 ～ 2.0 m，从上到下分为 3 层：上层好氧区，中层兼性区，塘底厌氧区。好氧区的净化原理与好氧塘基本相同。藻类进行光合作用，产生氧气，有机物在好氧菌的作用下进行氧化分解。兼性区的溶解氧含量较低，兼性细菌既能利用水中少量的溶解氧对有机物进行氧化分解，同时，在无分子氧的条件下，还能以 NO^{3-}、CO_3^{2-} 作为电子受体进行无氧代谢。厌氧区内不存在溶解氧，进水中的悬浮固体物质以及藻类、细菌、植物等死亡后所产生的有机固体下沉到塘底，形成 10 ～ 15 cm 厚的污泥层，厌氧微生物在此进行厌氧发酵和产甲烷发酵过程，对其中的有机物进行分解。

好氧塘是一种菌藻共生的污水好氧生物处理塘，深度一般为 0.3 ～ 0.5 m。阳光可以直接射透到塘底，塘内存在细菌、原生动物和藻类。好氧微生物利用水中的氧，通过好氧代谢氧化分解有机污染物，使之成为无机物 CO_2、NH^{4+}、和 PO_4^{3-}，并合成新的细胞。好氧塘内有机物的降解过程，实质上是溶解性有机污染物转化为无机物和固态有机物（细菌与藻类细胞）的过程。藻类则利用好氧细菌提供的二氧化碳、无机营养物以及水，通过光合作用形成新的藻细胞，释放出氧，提供给好氧细菌。此外，好氧塘中存在的浮游动物以细菌、藻类和有机碎屑为食物。

氧化塘的主要优点如下。

（1）能充分利用地形，结构简单，建设费用低。可以利用荒废的河道、沼泽地、峡谷、废弃的水库等地段建设，结构简单，大都以土石结构为主，具有施工周期短，易于施工和基建费低等优点。

（2）可实现污水资源化和回用，获得经济收益。氧化塘处理后的污水，可用于农业灌溉，也可在处理后的污水中进行水生植物和水产的养殖。

（3）处理能耗低，运行维护方便，成本低。可在氧化塘中实现风能的自然曝气充氧，从而达到节省电能、降低处理能耗的目的。此外，在稳定塘中无须复杂的机械设备和装置，这使氧化塘的运行更能稳定并保持良好的处理效果。

（4）可将净化后的污水引入人工湖中，用作景观水源。

（5）污泥产量少，仅为活性污泥法的 1/10。前端带有厌氧塘或兼性塘的塘系统，通过塘底部的污泥发酵坑使污泥发生酸化、水解和甲烷发酵，从而使有机固体颗粒转化为液体或气体，实现污泥零排放。

（6）适应能力和抗冲击能力强，能承受污水水量大范围的波动，能够有效处理高浓度有机废水，也可以处理低浓度污水。

氧化塘的主要缺点如下。

（1）占地面积过多。

（2）气候对稳定塘的处理效果影响较大。

（3）若设计或运行管理不当，则会造成二次污染。

（4）易产生臭味和滋生蚊蝇。

（5）污泥不易排出和处理利用。

12.3 农村生活污水处理模式

随着农村生活污水处理工程的大面积推广，农村生活污水处理模式的选择是污水处理系统规划与建设的重要内容，是农村生活污水处理设施建设的关键。2015 年，李宪法等在《北京市农村污水处理设施普遍闲置的反思》一文中指出，导致处理设施闲置和停运的最主要原因在于技术路线的错误，即污水处理模式选择的不当。石卉琳在对影响临安市农村生活污水长效治理的因素研究中表明，处理模式的选择是影响农村生活污水长效治理的因素之一，因而需在考虑各村庄的基本特征上再充分选择，使其发挥正常的效力。由此，对农村生活污水处理模式进行优选在污水处理基础设施建设中占据着非常重要的地位。

近年来，建设部、环保部先后发布了一系列农村相关的标准和规范，如建设部 2008 年发布的《村庄整治技术规范》（GB 50445—2008）、2010 年发布的《小城镇污水处理工程建设标准》（建标 148—2010）、《关于印发分地区农村生活污水处理技术指南的通知》（建村〔2010〕149 号）和 2013 年环保部发布的《农村生活污水处理项目建设与投资指南》（环发〔2013〕130 号）等，涉及农村生活污水治理的内容，用以指导农村生活污水处理工程建设。在选取农村生活污水处理模式时应综合考虑当地村庄的自然条件、地形地貌、经济发展水平、人口规模和环境容量等因素，因地制宜地选取适用的生活污水处理技术和模式，合理布局、循序渐进地规划和建设生活污水处理设施。

污水处理模式是依据污水的流向，从污水收集、处理到排放整个过程固化下来的一套系统，如图 12-12 所示。从某种程度上讲，农村生活污水的收集方式决定了其处理方式，即不同的收集方式对应着不同的污水处理工艺；污水的处理方式又与尾水利用方式密切相关，例如人工湿地等生态污水处理方式也作为一种景观而存在，实现了尾水的资源化利用。基于此，农村生活污水处理模式无关乎集中与分散两种形式，二者是一个相对概念，从最为集中（纳入城市市政管网）到最分散（独户处理），各种方式各具特色，并适用于不同村落。

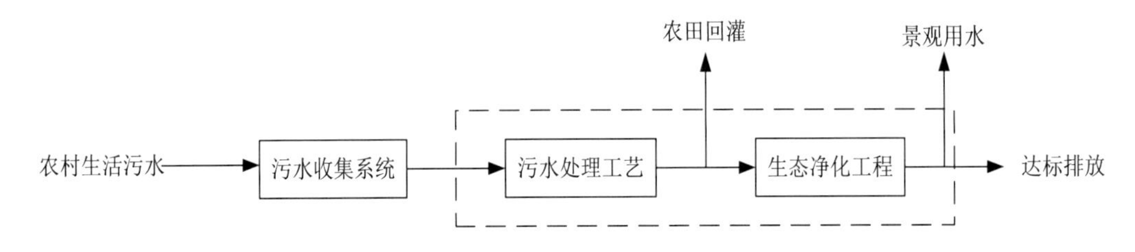

图 12-12 农村生活污水处理模式系统

我国幅员辽阔，地域广泛，分布着多种农村区域类型。因此，复杂的自然条件与发展历史所产生的村落差异使得“分类指导”成为农村生活污水处理的关键。基于此，根据村落的地形条件、农户分布及风俗习惯等特征，可将农村生活污水处理模式划分为城乡统一处理模式、村落集中处理模式和农户处理模式。

12.3.1 城乡统一收集方式

城乡统一收集方式是指邻近市区或城镇的村落统一铺设污水管网，污水收集后接入邻近的市政污水管网，利用城镇污水处理厂进行统一处理。由于该方式在村庄附近无须就地建设污水处理站，具有较高的经济性。但该模式对于村落所处的外部环境要求较高，适用于两种类型的村庄：一是村落内市政污水管道直接穿过，如图 12-13 中的村落 C；二是生活污水可依靠重力流直接流入市政污水管网，且距离市政污水管网 5 km 内的城市近郊村庄，如村落 A。

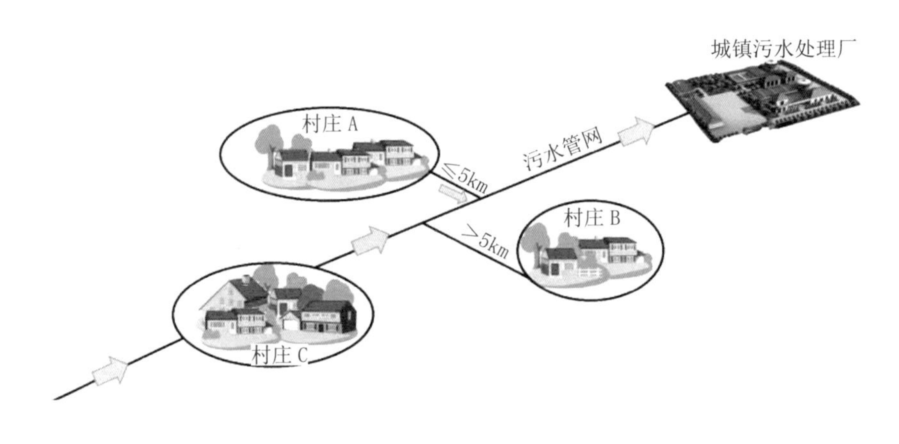

图 12-13 农村生活污水城乡统一收集方式

12.3.2 村落集中收集方式

村落集中收集方式是针对村庄中农户居住较集中，全部或部分具备全村管网敷设条件而采用管网收集、污水集中处理的模式，也是我国农村生活污水治理工程中应用最普遍的方式。通过在村庄附近建设一处农村生活污水处理设施，将村庄内全部污水集中收集输送至此就地集中处理。就我国广大农村区域而言，某些区域农村生活污水无法集中纳入市政管网，村落之间呈连片或独立分散分布，地势平坦，人口居住较为集中，该方式能够满足现阶段大部分需要建设处理工程的村落特征，成为当前国内外处理污水的新理念。图 12-14（a）中村庄 D 为独立分布村庄，图（b）中村庄 E、F 连片分布，其中，连片村庄处理适用于两个村庄人口规模较小、且彼此相距不远、能够满足污水处理站的管网高度落差。

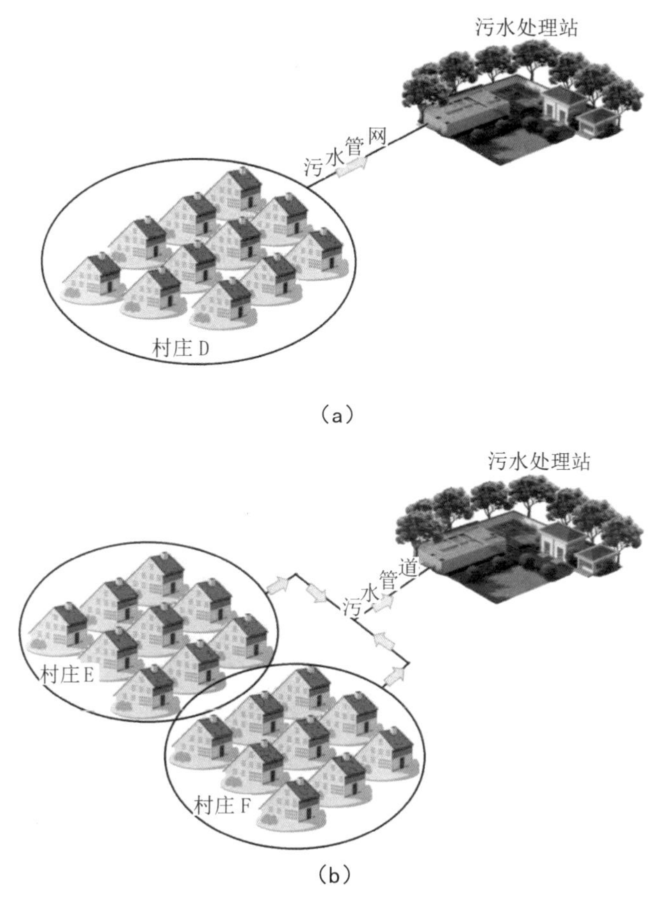

图 12-14 农村生活污水村落集中收集方式
（a）村庄独立分布；（b）村庄连片分布

12.3.3 农户分散收集方式

农户分散收集方式主要针对于当前无法集中铺设管网或集中收集处理的村落。在这种情况下对污水处理有两种方式：一是在农户自身庭院内建设污水处理设施或采用移动污水处理车进行污水处理，从而达到净化水质的目的，如图 12-15（a）所示。这种处理方式适用于居住较为分散的山区，由于农户居住分布较远，管网建设费用较高，加上村落规模较小，仅由几户构成，且邻近没有污水处理站。二是运用污水运输车将农户污水统一输送至就近污水处理站，如图 12-15（b）这种方式适合于农户居住附近具有污水处理站的情况，虽然无法铺设管网，但是可联合其他农户集中处理污水。

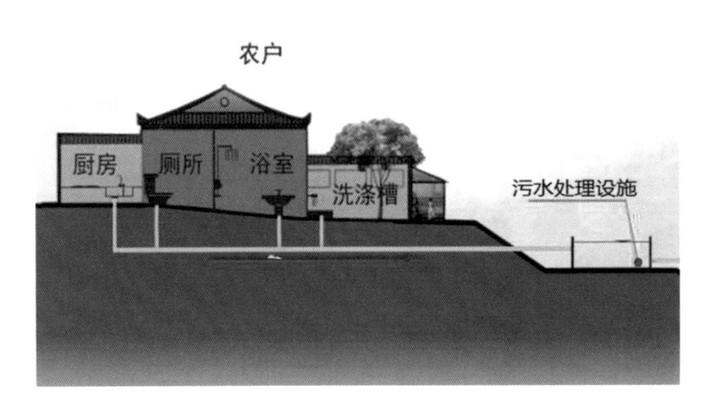

（a）

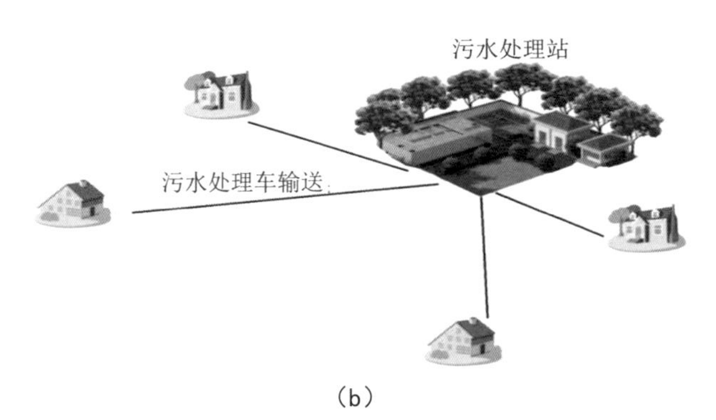

（b）

图 12-15 农村生活污水农户分散收集方式

（a）庭院污水处理系统；（b）农户分散收集、集中处理模式

参考文献

[1] 周律．中小城市污水处理厂处理投资决策与工艺技术 [M]. 北京：化学工业出版社，2002.

[2] 郑兴灿，李亚新．污水除磷脱氮技术 [M]. 北京：中国建筑工业出版社，1998.

[3] 米克尔 G • 曼特，布鲁斯 A • 贝尔． 污水处理的氧化沟技术 [M]． 袁懋梓，译．北京：中国建筑出版社，1988.

[4] 张自杰，林荣忱，金儒霖．排水工程 [M]. 下册，4 版． 北京：中国建筑工业出版社，2000.

[5] 钱宇婷，中小城镇污水处理工艺选择的优化研究 [D]. 成都：西南交通大学，2017.

[6] 张齐生．中国农村生活污水处理 [M]． 南京： 江苏科学技术出版社，2013.

[7] 谭学军，张惠锋，张辰．农村生活污水收集与处理技术现状及进展 [J]． 净水技术，2011，30(2)：5-9,13.

[8] 财政部经济建设司等． 农村环保专项资金管理参考手册 [M]． 北京：中国财政经济出版社，2011.

[9] 马涛，陈颖，吴娜伟．农村环境综合整治生活污水处理现状与对策研究 [J]． 环境与可持续发展，2017,42(04):26-29.

[10] 蒋展鹏．环境工程学 [M]． 北京：高等教育出版社，2005.

[11] 高延耀．水污染控制工程 [M]． 北京：高等教育出版社，2007.

[12] 郑元景，沈光范，等．生物膜法处理污水 [M]． 北京：中国建筑工业出版社，1983.

[13] 沈耀良．固定化微生物污水处理技术 [M]． 北京： 化学工业出版社，2002.

[14] 姜瑞，于振波，李晶，等． 生物接触氧化法的研究现状分析 [J]． 环境科学与管理，2013,38(05):61-63，93.

[15] 夏训峰，王明新，等． 农村水污染控制技术与政策评估 [M]． 北京：中国环境出版社，2013.

[16] 林琦． 生物滤池在污水处理中的应用 [J]． 环境保护与循环经济，2012,32(05):62-64.

[17] 尹士君，李亚峰，等．水处理构筑物设计与计算 [M]． 北京：化学工业出版社，2007.

[18] 韩剑宏 ． 中水回用技术及工程实例 [M]． 北京：化学工业出版社，2004.

[19] 张丹丹． 新型布膜生物反应器的开发及其优化运行研究 [D]． 上海：东华大学， 2013.

[20] 环境保护部．HJ 578—2010. 氧化沟活性污泥法污水处理工程技术规范 [s].

[21] 环境保护部．HJ 2014—2012. 生物滤池法污水处理工程技术规范 [s].

[22] 环境保护部．HJ 2010—2011. 膜生物法污水处理工程技术规范 [s].

[23] 环境保护部．HJ 2009—2011. 生物接触氧化法污水处理工程技术规范 [s].

[24] 环境保护部．HJ 577—2010. 序批式活性污泥法污水处理工程技术规范 [s].

[25] 环境保护部．HJ 576—2010. 厌氧 - 缺氧 - 好氧活性污泥法污水处理工程技术规范 [s].

[26] 环境保护部．HJ 2006—2010. 污水混凝与絮凝处理工程技术规范 [s].

[27] 环境保护部．HJ 2005—2010. 人工湿地污水处理工程技术规范 [s].

[28] 唐丽丽，王玉蕊，陈启华，等． 基于不同村落特征的农村生活污水处理模式研究 [J]． 乡村科技，2016(24)：37-38.

[29] 李宪法，许京骐．北京市农村污水处理设施普遍闲置的反思 [J]． 给水排水，2015,41(10):50-54.

[30] 石卉琳．临安市农村生活污水长效治理的影响因素及其对策研究 [D]． 浙江：浙江农林大学，2015.

[31] 陈漫漫．上海郊县农村生活污水治理模式研究——以闵行区浦江镇为例 [C]． 中国环境科学学会 2009 年学术年会．武汉：中国环境科学学会，2009. 447-452.

[32] 聂会兰，顾宝群，张贵良．新农村建设中生活污水处理对策 [J]． 河北工程技术高等专科学校学报，2010(02)：2-5.

[33] 赵雪莲，张煜，赵旭东，等．北京市新农村污水处理技术现状及存在问题 [J]． 北京水务，2010(01)：9-15.

第 13 章　农村生活垃圾和农业废弃物处理与资源化技术

13.1 农村生活垃圾和种植业废弃物的概述

13.1.1 农村生活垃圾的概念

农村生活垃圾是指在农村居民的日常生活中或为农村生活提供服务的活动中产生的固体废物以及法律、行政法规规定的视为生活垃圾的固体废物。在农村生态系统中，生活垃圾的来源主要是农村和乡镇居民的生活垃圾，其成分主要是厨房废弃物（废菜、煤灰、蛋壳、废弃的食品）、废塑料、废纸、碎玻璃、碎陶瓷、废纤维、废电池及其他废弃的生活用品等。

13.1.2 种植业废弃物的概念

种植业废弃物主要由 3 个方面组成，即种植业生产过程中的废弃物、种植业生产资料的废弃物和种植业初级加工废弃物。

1. 种植业生产过程中的废弃物

这是指在生产和收获粮食、蔬菜、水果以及其他经济性植物农作物时产生的废弃物，主要包括农作物的根茎、秸秆、叶、藤蔓、果壳等不能被作为人类食物的部分。

2. 种植业生产资料的废弃物

这主要是指种植业在生产过程中所投入的用于辅助生产的残余物，包括农业塑料残膜（主要是残留于土壤中尚未分解的农用地膜）、花卉和苗木培养或种植中使用的一次性塑料容器、化肥和农药包装袋等。

3. 种植业初级加工废弃物

这是指植物性农产品在初级加工过程中产生的废弃物，主要包括粮食作物脱壳、碾磨后形成的谷壳、麦麸、玉米芯等，油料作物生产植物油后形成的残渣，粮食在酿酒后形成的酒糟、废液，水果在制作成罐头或果酱后形成的果渣、废液，产糖作物在制糖后形成的残渣等。

13.1.3 农村生活垃圾和种植业废弃物处理存在的问题

长久以来，我国农村生活垃圾和种植业废弃物的处理一直没被重视，随着农村经济的发展和农民生活水平的提高以及农产品产量逐年增加，农村生活垃圾和种植业废弃物的产生量逐渐增多，生活垃圾的组成成分也越来越复杂。但是到目前为止，我国大多数农村基本没有任何的生活垃圾和种植业废弃物的处理设施，包括固定的垃圾堆放点和专门的垃圾收集处理系统。农村居民习惯性地将生活垃圾和种植业废弃物特别是秸秆随意倾倒在村前屋后的空地、沟道、河边及道路两边，既不美观，也不卫生。生活垃圾和种植业废弃物特别是秸秆的处置也仅仅是依靠农民自行的简单焚烧、填埋或直接还田。在焚烧处理过程中，没有任何的设备和技术处理，燃烧过程中产生的很多有毒气体直接排放到大气中，造成了垃圾的二次污染，特别是北方农村在农作物收获后大量焚烧秸秆产生的烟尘已成为北方秋冬季雾霾天气形成的重要因素。简单的填埋处理往往是将生活垃圾直接填埋到村里的自然沟壑或者坑洼处，严重污染周围的环境。而生活垃圾直接还田处理，垃圾中的有害物质渗入土壤，容易改变土壤性能，影响农作物的生长。

区域的经济发展水平在很大程度上决定了农村生活垃圾的处理情况。在经济相对发达的地区，如北京、深圳、上海、浙江及苏南的农村地区，垃圾处理状况要比其他的农村地区乐观一些。在一些经济较为落后的省份或者是农业大省的农村，农村生活垃圾和种植业废弃物随意堆放、不加处理的情况还是相当普遍的。另外，我国大部分农村地区缺乏来自政府的财政和政策支持，公共环境卫生设施普遍不足，而在政府的实际工作中，政府管理部门对农村环境卫生的管理处于一种近乎真空的状态。

13.2 农村生活垃圾的处理

在传统的农业经济条件下，农村生活垃圾产生后，通过直接或间接还田，几乎可全量循环，其循环途径如图 13-1 所示。

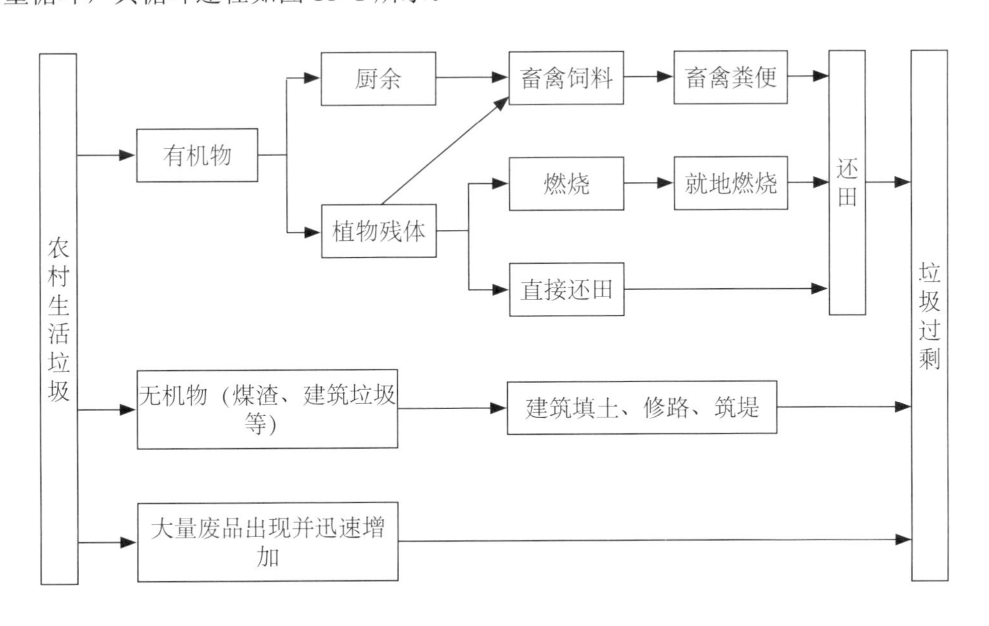

图 13-1 传统条件下农村生活垃圾循环

但随着我国经济的发展，农村经济不再是纯粹的农业经济，乡镇工业、商品流通业、服务业等渗入农村地区经济之中，在部分农村地区甚至已取代了传统的农业经济，成为农村居民收入的主要来源，许多农户成为非务农户。经济模式的变化对农村生活垃圾产生两方面基本影响：垃圾组成因工业制成品（来自农业系统外的）消费的增加而日趋复杂；农村生活垃圾中传统的循环途径，因农村居民生产与消费模式的变化而日趋萎缩。两者作用的结果均使日益增加的农村生活垃圾相对于原来或萎缩的农村环境消纳能力过剩了。农村生活垃圾成分越来越复杂、与城市生活垃圾越来越趋同是现在农村生活垃圾的特点。为了能更好地处理农村生产垃圾，首先要对农村生活垃圾进行分类。

13.2.1 农村生活垃圾的分类处理

1. 农村生活垃圾分类的概念

农村生活垃圾指农村日常生活中或者为农村日常生活提供服务的活动中产生的固体废物，以及相关行政法规规定视为农村生活垃圾的固体废物，不包括村内企业、作坊产生的工业垃圾、农业生产产生的农业废弃物、建筑垃圾和医疗垃圾等。

垃圾分类方法有很多。根据农村生活垃圾的实际情况，按处理与处置方式或资源回收利用的可能性可以把生活垃圾分为以下几类。

（1）可回收物，指适宜回收循环使用和资源利用的废物，包括纸类、塑料瓶、金属、玻璃、织物等。

（2）大件垃圾，指体积较大、整体性强，需要拆分再处理的废弃物品，包括废家用电器和家具等。

（3）可堆肥垃圾，指生活垃圾中适宜于利用微生物进行发酵处理并制成肥料的物质，包括蔬菜的不可食用部分和枯枝败叶，瓜果皮、壳和剩余饭菜等易腐垃圾。

（4）可燃垃圾，指生活垃圾中可燃烧的垃圾，包括植物类垃圾，不适宜回收的废纸类、废塑料橡胶、旧织物用品、废木等。

（5）有害垃圾，指生活垃圾中对人体健康或自然环境造成直接或潜在危害的物质，包括废日用小电子产品、废油漆、废灯管、废日用化学品和过期药品等。

2. 农村生活垃圾分类的原则

农村生活垃圾分类应结合本地区垃圾的特性和处理方式选择分类方法。

（1）采用焚烧处理生活垃圾的区域，宜按可回收物、可燃垃圾、有害垃圾、大件垃圾和其他垃圾进行分类，详见图 13-2。

（2）采用卫生填埋处理生活垃圾的区域，宜按可回收物、有害垃圾、大件垃圾和其他垃圾进行分类，详见图 13-3。

3）采用堆肥处理垃圾的区域，宜按可回收物、可堆肥垃圾、有害垃圾、大件垃圾和其他垃圾进行分类，详见图 13-4。

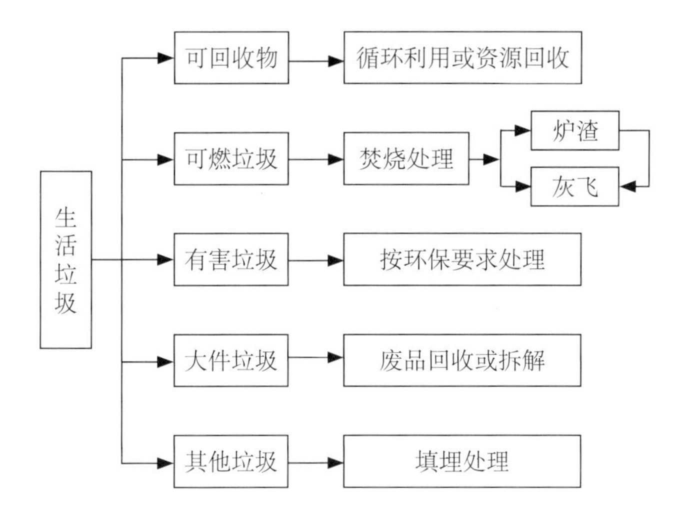

图 13-2 采用焚烧处理地区的垃圾分类方式

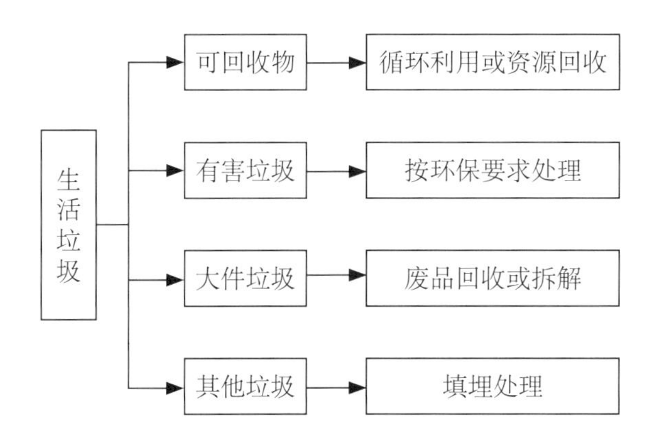

图 13-3 采用填埋处理地区的垃圾分类方式

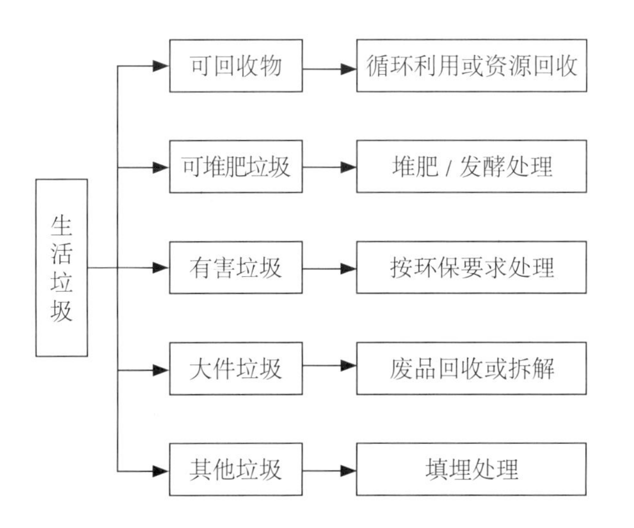

图 13-4 采用堆肥处理地区的垃圾分类方式

13.2.2 农村生活垃圾的处理及资源化技术

目前，生活垃圾的处理技术种类很多，主要包括垃圾填埋技术、垃圾焚烧技术和资源化利用技术。图 13-5 为近几年各省生活垃圾处理技术的构成及各项技术所占比例。天津市的生活垃圾处理技术主要是填埋和焚烧。

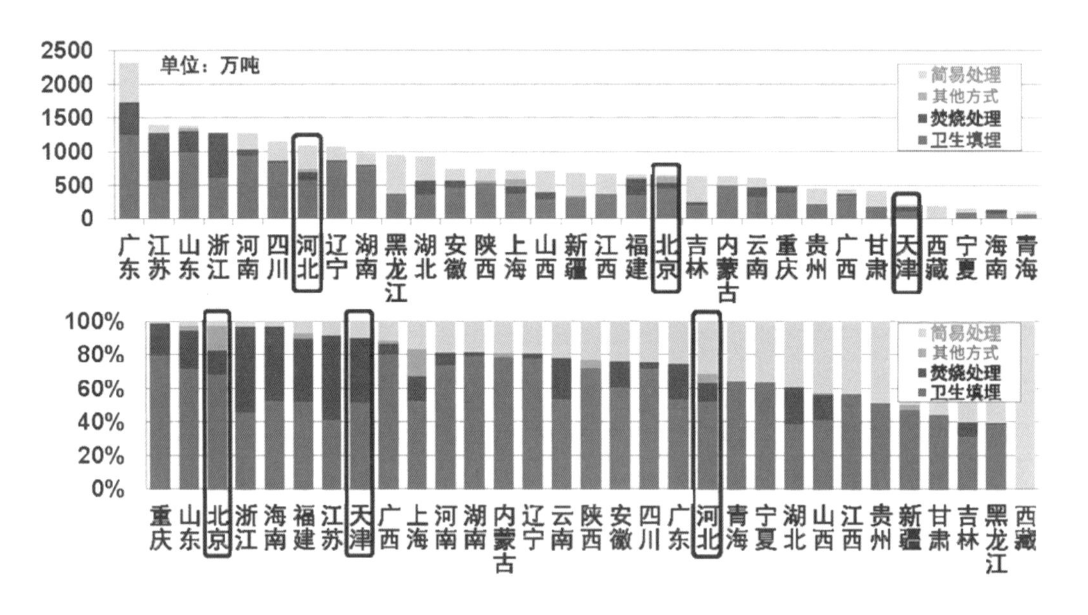

图 13-5 近几年各省生活垃圾处理技术的构成及各项技术所占比例

农村由于其特殊的地理环境，生活垃圾存在分布松散等问题，直接利用城市生活垃圾的常用处理方法不符合农村的实际情况。因此，农村生活垃圾的治理不能照搬“城市模式”，而是要根据农村的自身特点，因地制宜，探索合适的处置方法和运行机制。

1. 填埋技术

1）技术原理

垃圾填埋是世界上通用和处理量最大的垃圾处理方法。规范的生活垃圾卫生填埋场是按照环境工程技术标准进行工程的实施建设，能对垃圾渗滤液和填埋气体进行控制，使垃圾在自然环境状态中和在自身成分作用下，经过物理、化学作用和生物降解，分解产生沼气、渗滤液等，最终达到稳定状态，能够有效地控制其对地下水、地表水、土壤耕地、空气及周围环境造成的污染。

填埋处理是大量消纳城市生活垃圾的有效方法，我国目前普遍采用的是直接填埋法。将垃圾填入已预备好的坑中，盖土压实，使其发生生物、物理、化学变化，使有机物得到分解，达到减量化和无害化的目的。垃圾堆放层中安装了导气和导水管道，并对产生的沼气进行利用。垃圾填埋的处理费用低，方法简单，但是占用土地。随着城市垃圾量的增加，靠近城市的适用的填埋场地愈来愈少，开辟远距离填埋场地又大大提高了垃圾处理费用。垃圾填埋工艺流程详见图 13-6。

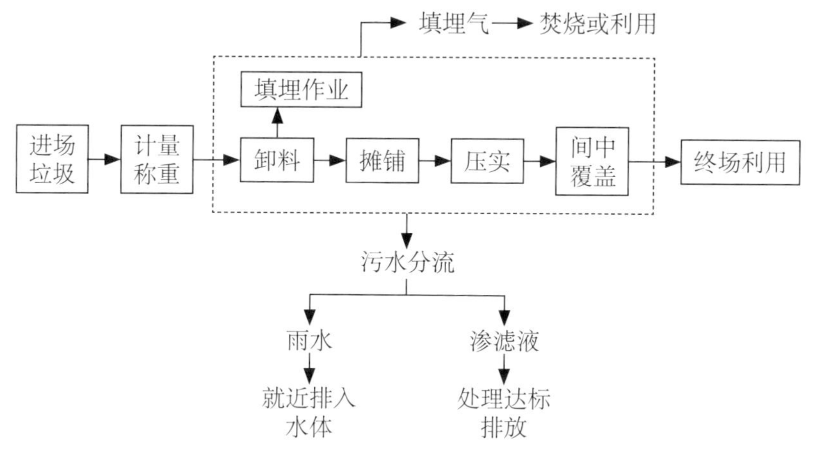

图 13-6 垃圾填埋工艺流程

2）技术特点

填埋技术相对焚烧和综合处理，投资和运行费用较低，运行维护较为简单；也可处理焚烧产生的炉渣和堆肥产生的废料。其缺点在于垃圾减容少，占地面积大，防渗系统容易受到破坏，其产生的垃圾渗滤液如处理和收集不当，对土壤和地下水存在长期的潜在威胁；填埋场易产生甲烷、硫化氢等有害废气，处理不当会发生爆炸和环保事故。

卫生填埋适用于生活垃圾有机成分低、热值低（低位热值小于 5 000 kJ/kg），土地资源丰富、土地成本低、具有较好的污染控制条件，便于卫生填埋场选址的地区。卫生填埋场可以单独建设，也可距离较近的多个乡镇合建。

2. 焚烧技术

1）技术原理

焚烧处理是利用高温氧化方法处理生活垃圾的技术，在高温条件下，使其中可燃成分充分氧化，焚烧炉表面的高温能生产蒸汽，可用于暖气、空调设备及蒸汽涡轮发电等方面。焚烧设备内的生活垃圾经过烘干、引燃、焚烧 3 个阶段，烟气净化后排出，少量剩余残渣排出填埋或作其他用途。它具有减容性好、无害化彻底的特点，且热能可以回收利用。目前焚烧技术主要有 3 大类：层状燃烧技术、流化床燃烧技术和旋转燃烧技术。焚烧工艺流程详见图 13-7。

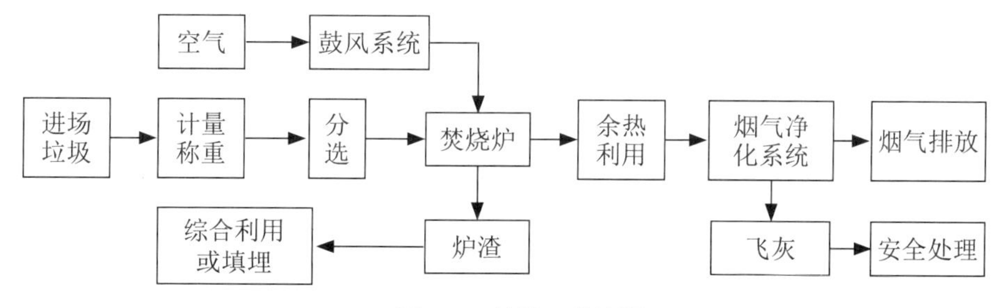

图 13-7 焚烧工艺流程

2）技术特点

近几年我国对垃圾焚烧发电技术越来越重视。焚烧处理的优点是减量效果好，焚烧后的残渣体积减少 90% 以上，质量减少 80% 以上，处理彻底；处理设施占地面积小，运行较为稳定以及污染物去除效果较好；热能可回收利用。缺点是对垃圾热值有要求，有些工艺需要进行前分选；垃圾焚烧发电厂的建设和生产费用昂贵；废水、废气、灰渣环保排放要求严格，尤其是焚烧飞灰若处置不当存在较大的二次污染的风险。

焚烧处理适用于生活垃圾热值高（低位热值大于 5 000 kJ/kg）、土地资源紧张、土地成本高、地方财力好的地区。焚烧处理设施可以单独建设，也可距离较近的多个村庄或乡镇合建。

3. 堆肥技术

1）技术原理

堆肥处理是利用垃圾或土壤中的微生物（如细菌、放线菌、真菌等）或人工接种剂，使垃圾中的有机物发生生物化学反应而降解（消化），形成一种类似腐殖质土壤的物质，促进可生物降解的有机物向稳定的腐殖质生化转化的过程，一般分为静态堆肥和动态堆肥两种形式。

现阶段，我国农村地区较为实用的是垃圾堆肥技术。根据处理过程中对氧气需求的不同，堆肥技术分为好氧堆肥和厌氧堆肥两种。厌氧发酵堆肥自身耗能少，不需要外部供氧，微生物对有机物的分解缓慢，堆肥周期达 80 ～ 100 天，需要较大场地，对周围环境影响较大。通常采用好氧堆肥，其特点是堆肥时间短，露天进行所需时间冬季约为 1 个月，夏季约为半个月；不产生恶臭，但占地面积较大。堆肥时将粉碎后的垃圾、粪便和灰土分层堆在地面上，堆高 3 m，底宽 4 m，顶宽 2 m，长度不限，加土覆盖表面。在堆底预先开挖通风沟，堆中预先插入通风管，以保证好氧分解菌所需的氧气。堆肥后体积可减小 30% ～ 50%，堆肥经干燥，质量约为堆肥前的 70%，堆肥的碳氮比不宜小于 20:1，含水率以 40% ～ 50% 为宜。我国粪便高温堆肥法无害化卫生评价标准为：最高堆温达 50 ～ 55 ℃以上，持续 5 ～ 7 d，蛔虫卵死亡率 90% ～ 100%，大肠菌值 0.01 ～ 0.1。工艺流程见图 13-8。

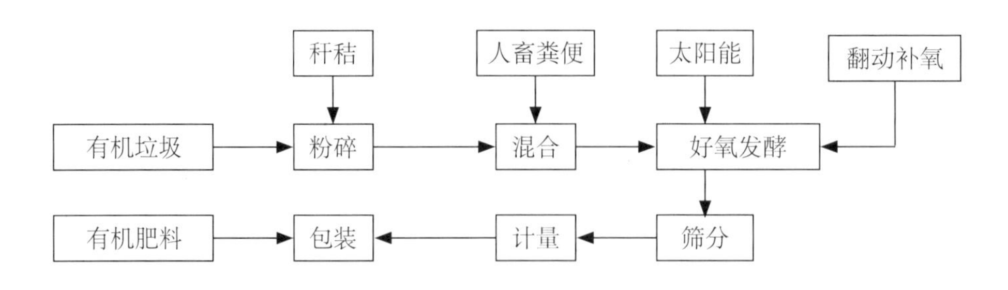

图 13-8 堆肥工艺流程

2） 技术特点

堆肥技术的优点为：工艺较简单；适于易腐有机生活垃圾的处理；处理费用较低。缺点为：占地面积较大；对周围环境大气和水环境等易造成一定的污染；堆肥质量不易控制；经深加工后可做成复混肥，但成本较高。

堆肥处理适用于开展生活垃圾分类收集、有机垃圾实现单独收集或未开展垃圾分类收集、但当地易接受有机肥料的地区。对于生活垃圾混合收集的地区和堆肥销路不好的地区，应审慎采用堆肥处理技术，产品销售市场渠道较窄。堆肥处理设施可以乡镇或村庄单独建设，也可农村家庭自行建设。选择堆肥处理方式的地区可以将当地的秸秆、禽畜粪便合并处理。

4. 沼气发酵

1）技术原理

沼气发酵又称为厌氧消化、厌氧发酵，是指有机物质（如人畜家禽粪便、秸秆、杂草等）在一定的水分、温度和厌氧条件下，通过各类微生物的分解代谢，最终形成甲烷和二氧化碳等可燃性混合气体（沼气）的过程。农村常采用常温发酵工艺。工艺流程见图 13-9。

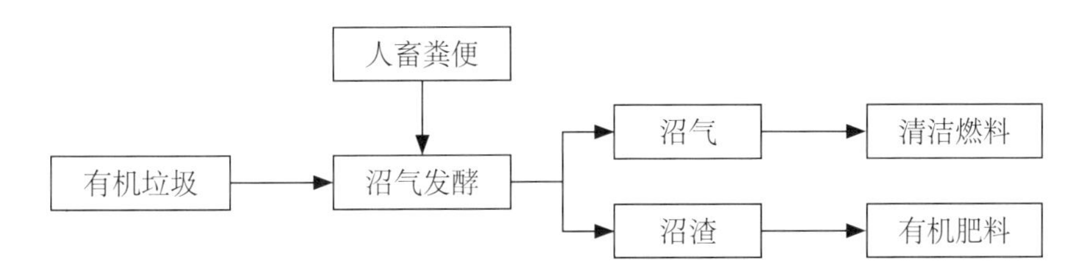

图 13-9 沼气发酵工艺流程

2）技术特点

沼气发酵技术工艺较简单，适于易腐有机生活垃圾的处理，处理费用较低，占地面积小；可产生有用的终产物——甲烷，它是清洁而方便的燃料；沼气发酵过程中一些病原物被杀灭；发酵过程中氮、磷、钾等肥料成分几乎得到全部保留，一部分有机氮被水解成氨态氮，速效性养分增加，在农村地区有使用先例。其缺点在于设施建设和安全管理要求高，处理规模一般不大，沼渣需要定期清理。

沼气发酵处理适用于垃圾有机成分高、沼液和沼渣可以在当地得到土地利用、沼气使用有市场或农户可以做到自产自销的地区。沼气发酵设施可以村庄为单位集体建设，也可农村家庭自行建设。选择沼气发酵处理方式的地区可以将当地的秸秆、禽畜粪便合并处理。

5. 高温快速发酵生产有机肥技术

高温快速发酵技术处理农村生活垃圾，结合了农村的实际生产生活情况，将畜禽粪便、农作物秸秆等进行处理，生产有机肥，对农村生态环境的改善具有重大意义。

1）技术原理

秸秆、畜禽粪便等农业有机废弃物采用高温快速发酵技术生产有机肥的工艺流程如图 13-10 所示。

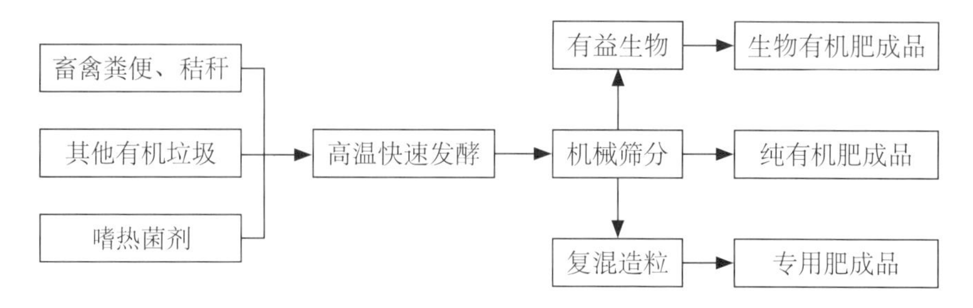

图 13-10 采用高温快速发酵技术生产有机肥工艺流程示意

利用自动化高温封闭式有机肥发酵设备（图 13-11）和嗜热复合微生物菌剂（菌剂主要指标见表 13-1）高效组合，将畜禽粪便、废菌棒、秸秆等有机垃圾与嗜热复合微生物菌剂混合，调节混合物料含水率和 C/N 比，置入高温发酵设备内，通过电热设备将温度升至 80 ～ 100 ℃，灭活有机废弃物中的有害微生物和病原体，同时激活嗜热复合微生物菌剂的活性，利用嗜热复合微生物菌群加速废弃物有机质的降解和腐殖质的形成，生产出稳定化、腐熟化、无害化的有机肥产品。该技术可极大提高有机肥的产肥效率，缩短发酵周期，提升有机肥品质。整个高温发酵时间控制在 12 小时之内，较普通堆肥发酵大幅提高产肥效率，形成高温灭菌、快速发酵、资源再生和节能环保的农村生活垃圾资源化利用技术。

图 13-11 高温快速发酵设备

表 13-1 嗜热复合微生物菌剂的主要技术指标

有效活菌数（*cfu*）/〔$\times 10^8$/g(mL)〕	≥ 80.0
纤维素酶活〔U/g(mL)〕	≥ 30.0
蛋白酶活〔U/g(mL)〕	≥ 15.0
淀粉酶活〔U/g(mL)〕	≥ 10.0
杂菌率 /%	≤ 5.0
水分 /%	≤ 20.0
pH 值	5.5 ～ 7.5
粒度直径 /mm	≤ 2.0
有效期 / 月	24

2）技术特点

与传统的农家堆沤肥工艺、翻抛有机肥工艺相比，高温快速发酵有机肥技术有着发酵周期短、发酵场地面积小、设备封闭式操作无污染、产肥效率高、可有效杀灭病菌虫卵、有机肥品质高等优点。有机肥生产工艺对比见表 13-2。

表 13-2 有机肥生产工艺对比

项目	农家肥（堆沤肥）	传统翻抛有机肥	高温快速发酵有机肥
原料构成	畜禽粪便、秸秆、沙土、生活垃圾	畜禽粪便、秸秆、污泥，常温发酵剂	畜禽粪便、食用菌棒、秸秆，嗜热复合菌剂
生产工艺	常温堆沤，发酵不完全，养分损失大	翻堆机翻抛，养分损失大	持续性搅拌，好氧发酵完全，养分损失少
生产环境	露天堆放，污染大，占地多	堆放面积大，开放式，有污染	占地小，设备封闭式，无污染
安全效果	堆沤温度≤ 60 ℃，无法完全杀灭病虫卵，效果较差	堆放温度最高 60 ℃，杀灭病虫卵杂草籽，不彻底	加热到 80 ～ 100 ℃保持 2 h，杀灭病菌虫卵杂草籽等，效果优
生产时间	3 ～ 6 个月，冬季生产困难	30 ～ 60 天，冬季时间更长	10 个小时，全年可生产
成品分析	NPK ≤ 4%，有机质≤ 20%，水分≥ 50%	NPK ≥ 5%，有机质≥ 45%，水分≤ 30%	NPK ≥ 5%，有机质≥ 45%，水分≤ 30%
土壤改良	有效成分少，土壤改良作用很不明显	肥力柔和，可改善土壤部分物理性状	明显增加土壤有机质含量，增强土壤通气性、透水性、保肥性
施用效果	大量致病微生物、寄生性虫卵和杂草种子造成间接污染；二次发酵烧根烧苗；植株生长不良	显著提高作物的产量和农产品品质；引发病虫害，同时增加农药使用量	致病微生物、寄生性虫卵和杂草种子进入田地间接污染农产品；增强作物抗逆性；是生产无公害绿色食品的安全肥料

6. 垃圾水解技术

垃圾水解技术（SWR）突破了垃圾综合处理技术瓶颈，通过全封闭、自动化分拣系统、“工业胃”等十一大子系统，实现没有二次污染、脱除回收重金属、资源化利用、“零排放”等技术优势。其中，“工业胃”技术利用仿生学的原理，将有机质迅速分解消化，转化为植物所需的有机肥料，完全分解为植物根系易吸收的短小分子链，极大提高了有机肥的功效，在全部处理过程中没有异味。且由于SWR垃圾处理系统分选彻底，并对处理过程中的飞起、废水进行循环回收处理和利用，在全部处理过程中基本实现“零排放”，避免了对周边区域的二次污染。SWR技术和设备，针对我国混合垃圾的特点研究设计，符合国情，在满足全自动、无污染的垃圾处理工艺要求的前提下，减少投资，降低成本，利用资源，延长产品链，适宜农村生活垃圾的无害化处理及资源化利用。

垃圾水解系统的任务是把分选出的有机质加入水解喷暴罐，同时加入适量配制好的含水解催化剂的稀硫酸溶液，在高温、高压及弱酸环境下进行水解反应，生产合格的制肥基料。在水解反应前期，有机质生活垃圾中各成分发生淀粉水解、纤维素水解、半纤维素水解、果胶水解、木质素水解、脂质水解和蛋白质水解，在水解反应后期通过美拉德反应（即水解反应前期产生的氨基酸类、糖类、碳水化合物等在催化剂的作用下重排固氮），生成稳定态的易被植物吸收的小分子碳氮复合物，可作为优质高效的有机氮肥和有机氮复合肥的基料。工艺流程见图13-12。

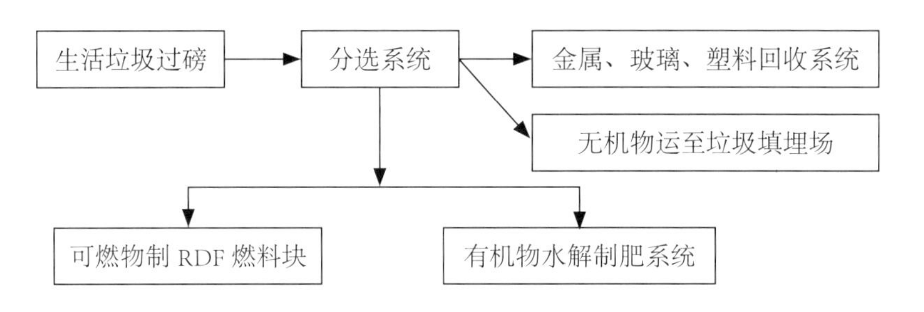

图13-12 SWR垃圾处理工艺流程

7. 综合处理技术

1）技术原理

垃圾综合处理是根据农村社会经济、自然条件及垃圾性状特征将多种垃圾处理技术综合集成，最大程度地发挥各种技术方法的长处，同时实现减量化、资源化、无害化的一种处理方法。根据具体情况和达到目标的不同，可将卫生填埋、堆肥处理、焚烧处理、沼气发酵等两种及以上的单项技术合理搭配形成不同的综合处理模式和技术路线。垃圾综合处理工艺流程见图13-13。

2）技术特点

综合处理技术的优点为多种处理方式并存，最大限度实现生活垃圾的资源化、无害化和减量化，产品多样化，应对突发事件的能力较强。其缺点为资金投入很大，建设与管理人员水平要求高，操作工人数量多，运行成本非常高。

综合处理技术适合地方经济条件好、管理水平高、全面开展垃圾分类并能实现分类收集运输，有两种或两种以上生活垃圾末端处理设施，或拟建多种处理设施的地区。

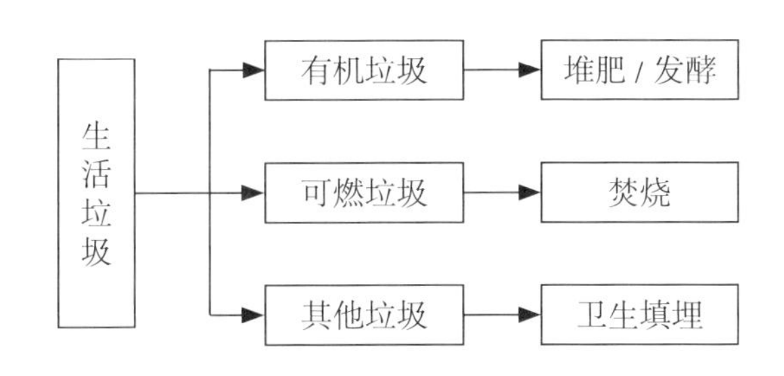

图 13-13 垃圾综合处理工艺流程

13.3 种植业废弃物的处理和资源化技术

13.3.1 种植业生产过程中废弃物的处理与资源化利用技术

种植业生产过程中废弃物的处理与资源化技术中具有代表性的是农作物的秸秆综合利用技术。该技术主要有以下几种。

1. 秸秆肥料化利用技术

1）秸秆直接还田技术

秸秆直接还田是我国粮食主产区秸秆肥料化利用的主要技术之一，包括秸秆翻压还田、秸秆混埋还田和秸秆覆盖还田。秸秆翻压还田技术是以犁耕作业为主要手段，将秸秆整株或粉碎后直接翻埋到土壤中。秸秆混埋还田技术以秸秆粉碎、破茬、旋耕、耙压等机械作业为主，将秸秆直接混埋在表层和浅层土壤中。秸秆覆盖还田是保护性耕作的重要技术手段，包括留茬免耕、秸秆粉碎覆盖还田和秸秆整株覆盖还田。

秸秆直接还田具有处理秸秆量大、成本低、生产效率高等特点，是大面积实现以地养地、提升耕地质量、建立高产稳产农田的有效途径。适用于该技术的秸秆主要有玉米秸、麦秸、稻秆、油菜秆、棉花秆等。

2）秸秆腐熟还田技术

秸秆腐熟还田技术是在农作物收获后，及时将收下的作物秸秆均匀平铺于农田，撒施腐熟菌剂，调节碳氮比，加快还田秸秆腐熟下沉，以利于下茬农作物的播种和定植，实现秸秆还田利用。秸秆腐熟还田技术主要有两大类：一类是水稻免耕抛秧时覆盖秸秆的快腐处理；另一类是小麦、油菜等作物免耕撒播时覆盖秸秆的快腐处理。

该技术适用于降雨量较丰富、积温较高的地区，特别是种植制度为早稻—晚稻、小麦—水稻、油菜—水稻的农作地区。适用于该技术的秸秆主要有稻秆、麦秸等。

3）秸秆生物反应堆技术

秸秆生物反应堆技术是一项充分利用秸秆资源、显著改善农产品品质和提高农产品产量的现代农业生物工程技术。其原理是秸秆通过加入微生物菌种，在好氧的条件下，秸秆被分解为二氧化碳、有机质、矿物质等，并产生一定的热量。二氧化碳促进作物的光合作用，有机质和矿物质为作物提供养分，产生的热量有利于提高温度。秸秆生物反应堆技术按照利用方式可分为内置式和外置式两种，内置式主要是开沟将秸秆埋入土壤中，适用于大棚种植和露地种植；外置式主要是把反应堆建于地表，适用于大棚种植。

秸秆生物反应堆技术可有效改善大棚生产的微生态环境，投资少，见效快，适合于农户分散经营。适用于该技术的秸秆主要有玉米秸、麦秸、稻秆、豆秸、蔬菜藤蔓等。

4）秸秆堆沤还田技术

秸秆堆沤还田是秸秆无害化处理和肥料化利用的重要途径，将秸秆与人畜粪尿等有机物质经过堆沤腐熟，不仅产生大量可构成土壤肥力的重要活性物质——腐殖质，而且可产生多种可供农作物吸收利用的营养物质，如有效态氮、磷、钾等，可用于生产高品质的商品有机肥。适用于该技术的秸秆主要有除重金属超标的农田秸秆外的所有秸秆。

2. 秸秆饲料化利用技术

1）秸秆青（黄）贮技术

秸秆青（黄）贮技术又称自然发酵法，把秸秆填入密闭的设施里（青贮窖、青贮塔或裹包等），经过微生物发酵作用，达到长期保存其青绿多汁营养成分的一种处理技术方法。秸秆青（黄）贮的原理是在适宜的条件下，通过给有益菌（乳酸菌等厌氧菌）提供有利的环境，使嗜氧性微生物如腐败菌等在存留氧气被耗尽后，活动减弱直至停止，从而达到抑制和杀死多种微生物、保存饲料的目的，其关键技术包括窖池建设、发酵条件控制等。

青（黄）贮秸秆饲料具有营养损失较少、饲料转化率高、提高适口性、便于长期保存、去病减灾等优点。适于该技术的秸秆主要有玉米秸、高粱秆等。

2）秸秆碱化 / 氨化技术

秸秆碱化 / 氨化技术是指借助于碱性物质，使秸秆饲料纤维内部的氢键结合变弱，酯键或醚键破坏，纤维素分子膨胀，溶解半纤维素和一部分木质素，反刍动物瘤胃液易于渗入，瘤胃微生物发挥作用，从而改善秸秆饲料的适口性，提高动物对秸秆饲料采食量和消化率。秸秆碱化处理应用的碱性物质主要是氧化钙；秸秆氨化处理应用的氨性物质主要是液氨、碳铵或尿素。目前，我国广泛采用的秸秆碱化 / 氨化方法主要有堆垛法、窖池法、氨化炉法和氨化袋法。

秸秆碱化 / 氨化技术是较为经济、简便而又实用的秸秆饲料化处理方式之一。适用于该技术的秸秆主要有麦秸、稻秆等。

3）秸秆压块饲料加工技术

秸秆压块饲料加工技术是指将秸秆经机械铡切或揉搓粉碎，配混以必要的其他营养物质，经过高温高压轧制而成高密度块状饲料或颗粒饲料。秸秆压块饲料具有体积小、密度大、方便运输、不易变质、便于长期保存、适口性好、采食率高、饲喂方便、经济实惠等优点，被称为牛羊的“压缩饼干”或“方便面”，可作为商品饲料进行长距离运输，弥补饲草缺乏，特别是在应对草原地区冬季雪灾和夏季旱灾方面具有重要作用。适用于该技术的秸秆主要有玉米秸、麦秸、稻秆以及豆秸、薯类藤蔓、向日葵秆（盘）等。

4）秸秆揉搓丝化加工技术

秸秆揉搓丝化加工技术是通过对秸秆进行机械揉搓加工，使之成为柔软的丝状物，有利于反刍动物采食和消化的一种秸秆物理化处理手段。通过秸秆揉丝加工不仅分离了纤维素、半纤维素与木质素，而且较长的秸秆丝能够延长其在反刍动物瘤胃内的停留时间，有利于牲畜的消化吸收，从而达到提高秸秆采食量和消化率的双重功效。秸秆揉丝加工是一种简单、高效、低成本的加工方式。秸秆揉丝加工的效率约为秸秆粉碎的 1.2 ～ 1.5 倍，经揉丝机加工的秸秆既可直接喂饲，也可进一步加工制成高质量的粗饲料。适用于该技术的秸秆主要有玉米秸、豆秸、向日葵秆等。

3. 秸秆原料化利用技术

1）秸秆人造板材生产技术

秸秆人造板材生产技术是秸秆经处理后，在热压条件下形成密实而有一定刚度的板芯，进而在板芯的两面覆以涂有树脂胶的特殊强韧纸板，再经热压形成轻质板材。秸秆人造板材的生产过程可以分为 3 个工段：原料处理工段、成型工段和后处理工段。原料处理工段有输送机、开捆机、步进机等设备，主要是把农作物打松散，同时除去石子、泥沙及谷粒等杂质，使其成为干净合格的原料。成型工段有立式喂料器、冲头、挤压成型机和上胶装置等设备，是人造板材生产的关键工段。后处理工段有推出辊台、自动切割机、封边机、接板辊台及封口打字和切断等设备，主要完成封边和切割任务。秸秆人造板材可部分替代木质板材，用于家具制造和建筑装饰、装修，具有节材代木、保护林木资源的作用。适用于该技术的秸秆主要有稻秆、麦秸、玉米秸、棉秆等。

2）秸秆复合材料生产技术

秸秆复合材料生产技术是以秸秆为原料，添加竹、塑料等其他生物质或非生物质材料，利用特定的生产工艺，生产出可用于环保、木塑产品生产的高品质、高附加值功能性的复合材料。秸秆复合材料生产的工艺主要包括高品质秸秆纤维粉体加工、秸秆生物活化功能材料制备、秸秆改性碳基功能材料制备、超临界秸秆纤维塑性材料制备、秸秆 / 树脂强化型复合型材制备、秸秆纤维轻质复合型材制备、生物质秸秆塑料制备。

秸秆复合材料可部分替代木材生产纤维粉体、生物活化功能材料、改性碳基功能材料、超临界纤维塑性材料、轻质复合型材等，具有节材代木、保护林木资源的作用。适用于该技术的秸秆包括大部分秸秆类别。

3）秸秆清洁制浆技术

秸秆清洁制浆技术主要是针对传统秸秆制浆效率低、水耗能耗高、污染治理成本高等问题，采用新式备料、高硬度置换蒸煮 + 机械疏解 + 氧脱木素 + 封闭筛选等组合工艺，降低制浆蒸汽用量和黑液黏度，提高制浆得率和黑液提取率的制浆工艺。制浆废液通过浓缩造粒技术生产腐殖酸、有机肥，使秸秆制浆过程中不可利用的有机物和氮、磷、钾、微量元素等营养物质转化为有机肥料，或通过碱回收转化为生物能源，实现无害化处理和资源化利用。适用于该技术的秸秆主要有麦秸、稻秆、棉秆、玉米秸等。

4）秸秆木糖醇生产技术

秸秆木糖醇生产技术是指利用含有多缩戊糖的农业植物纤维废料，通过化学法或生物法制取木糖醇的技术。目前，工业化木糖醇生产技术多采用化学催化加氢的传统工艺，富含戊聚糖的植物纤维原料，经酸水解及分离纯化得到木糖，再经过氢化得到木糖醇。化学法生产木糖醇有中和脱酸和离子交换脱酸两条基本工艺。适用于该技术的秸秆主要有玉米芯、棉籽壳等。

4. 秸秆燃料化利用技术

1）秸秆固化成型技术

秸秆固化成型技术是在一定条件下，利用木质素充当黏合剂，将松散细碎的、具有一定粒度的秸秆挤压成质地致密、形状规则的棒状、块状或粒状燃料的过程。其工艺流程为：首先对原料进行晾晒或烘干，经粉碎机进行粉碎，然后加入一定量水分进行调湿，利用模辊挤压式、螺旋挤压式、活塞冲压式等压缩成型机械对秸秆进行压缩成型，产品经过通风冷却后贮存。秸秆固化成型燃料可分为颗粒燃料、块状燃料和机制棒等产品。

秸秆固化成型燃料热值与中质烟煤大体相当，具有点火容易、燃烧高效、烟气污染易于控制、低碳、便于贮运等优点。秸秆固化成型燃料可为农村居民提供炊事、取暖用能，也可以作为农产品加工业（如粮食烘干、烟草烘干、脱水蔬菜生产等）、设施农业（温室大棚）、养殖业等产业的供热燃料，还可作为工业锅炉、居民小区取暖锅炉和电厂的燃料。适用于该技术的秸秆主要有玉米秸、稻秆、麦秸、棉秆、油菜秆、烟秆、稻壳等。

2）秸秆炭化技术

秸秆炭化技术是将秸秆经晒干或烘干、粉碎后，在制炭设备中，在隔氧或少量通氧的条件下，经过干燥、干馏（热解）、冷却等工序，将秸秆进行高温、亚高温分解，生成炭、木焦油、木醋液和燃气等产品，故又称为“炭气油”联产技术。当前较为实用的秸秆炭化技术主要有机制炭技术和生物炭技术两种。机制炭技术又称为隔氧高温干馏技术，是指秸秆粉碎后，利用螺旋挤压机或活塞冲压机固化成型，再经过 700 ℃以上的高温，在干馏釜中隔氧热解炭化得到固型炭制品。生物炭技术又称为亚高温缺氧热解炭化技术，是指秸秆原料经过晾晒或烘干以及粉碎处理后，装入炭化设备，使用料层或阀门控制氧气供应，在 500 ～ 700 ℃条件下热解成炭。

秸秆机制炭具有杂质少、易燃烧、热值高等特点，碳元素含量一般在 80% 以上，热值可达到 23 ～ 28 MJ/kg，可作为高品质的清洁燃料，也可进一步加工生产活性炭。生物炭呈碱性，很好地保留了细胞分室结构，官能团丰富，可制备为土壤改良剂或炭基肥料，在酸性土壤和黏重土壤改良、提高化学肥料利用效率、扩充农田碳库方面具有突出效果。另外，生物炭的碳元素含量一般在 60% 以上，经固化成型（先炭化，后固化）后，也可作为燃料使用。用于该技术的秸秆主要有玉米秸、棉秆、油菜秆、烟秆、稻壳等。

3）秸秆沼气生产技术

秸秆沼气生产技术是在严格的厌氧环境和一定的温度、水分、酸碱度等条件下，秸秆经过沼气细菌的厌氧发酵产生沼气的技术。按照使用的规模和形式分为户用秸秆沼气和规模化秸秆沼气工程两大类。目前我国常用的规模化秸秆沼气工程工艺主要有全混式厌氧消化工艺、全混合自载体生物膜厌氧消化工艺、竖向推流式厌氧消化工艺、一体两相式厌氧消化工艺、车库式干发酵工艺和覆膜槽式干发酵工艺。

秸秆沼气是高品位的清洁能源，可用于居民供气，也可为工业锅炉和居民小区锅炉提供燃气。沼气净化提纯成生物天然气，可作为车用燃气或并入城镇天然气管网。适用于该技术的秸秆主要有玉米秸、麦秸、豆秸、花生秧、薯类茎秆、蔬菜藤蔓和尾菜等。

4）秸秆纤维素乙醇生产技术

秸秆纤维素乙醇生产技术是目前秸秆能源化利用的高新技术之一。秸秆降解液化是秸秆纤维素乙醇生产的主要工艺过程，是指以秸秆等纤维素为原料，经过原料预处理、酸水解或酶水解、微生物发酵、乙醇提浓等工艺，最终生成燃料乙醇的过程。秸秆纤维素乙醇生产技术的关键工艺包括原料预处理、水解、发酵和废水处理。预处理工艺包括物理法、化学法、生物法和联合法；水解工艺包括酸水解和酶水解；发酵工艺包括直接发酵法、间接发酵法、五碳糖的发酵、同时糖化和发酵工艺、固定化细胞发酵等。

秸秆纤维素乙醇生产可直接替代工业乙醇生产所消耗的大量粮食，对国家粮食安全具有重大的战略意义。适用于该技术的秸秆主要有玉米秸、麦秸、稻秆、高粱秆等。

5）秸秆热解气化技术

秸秆热解气化技术是利用气化装置，以氧气（空气、富氧或纯氧）、水蒸汽或氢气等作为气化剂，在高温条件下，通过热化学反应，将秸秆部分转化为可燃气的过程。秸秆热解气化的基本原理是秸秆原料进入气化炉后被干燥，随温度升高析出挥发物，在高温下热解（干馏）；热解后的气体和炭在气化炉的氧化区与气化介质发生氧化反应并燃烧，使较高分子量的有机碳氢化合物的分子链断裂，最终生成较低分子量的 N_2、CO、H_2、CO_2、CH_4、C_nH_m 等物质的混合气体，其中 CO、H_2、CH_4 为主要的可燃气体。按照运行方式的不同，秸秆气化炉可分为固定床气化炉和流化床气化炉。固定床气化炉又分为上吸式、下吸式、横吸式和开心式等。流化床气化炉又分为鼓泡床、循环流化床、双床、携带床等。秸秆热解气化产出的气体产品经过净化后，可用于村镇集中供气，也可为工业锅炉和居民小区锅炉提供燃气。适用于该技术的秸秆主要有玉米秸、麦秸、稻秆、稻壳、棉秆、油菜秆等。

6）秸秆直燃发电技术

秸秆直燃发电技术主要是以秸秆为燃料，直接燃烧发电。其原理是把秸秆送入特定蒸汽锅炉中，生产蒸汽，驱动蒸汽轮机，带动发电机发电。秸秆直燃发电技术的关键包括秸秆预处理技术、蒸汽锅炉的多种原料适用性技术、蒸汽锅炉的高效燃烧技术、蒸汽锅炉的防腐蚀技术等。秸秆发电的动力机械系统可分为汽轮机发电技术、蒸汽机发电技术和斯特林发动机发电技术等。秸秆直燃发电技术的优势是秸秆消纳量大、对环境较为友好。适用于该技术的秸秆主要有玉米秸、麦秸、稻秆、稻壳、棉秆、油菜秆等。

5. 秸秆基料化利用技术

秸秆基料化利用技术主要是利用秸秆生产食用菌。秸秆食用菌生产技术包括秸秆栽培草腐菌类技术和秸秆栽培木腐菌类技术两大类。利用秸秆生产的草腐菌主要有双孢蘑菇、草菇、鸡腿菇、大球盖菇等。利用秸秆生产的木腐菌主要有香菇、平菇、金针菇、茶树菇等。秸秆食用菌生产的技术环节主要有菇房建设、原料储备、培养料的预处理、前发酵、后发酵、接种、发菌期管理、出菇期管理、采收与贮运等。主要设备包括粉碎机、发酵隧道、拌料机、装袋机、灭菌器、接种箱、菇房（大棚）。适用于该技术的秸秆主要有稻秆、麦秸、玉米秸、玉米芯、豆秸、棉籽壳、棉秆、油菜秆、麻秆、花生秧、花生壳、向日葵秆等。

13.3.2 种植业生产资料废弃物的处理和资源化利用技术

在现实农业生产活动中，种植业生产过程中生产资料废弃物的典型代表是废旧农用地膜和大棚用塑料薄膜。地膜和大棚薄膜在农业生产中有重要作用，但是塑料薄膜给农业生产带来经济效益的同时，却也造成了不可避免的危害。这些危害如下。

（1）破坏土壤结构。废旧农膜残片进入农田后，改变了土壤的结构，使土壤生产力下降，作物产量减少。

（2）残留在土壤中的塑料薄膜不利于土壤水分和气体的交换，塑料残片的阻隔不利于农作物正常生长发育。

（3）影响土壤中的微生物生存。塑料薄膜在土壤中的分解是个漫长的过程，会分解挥发出许多有害物质，影响到微生物的生存。

（4）最严重的是塑料薄膜残留分解过程产生的有害物质会污染地下水，处理不当甚至会造成环境的二次污染。

随着人们对环境污染问题的日益关注和可持续发展战略的实施，在不久的将来，这些问题必将得到解决。目前，废旧薄膜的综合利用技术主要有以下几种。

1. 地膜机械回收技术

地膜的机械回收是国外残膜回收的主要技术途径。在美日等国家，地膜覆盖一般用于蔬菜、水果等经济作物，覆盖期相对较短。为了便于回收，这些国家使用的地膜较厚，一般为 0.02 ～ 0.05 mm，可连续用 2 ～ 3 年，主要采用收卷式回收机进行卷收。

我国的农用地膜较薄，厚度一般只有 0.006 ～ 0.008 mm，强度低，覆盖期相对较长，清除时易碎，不易回收，因此，采用传统收卷式地膜回收机基本不行。目前我国已经研发出的残留地膜回收机主要有滚筒式、弹齿式、齿链式、滚筒缠绕式和气力式等。根据作业方式有单项工作和联合工作两种作业形式。按作业时段可分为苗期残膜回收机、秋后残膜回收机和播前残膜回收机。

苗期残膜回收机是在棉花、玉米等作物浇透水之前揭去全部地膜，此时揭地膜有利于中耕、除草、施肥和灌水。苗期揭膜时地膜老化较轻，一般采用人机结合的方式，机具要求必须对准行，不伤苗。秋后残膜回收机是在作物收获后、犁地前回收地膜，收膜对象主要是当年铺设的地膜。该类机型一般与秸秆粉碎还田机联合作业。播前残膜回收是在农作物播种前回收地膜，此时秸秆已经腐烂，地里杂物较多，地膜老化严重，多以块状形式存在于土壤中，所以回收比较困难，回收率十分有限。目前已研制出的代表机具有弹齿式搂膜机等，弹齿入土深度 3 ～ 5 cm，将地膜搂成条，由人工清膜，这种机械只能收集大块的残膜。

2. 一膜多用技术

一膜多用技术，即选用厚度适中、韧性好、抗老化能力强的地膜产品，在第一年使用后基本没有破损，第二年可以直接在上面打孔免耕种植，这样既减少了地膜投入量，又减少了土壤耕作的用工，达到省时省工又环保的目的。在西北海拔 2 000 m 的浅水灌溉地和年降雨量 400 mm 以下的干旱、半干旱雨养农业区，播种一般采用先铺膜后播种的方式。灌水施肥是“一膜两年用”栽培取得高产的重要措施，最佳时期应为拔节期和大喇叭口期。磷肥在前期一次性施入；氮钾肥前期占施肥量 2/3，大喇叭口期占 1/3，灌溉地在苗期轻灌一次苗水，并随水追施；大喇叭口期重灌溉一次，再随水追施。旱地在拔节期用追肥枪或打孔追肥，大喇叭口期结合降雨再酌情追一次速效氮肥。

3. 地膜二次利用免耕技术

地膜二次利用免耕栽培向日葵是对前茬作物玉米耕种时使用过的地膜进行再利用，通过免耕栽培向日葵，达到减少田间作业次数、延长地膜覆盖时间、减少风蚀、保护地表土的目的，具有一次铺膜、两年使用、降低污染、保护环境等多重效应。与露地种植向日葵相比，地膜二次利用免耕栽向日葵技术使向日葵亩产量达到 275 kg，比对照亩产增产 25 ～ 30 kg，增收 100 ～ 200 元。同时节约机耕费、整地费、播前浇水费、种肥等费用 70 元，节本与增效合计 170 ～ 270 元。

13.3.3 种植业初级加工废弃物的处理和资源化利用技术

1. 果渣饲料化利用技术

由于果渣具有水果特有的香气，适口性好，但其蛋白质含量较低，酸度较大，粗纤维含量高，因此，只能作为配合添加物。以果渣为原料生产的蛋白质饲料成分详见表 13-3。果渣作为饲料主要有 3 个方面的应用：直接饲喂、鲜渣青贮、利用微生物发酵技术生产菌体蛋白饲料。

1）果渣干燥和果渣粉的加工

新鲜果渣直接饲喂简单易行，但存放时间短，易于酸败变质，因此需要干燥以延长贮存时间。果渣干燥的方式主要有两种：晾晒—烘干和直接烘干干燥。晾晒—烘干受天气影响较大，在晾晒的过程中容易霉变、污染，而且含水量高（约 20%），且干燥后的果渣在贮存使用中容易变质。规模化的养殖场使用果渣作为饲料时，以直接烘干的方法较好，虽然加工成本有所增加，但是以后能够更加安全、充分地利用果渣资源。此外，果渣烘干后可以粉碎成果渣粉，然后加入配合饲料或颗粒料中，还可以进行膨化处理。

2）果渣青贮的调制

青贮不但可以保持鲜果渣多汁的特性，还可以改善果渣的营养价值。其原理是将果渣压在青贮塔或青贮窑里，利用附加在原料上的乳酸菌进行厌氧发酵，产生大量乳酸菌，从而降低果渣的 pH 值，从而抑制有害微生物的生长和繁殖，便于长久保存。

3）果渣发酵生产菌体蛋白

该工艺是以果渣为基质，利用有益微生物发酵工程，将适宜菌株接种其中，调节微生物所需的营养、温度、湿度、pH 值和其他条件，通过有氧或无氧发酵，使果渣中不易被动物消化吸收的纤维素、果胶质、果酸、淀粉等复杂大分子物质，降解为易于被动物消化吸收的小分子物质和大量菌体蛋白。小分子物质的形成，又能极大地改善饲料的适口性，从而使其营养价值得到显著提高。果渣发酵产生的菌体蛋白含有较丰富的蛋白质、氨基酸、肽类、维生素、酶类、有机酸及未知生长因子等生物活性物质。

表 13-3　以果渣为原料生产的蛋白质饲料成分表　　单位：%

主要原料	水分	粗蛋白质	粗脂肪	粗纤维	粗灰分	无氮浸出物
菠萝渣	10.43	9.35	1.40	12.79	4.27	61.76
菠萝皮	9.30	3.90	2.50	10.00	4.00	70.30
苹果渣	9.60	20.90	1.00	14.20	5.80	48.50
柑橘皮	11.50	20.30	2.90	9.40	5.60	50.30
沙棘果渣	12.11	24.05		13.70		

2. 果渣工业化利用技术

果渣不仅可以加工成优质饲料，还可以作为工业原料提取柠檬酸、果胶、酒精、天然香料等物质。

1）利用果渣发酵生产柠檬酸

柠檬酸是一种广泛应用于食品、医药和化工等领域的重要有机酸。目前，国内柠檬酸供不应求，但是均以玉米、瓜干、糖蜜为原料，生产成本较高。以苹果为原料，黑曲霉固态发酵生产柠檬酸，其工艺简单、设备投资少。同时，果渣经发酵后不仅能提取柠檬酸，还可大量生产果胶酶，可用于果胶酶的提取。

从果渣里提取柠檬酸的工艺流程见图 13-14。

图 13-14 从果渣里提取柠檬酸的工艺流程

2）利用果渣提取果胶

果胶是一种以半乳糖醛酸为主的复合多糖物质，由于良好的凝胶特性在食品、制药、纺织等行业内广泛应用，在国际市场上非常热销。近年来，我国果胶用量增长较快，长期依靠从国外进口满足市场需求，因此开发新的果胶资源很有必要。

苹果渣和柑橘渣均为提取果胶的理想原料。其中，干苹果渣的果胶含量为 15% ～ 18%，苹果胶的主要成分为多缩半乳糖荃酸甲酯，它与糖和酸在适当的条件下可形成凝胶，是一种完全无毒、无害的天然食品添加剂。目前可以通过利用从苹果渣中提取的低钾基化了的果胶来实现果胶的生产，其效果较为理想。

柑橘渣也是制取果胶的理想原料，世界上 70% 的果胶是从中提取的。果胶产品有果胶液和果胶粉两种，而后者多由前者喷雾干燥或酒精沉淀而来。近年来，国内利用柑橘皮生产果胶的工艺技术已经成熟，但是规模化生产还不多。提取果胶的工艺流程见图 13-15。

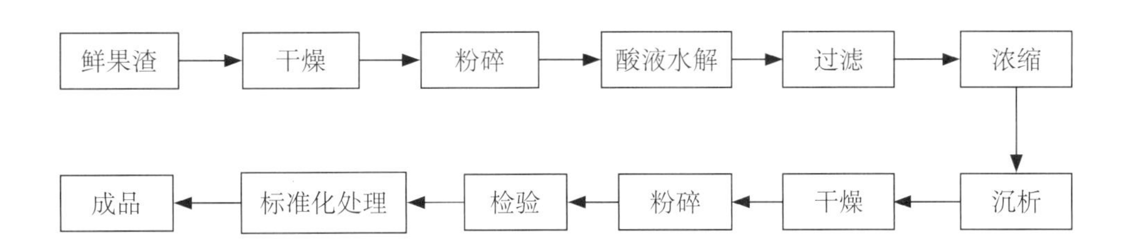

图 13-15 从果渣提取果胶的工艺流程

3）利用苹果渣提取苹果酚

苹果酚中含有丰富的果糖、蔗糖和果胶，所以具有较高的生物价值，可广泛用于面包、糖果等食品工业中。在制作食品过程中，采用苹果酚不仅可以节省精制糖，而且还可以提高食品的生物效应。在面包生产中，加入苹果酚不但可以改善面包制品的内在质量、味道、蓬松度，而且可以降低原料消耗、增加产品质量。苹果酚加工工艺见图 13-16。

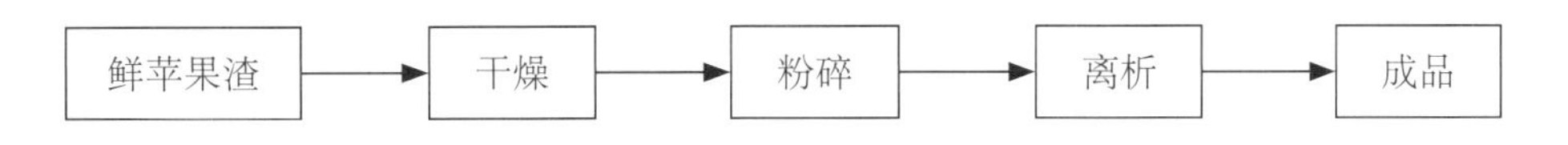

图 13-16 苹果渣提取苹果酚的工艺流程

参考文献

[1] 安徽省住房和城乡建设厅．安徽省农村生活垃圾处理技术指南（试行）,2013 年 9 月
[2] 朱建国．农业废弃物资源化综合利用管理 [M]. 北京：化学工业出版社， 2015.
[3] 王岩．养殖业固体废弃物快速堆肥化处理 [M]. 北京：化学工业出版社， 2014.
[4] 国家发展改革委办公厅，农业部办公厅．关于印发《秸秆综合利用技术目录（2014）》的通知（发改办环资 [2014]2802 号），2015 年 9 月．
[5] 侯书林，胡三媛，孔建铭，等．国内残膜回收机研究的现状 [J]. 农业工程学报,2002(03):186-190.
[6] 周新星，胡志超，严伟，等．国内残膜回收机脱膜装置的研究现状 [J]. 农机化研究,2016,38(11):263-268.
[7] 李诗龙．废旧农膜的回收再生利用技术 [J]. 再生资源研究，2005（1）：9-12.
[8] 张峰．废旧地膜回收利用技术的应用 [J]. 中国资源综合利用,2013,31(05):36-38.
[9] 贾利欣，融晓萍．地膜二次利用免耕栽培向日葵 [J]. 农业科技通讯，2011（3）：186-187
[10] 高玉云，黄迎春，袁智勇，等．果渣类饲料的开发与利用 [J]. 广东饲料,2008(10):35-37.
[11] 陈五岭，段东霞，高再兴．微生物发酵果渣蛋白饲料研究 Ⅰ．菌种选育及理化性质测定 [J]. 西北大学学报（自然科学版）,2003(01):91-93.
[12] 石勇，何平，陈茂彬．果渣的开发利用技术 [J]. 饲料工业，2007（1）：54-56
[13] 高再兴，陈五岭，段东霞，等．微生物发酵果渣蛋白饲料 Ⅱ．发酵工艺条件的研究 [J]. 西北大学学报（自然科学版）,2003(06):701-704.

第 14 章 农用地受污染土壤修复技术

14.1 概述

14.1.1 农用地土壤污染现状

土壤是植物生长繁育的自然基地，是农业的基本生产资料，也是生态系统的重要组成部分。中国现有耕地有近 1/5 受到不同程度的污染，污染土壤将导致农作物减产，甚至有可能引起农产品中污染物超标，进而危害人体健康。2014 年环保部公布了《全国土壤污染状况调查公报》，报告指出，我国土壤环境状况总体不容乐观，土壤总污染的超标率为 16.1%，污染类型以无机型重金属为主，占全部超标点位的 82.8%。我国是农业用地资源极其匮乏的国家，随着土壤污染问题的不断恶化，农业用地资源质量和数量的匮乏已成为限制农业可持续发展的重大障碍。

国务院 2016 年 5 月印发的《土壤污染防治行动计划》提出，到 2020 年，全国土壤污染加重趋势得到初步遏制，土壤环境质量总体保持稳定，农用地和建设用地土壤环境安全得到基本保障，土壤环境风险得到基本管控。目前，土壤环保已逐步上升成为全国环保工作的重点。

14.1.2 农用地土壤修复的技术原理和分类

从根本上说，污染土壤修复的技术原理包括两方面：一是改变污染物在土壤中的存在形态或同土壤的结合方式，降低其在环境中的可迁移性与生物可利用性；二是降低土壤中有害物质的浓度。

土壤修复是指利用物理、化学和生物的方法转移、吸收、降解和转化土壤中的污染物，使其浓度降低到可接受水平，或将有毒有害的污染物转化为无害的物质。常用的土壤修复技术已有十几种，大致可分为物理、化学和生物 3 种方法。物理 / 化学修复技术中研究运用较多的是：固化 – 稳定化、淋洗、化学氧化 – 还原和土壤电动力学修复。联合修复技术中研究运用较多的是微生物 / 动物 – 植物联合修复技术、化学 / 物化 – 生物联合修复技术和物理 – 化学联合修复技术。我国土壤修复技术研究起步较晚，加之区域发展不均衡、土壤类型多样性、污染场地特征变异性、污染类型复杂性和技术需求多样性等因素，主要以植物修复为主，已建立许多示范基地、示范区和试验区，并取得许多植物修复技术成果以及修复植物资源化利用的技术成果。

14.2 受污染土壤修复常用技术

14.2.1 物理修复技术

物理修复是指通过温度、电动力或者其他物理因素将污染物从土壤中分离出来的修复技术。

1. 安全填埋

填埋法是将污染土壤进行掩埋覆盖，采用防渗、封顶等配套设施防止污染物扩散的处理方法。填埋法不能降低土壤中污染物本身的毒性和体积，但可以降低污染物在地表的暴露及其迁移性。

1）技术特点

填埋法是修复技术中最常用的技术之一。在填埋的污染土壤的上方需布设阻隔层和排水层。阻隔层应是低渗透性的黏土层或者土工合成黏土层。排水层的设置可以避免地表降水入渗造成污染物的进一步扩散。通常干旱气候条件下要求填埋系统简单一些，湿润气候条件下可以设计比较复杂的填埋系统。填埋法的费用通常小于其他技术的费用。

2）适用范围

在填埋场合适的情况下，可以用来临时存放或者最终处置各类污染土壤。该技术通常适用于地下水位之上的污染土壤。由于填埋的顶盖只能阻挡垂向水流入渗，因此需要建设垂向阻隔墙以避免水平流动导致的污染扩散。填埋场需要定期进行检查和维护，确保顶盖不被破坏。

安全填埋法的局限性主要有：挖掘过程中会产生扬尘；污染物只是简单地从一处转移到另一处；需要对填埋场进行长期的监测。

2. 混合 / 稀释技术

土壤混合 / 稀释技术是指用清洁土壤取代或者部分取代污染土壤，覆盖在土壤表层或者混匀，使污染物浓度降低到临界危害浓度以下的一种修复技术。通过土壤混合和稀释，减少污染物与植物根系的接触，并减少污染物进入食物链，具体包括换土、客土和翻土 3 种方法。换土就是移走污染土壤，换入干净土壤；客土是将干净土壤覆盖在污染土壤的表层混匀，达到降低土壤中污染物浓度的目的；翻土是深翻耕层污染的土壤到更深层，降低耕层污染物浓度，从而减少植物对污染物的吸收，常用于污染程度较轻的土壤。

1）技术特点

该方法能有效地将污染土壤与植物生态系统隔离，减少污染物对植物的影响，但通常工程量较大，换土易导致土壤结构的破坏，引起土壤肥力下降。为避免二次污染，还要对污染土壤进行集中处理。土壤混合 / 稀释修复技术可以是单一的修复技术，也可以作为其他修复技术的一部分，如固定稳定化、氧化还原等。土壤混合 / 稀释修复技术作为其他修复技术的一部分，其主要目的是增加添加剂（如固化 / 稳定化剂、氧化剂、还原剂）的传输速度，使添加剂尽量和反应剂接触。使用此技术时需根据土壤的污染物浓度、范围和土壤修复目标值，计算需要混合的干净土壤的量。混合时尽量多采用垂直方向混合，少水平方向混合，以免扩大污染面积。混合／稀释可以是原位混合，也可以是异位混合。

2）适用范围

土壤中的污染物应不具危险特性，且含量不高（一般不超过修复目标值的2倍）。该技术适合于土壤渗流区，即土壤含水量较低的土壤，当土壤含水量较高时，混合不均匀会影响混合效果。

3. 蒸汽浸提技术

土壤蒸汽浸提技术（简称SVE）是去除土壤中挥发性有机污染物（VOCs）的一种原位修复技术。它是通过在不饱和土壤层中布置提取井，利用真空泵产生负压驱使空气通过污染土壤的孔隙，解吸并夹带有机污染物流向抽取井，最终在地上进行污染尾气处理，从而使污染土壤得到净化的方法。

1）技术特点

多数情况下，污染土壤中需要安装若干空气注射井，通过真空泵引入可调节气流。此技术可操作性强，处理污染物范围宽，可由标准设备操作，不破坏土壤结构，对回收利用废物有潜在价值。土壤理化特性（有机质、湿度和土壤空气渗透性等）对土壤气体抽提修复技术的处理效果有较大影响。地下水位太高（地下1～2 m）会降低土壤气体抽提的效果。排出的气体需要进行进一步的处理。黏土、腐殖质含量较高或本身极其干燥的土壤，由于其本身对挥发性有机物的吸附性很强，采用原位土壤气体抽提技术时，污染物的去除效率很低。

2）适用范围

本技术可用来处理挥发性有机污染物和某些燃料。可处理的污染土壤应具有质地均一、渗透能力强、孔隙度大、湿度小和地下水位较深的特点。低渗透性的土壤难以采用该技术进行修复处理。

4. 固化／稳定化技术

固化／稳定化技术是将污染土壤与黏结剂混合形成凝固体而实现物理封锁（如降低孔隙率等）或发生化学反应形成固体沉淀物（如形成氢氧化物或硫化物沉淀等），从而达到降低污染物迁移性和活性的目的。本技术主要包括两个概念，固化是向污染土壤加入固化剂，两者混合后成为低渗透性固体混合物，将污染物包裹起来，使之呈颗粒状或者大板块存在，固化体中的污染物移动性降低，进而减少危害。固化修复技术时间短、易操作，但会破坏土壤结构。稳定化是向土壤中添加化学物质，包括改良剂、抑制剂等，改变污染物的形态或价态，将污染物转化为不易溶解、迁移能力或毒性变小的状态和形式，即通过降低污染物的生物有效性，实现其无害化或降低其对生态系统危害的风险。按处置位置的不同，分为原位和异位固化稳定化。在异位固化／稳定化过程中，许多物质都可以作为黏结剂，如硅酸盐水泥、火山灰、硅酸酯、沥青以及各种多聚物等。硅酸盐水泥以及相关的铝硅酸盐（如高炉溶渣、飞灰和火山灰等）是最常用的黏结剂。

1）技术特点

有许多因素可能影响异位固化／稳定化技术的实际应用和效果，如最终处理时的环境条件可能会影响污染物的长期稳定性；一些工艺可能会导致污染土壤固化后体积显著增大；有机物质的存在可能会影响黏结剂作用的发挥等。固化／稳定化方法可单独使用，也可与其他处理和处置方法结合使用。污染物的埋藏深度可能会影响、限制一些具体的应用过程。原位修复时必须控制好黏结剂的注射和混合过程，防止污染物扩散进入清洁土壤区域。

固化／稳定化并不是一种彻底的修复措施，它只改变污染物在土壤中的存在形态，降低其生物有效性，在土壤条件改变的情况下容易再度活化产生危害。

2）适用范围

固化／稳定化技术的成本和运行费用较低，适用性较强，原位、异位均可使用。该技术主要应用于处理无机物污染的土壤，不适合含挥发性污染物土壤的处理。对于半挥发性有机物和农药杀虫剂等污染物的处理效果有限。

5. 玻璃化技术

玻璃化是指利用等离子体、电流或其他热源在 1 600 ～ 2 000 ℃的高温下熔化土壤及其污染物，使污染物在此高温下被热解或蒸发而去除，产生的水汽和热解产物被收集后由尾气处理系统进行进一步处理后排放。熔化的污染土壤冷却后形成化学惰性的、非扩散的整块坚硬玻璃体，有害无机离子得到固定化。常用固化剂分为 4 类：无机黏结物质（如水泥、石灰等）、有机黏结剂（如沥青等热塑性材料）、热硬化有机聚合物（如尿素、酚醛塑料和环氧化物等）和玻璃质物质。

1）技术特点

玻璃化是一种较为实用的短期技术，加热过程中土壤和淤泥中的有机物含量要超过 5% ～ 10%（质量比）。该技术可用于破坏、去除受污染土壤、污泥、其他土质物质、废物和残骸，以实现永久破坏、去除和固定化有害和放射性污染的目的。但实施时，需要控制尾气中的有机污染物以及一些挥发性的气态污染物，且需进一步处理玻璃化后的残渣，湿度太高会影响成本。固化的物质可能会妨碍到未来土地的使用。

2）适用范围

本技术可处理大部分 VOCS、SVOC、PCB、二噁英等，以及大部分重金属和放射性元素。砾石含量大于 20% 会对处理效率产生影响。低于地下水位的污染修复需要采取措施防止地下水反灌。

6. 热脱附技术

土壤热脱附技术是指在真空条件下或通入载气时，经直接或间接加热，污染土壤的温度被提高至目标污染物沸点以上，控制系统温度和污染土壤停留时间，有选择地促使目标污染物气化挥发与土壤颗粒分离，进入气体处理系统被去除。热脱附主要包含两个基本过程：一是加热待处理物质，将目标污染物挥发成气态与土壤分离的过程；二是将含有目标污染物的尾气进行冷凝、收集、焚烧等处理至达标后排放的过程。

根据运行的温度，热脱附可分为两类：高温热脱附和低温热脱附。高温热脱附加热到 320 ～ 560 ℃，低温热脱附加热到 90 ～ 320 ℃。低温热脱附的好处是土壤大部分的物理特性被保留，还可以回填再用。

1）技术特点

热脱附过程中发生蒸发、蒸馏、沸腾、氧化和热解等作用，通过调节温度可以选择性地移除不同的污染物。土壤中的部分有机物在高温下分解，其余未能分解的污染物在负压条件下从土壤中分离出来，最终在地面处理设施（后燃烧器、浓缩器或活性炭吸附装置等）中彻底消除。该技术具有工艺简单、技术成熟等优点，但该方法能耗大、操作费用高。该技术对待处理土壤的粒径和含水量有一定要求，一般需要对土壤进行预处理；有产生二噁英的风险。

2）适用范围

本技术适用于处理挥发及半挥发性有机污染物（如石油烃、农药、杀虫剂、多氯联苯）和汞，不适用于无机污染物（汞除外）。污染物去除率可达 99.98% 以上。适用于含水率适中（最佳 10% ～ 25%）、渗透性好、结构紧实度小的沙质土壤，不适用于黏土、腐蚀性有机物、活性氧化剂和还原剂含量高的土壤。

14.2.2 化学修复技术

化学修复技术是利用化学原理、反应或试剂，来减少或者去除土壤中的污染物，以达到土壤治理与修复的目的。

1. 焚烧

焚烧技术是使用 870 ～ 1 200 ℃的高温，挥发和燃烧（有氧条件下）污染土壤中的卤代物和其他难降解的有机成分。高温焚烧技术是一个热氧化过程，在这个过程中，有机污染物分子被裂解成气体或不可燃的固体物质。

焚烧的单位处置成本非常高，用来处理大量的高污染土壤从经济的角度上不是个好选择。除了要弄清土壤的污染程度和浓度，还需要了解土壤的其他特性，包括土壤的水分含量、类别、粒径分布。掌握土壤的粒径数据可以准确预测系统的粉尘负荷，从而设计出合适的空气污染控制设施。需要先进行焚烧试验，以了解焚烧的效果和成本，之后要进行仔细的成本分析。

1）技术特点

焚烧方式主要是采用多室空气控制型焚烧炉和回转窑焚烧炉，与水泥窑联合进行污染土壤的修复，是目前国内应用较为广泛的方式。焚烧过程需要对废物焚烧后的飞灰和烟道气进行检测，防止二噁英等毒性更大的物质的产生，并需满足相关标准。焚烧技术通常需要辅助燃料来引发和维持燃烧，并对尾气和燃烧后的残余物进行处理。

2）适用范围

焚烧技术可用来处理大量高浓度的 POPs 污染物以及半挥发性有机污染物等。对污染物处理彻底，清除率可达 99.99%。如果与水泥窑协同处置，需要对污染土壤进行分选，并对其中的重金属等成分进行检测，保证出产的水泥质量符合相关标准。

2. 氧化还原技术

氧化还原技术是通过氧化/还原反应将有害污染物转化为更稳定、活性较低或惰性的无害或毒性较低的化合物。氧化还原反应包括将电子从一种化合物转移到另一种化合物。

1）技术特点

该技术所需的工程周期一般为几天至几个月不等，具体因待处理污染区域的面积、氧化还原剂的输送速率、修复目标值及地下含水层的特性等因素而定。可能限制本方法适用性和有效性的因素包括：可能出现不完全氧化或中间体形式的污染物，取决于污染物和所使用的氧化剂。处理时，应减少介质中的油和油脂，以优化处理效率。

2）适用范围

本技术对 PCBs、农药类、多环芳烃（PAH）等有较好的处理效果。对于高浓度的污染物，本处理方法不够经济有效，因为需要大量氧化剂。该技术也可用于非卤代挥发性有机物、半挥发性有机物及燃油类碳氢化合物的处理，但其处理效率相对较低。

3. 化学萃取技术

化学萃取技术是一种利用溶剂将污染物从被污染的土壤中萃取后去除的技术。该溶剂需要进行再生处理后回用。在采用溶剂萃取之前，先将污染土壤挖掘出来，并将大块杂质如石块和垃圾等分离，然后将土壤放入一个具有良好密封性的萃取容器内，土壤中的污染物与化学溶剂充分接触，从而将有机污染物从土壤中萃取出来，浓缩后进行最终处置（焚烧或填埋）。

1）技术特点

该技术的关键之一是要求浸提溶剂能够很好地溶解污染物，但其本身在土壤环境中的溶解较少。常用的化学溶剂有各种醇类或液态烷烃以及超临界状态下的水体。化学溶剂易造成二次污染。如果土壤中黏粒的含量较高，循环提取次数要相应增加，同时也要采用合理的物理手段降低黏粒聚集度。

2）适用范围

该法能从土壤、沉积物、污泥中有效地去除有机污染物，萃取过程也易操作，溶剂可根据目标污染物选择。土壤湿度及黏土含量高会影响处理效率，因此一般来说该技术要求土壤的黏土含量低于 15%，湿度低于 20%。

4. 化学淋洗技术

化学淋洗，是借助能促进土壤环境中污染物溶解或迁移的化学/生物化学溶剂，在重力作用下或通过水头压力推动淋洗液注入被污染的土层中，然后再把含有污染物的溶液从土壤中抽提出来，进行分离和污水处理的技术。此技术分原位和异位土壤淋洗。原位土壤淋洗一般是将冲洗液由注射井注入或渗透至土壤污染区域，携带污染物质到达地下水后用泵抽取污染的地下水，并于地面上去除污染物的过程。异位化学淋洗技术需要将污染土壤挖掘出来，用水或淋洗剂溶液清洗土壤、去除污染物，再对含有污染物的清洗废水或废液进行处理，洁净土可以回填或运到其他地点回用。异位土壤淋洗在使用时，一般需要先根据土壤的物理状况对其进行分类，再基于二次利用的用途和最终处理需求将其清洁到不同的程度。

清洗液可以是清水，也可以是包含冲洗助剂的溶液。冲洗剂主要有无机冲洗剂、人工螯合剂、阳离子表面活性剂、天然有机酸、生物表面活性剂等。最常用的化学助剂分为无机和有机两大类。无机淋洗剂通常为硝酸、盐酸、弱酸盐等。有机淋洗剂通常是螯合剂，例如乙二胺四乙酸二钠盐（EDTA）和二乙基三胺五乙酸（DPTA）。无机冲洗剂具有成本低、效果好、速度快等优点，但用酸冲洗污染土壤时，可能会破坏土壤的理化性质，使大量土壤养分流失，并破坏土壤微团聚体结构。人工螯合剂价格昂贵，生物降解性差，且冲洗过程易造成二次污染。

1）技术特点

本技术易操作、费用合理、灵活方便，但高效淋洗剂价格昂贵，淋洗液在应用过程中可能会将植物所需的一些微量元素例如 Cu、Mg 淋洗出根基，造成微量元素缺失，影响植物生长。在处理质地较细的土壤时，需多次清洗才能达到较好效果。低渗透性的土壤处理困难，表面活性剂可黏附于土壤中降低土壤孔隙度，冲洗液与土壤的反应可降低污染物的移动性。较高的土壤湿度、复杂的污染混合物以及较高的污染物浓度会使处理过程更加困难。冲洗废液如控制不当会产生二次污染，因此需回收处理。淋洗过程通常采用可移动处理单元在现场进行，因此该技术所需的实施周期主要取决于处理单元的处理速率及待处理的土壤体积。该技术要求较大的处理场地。

2）适用范围

该技术可用来处理重金属污染的土壤，而黏土中的污染物则较难清洗。一般来说，当土壤中黏土含量达到 25% ～ 30% 时，不考虑采用该技术。

5. 电动力学修复

电动力学修复技术利用插入土壤中的和有机污染物，对于大粒径级别污染土壤的修复更为有效，砂砾、沙、细沙以及类两个电极在污染土壤两端加上低压直流电场，在电化学和电动力学的复合作用下，水溶的或吸附在土壤颗粒表层的污染物根据所带电荷的不同向正负电极移动，使污染在电极附近富集或被回收利用，从而达到清洁土壤的目的。污染物的去除过程主要涉及 4 种电动力学现象，电迁移、电渗析、电泳和酸性迁移带。电动力学修复技术进行土壤修复主要有两种应用方法：①原位修复，直接将电极插入受污染土壤，污染修复过程对现场的影响最小；②序批修复，污染土壤被输送至修复设备分批处理。电极需要采用惰性物质，如碳、石墨、铂等，避免金属电极电解过程中溶解而产生腐蚀作用。

1）技术特点

电动力学修复技术具有较多优点，对现有景观和建筑的影响较小，污染土壤本身的结构不会遭到破坏，处理过程不需要引入新的物质，原位、异位均可使用。土壤含水量、污染物的溶解性和脱附能力对处理效果有较大影响，因此使用过程中需要有电导性的孔隙流体来活化污染物。

2）适用范围

本技术可高效处理重金属污染（包括铬、汞、镉、铅、锌、锰、铜、镍等）及有机物污染（苯酚、六氯苯、三氯乙烯以及一些石油类污染物），去除率可达 90%。目标污染物与背景值相差较大时处理效率较高。可用于水力传导性较低或黏土含量较高的土壤。土壤中含水量小于 10% 时，处理效果大大降低。埋藏的金属或绝缘物质、地质的均一性、地下水位均会影响土壤中电流的变化，从而影响处理效率。

14.2.3 生物修复技术

广义的土壤污染生物修复是指通过土壤生物（包括植物、动物及微生物单独作用或联合作用）来吸收、降解和转化土壤中的污染物，使土壤污染物含量降低或将有毒有害物质转化为无害物质的过程。生物修复分为微生物修复、植物修复和动物修复 3 种，并以微生物修复及植物修复的研究和应用最为广泛。

生物修复技术按处理空间可分为原位生物修复和异位生物修复两种。原位生物修复是指对受污染的土壤不做搬运或输送，而在原位污染地进行的生物修复处理，修复过程主要依赖于被污染地自身微生物的自然降解能力和人为创造的合适的降解条件。异位生物修复是指将污染土壤运输到其他地点进行生物修复处理。

1. 微生物修复

狭义的土壤污染生物修复特指微生物修复，即通过微生物对污染物的代谢作用，将土壤有机污染物作为碳源和能源，将其分解转化为 CO_2 和 H_2O 或其他无害物质，可通过改变各种环境条件，如营养、氧化还原电位、共代谢基质，来强化微生物降解作用以达到治理目的。

有机污染物被微生物降解主要依靠两种方式：①利用微生物分泌的胞外酶降解；②污染物被微生物吸收到细胞内，由胞内酶降解。吸收污染物的方式主要有被动扩散、促进扩散、主动运输、基团转位及胞饮作用等。

重金属污染土壤的微生物修复原理包括：①微生物通过带电荷的细胞表面吸附重金属离子，或主动吸收重金属于细胞内部降低重金属的移动性；②微生物通过代谢作用产生多种低分子有机酸，从而直接或间接溶解重金属；③微生物通过氧化还原作用改变金属的价态，降低土壤中重金属的毒性和活性。

1）技术特点

微生物降解技术一般不破坏植物生长所需要的土壤环境，污染物的降解较为完全，不易产生二次污染，具有操作简便、费用低、效果好、易于就地处理等优点。但生物修复的修复效率受污染物性质、土壤微生物生态结构、土壤性质等多种因素的影响，且对土壤中的营养等条件要求较高。如果土壤介质抑制污染物微生物，则可能无法清除目标。需要控制场地的温度、pH 值、营养元素量等使之符合微生物的生存环境条件。生物降解在低温下进程缓慢，修复时间长，通常需要几年。

2）适用范围

本方法对能量的消耗较低，可以修复面积较大的污染场地。高浓度重金属、高氯化有机物、长链碳氢化合物可能对微生物有毒。本法不能降解所有进入环境的污染物，特定微生物只降解特定污染物，受各种环境因素的影响较大，污染物浓度太低时不适用。低渗透土壤可能不适用。

原位微生物修复的典型方法是生物通气法；异位微生物修复包括生物反应器和处理床技术两大类型。典型的生物反应器是生物泥浆反应器，典型的处理床技术目前主要是生物堆腐技术。

1）生物通气法

生物通气法是一种强迫氧化的生物降解方法，即在受污染土壤中强制通入空气，强化微生物对土壤中有机污染物进行生物降解，同时将易挥发的有机物一起抽出，然后对排出的气体进行后续处理或直接排入大气中。

（1）技术特点。一般在用通气法处理土壤前，首先应在受污染的土壤上打两口以上的井，当通入空气时先加入一定量的氮气作为降解细菌生长的氮源，以提高处理效果。与土壤气相抽提相反，生物通气使用较低的气流速度，只提供足够的氧气维持微生物的活动。氧气通过直接空气注入供给土壤中的微生物，降解土壤中吸附的污染物。以外，在气流缓慢地通过生物活动的土壤时，挥发性化合物也得到了降解。生物通气是一项中期到长期的技术，时间从几个月到几年不等。

（2）适用范围。此技术对于被石油烃、非氯化溶剂、某些杀虫剂、防腐剂和其他一些有机化学品污染的土壤处理效果良好。此法常用于地下水层上部透气性较好而被挥发性有机物污染土壤的修复，也适用于结构疏松多孔的土壤，以利于微生物的生长繁殖。本技术适用处理高渗透率、高含水量和高黏性的土壤。

2）生物堆

生物堆是指将污染土壤挖掘后，在具有防渗层的处置区域堆积，经过曝气，利用微生物对污染物的降解作用处理污染土壤的技术。

（1）技术特点。该技术的特点是在堆起的土层中铺有管道，提供降解用水或营养液，并在污染土层以下设有多孔集水管，收集渗滤液。生物堆底部设有进气系统，利用真空或正压进行空气的补给。系统可以是完全封闭的，内部的气体、渗滤液和降解产物，都经过诸如活性炭吸附、特定酶的氧化或加热氧化等措施处理后才向大气排放，而且封闭系统的温度、湿度、营养物、氧气和 pH 值均可调节用以增强生物的降解作用。在生物堆的顶部需覆盖薄膜，控制气体和挥发性污染物的挥发和溢出，并能加强太阳能热力作用，从而提高处理效率。生物堆是一项短期技术，一般持续几周到几个月。

（2）适用范围。本技术适用于非卤化挥发性有机物和石油烃类污染物，也可用来处理卤化挥发和半挥发性有机物、农药等，但处理效果不一，可能对其中特定污染物更有效。

3）泥浆相生物处理

泥浆相生物处理是在生物反应器中处理挖掘的土壤，通过污染土壤和水的混合，利用微生物在合适条件下对混合泥浆进行清洁的技术。

（1）技术特点。对挖掘的土壤先用物理方法分离石头和碎石，然后把土壤与水在反应器中混合，混合比例根据污染物的浓度、生物降解的速度以及土壤的物理特性而确定。有些处理方法需对土壤进行预冲洗，以浓缩污染物，将其中的清洁沙子排出，对剩余的受污染颗粒和洗涤水进行生物处理。泥浆中的固体含量在 10% 至 30% 之间。土壤颗粒在生物反应容器中处于悬浮状态，并与营养物和氧气混合。反应器的大小可根据试验的规模来确定。处理过程中通过加入酸或碱来控制 pH 值，必要时需要添加适当的微生物。生物降解完成后，将土壤泥浆脱水。土壤筛分和处理后的脱水价格较为昂贵。泥浆相生物处理可为微生物提供较好的环境条件，从而可以大大提高降解反应速率。

（2）适用范围。泥浆相生物处理法可用来处理石油烃、石化产品、溶剂类和农药类的污染物。对于均质土壤、低渗透土壤的处理效果较好。连续厌氧反应器也可用来处理 PCBs、卤代挥发性有机物、农药等。

2. 植物修复

植物修复主要是利用特定植物的吸收、转化作用来清除或降解土壤中的污染物，从而实现土壤净化、生态效应恢复的治理技术。植物修复主要通过 3 种方式进行污染土壤的修复，包括：植物对污染物的直接吸收及对污染物的超累积作用；植物根部分泌的酶来降解有机污染物；根际与微生物联合代谢作用，从而吸收、转化和降解污染物。

植物修复最为重要的一个方面，是“特异”植物根能释放出多种有利于有机污染物降解过程或对有毒金属起固定作用的化学物质，由此增加土壤有机质含量，可以改变有机污染物的吸附特性，从而促进它们与腐植酸的共聚作用。另一方面，许多植物对污染物具有一定的同化能力。植物通过根、叶吸收环境中的有机污染物，经体内酶氧化降解作用、羟基化作用和分泌作用等实现对污染物的降解。同时，在一些植物根圈内，由于提供了微生物生长繁殖的良好环境，某些特殊微生物大量繁殖，其数量和种群结构的多样化对加速外来污染物的降解十分有利。

（1）技术特点。植物修复技术与物理和化学修复技术相比具有成本低、效率高、无二次污染、不破坏植物生长所需的土壤环境等特点，非常易于就地处理污染物，操作方便。植物修复技术的中间代谢产物复杂，代谢产物的转化难以观测，有些污染物在降解的过程中会转化成有毒的代谢产物。修复植物对环境的选择性强，很难在特定的环境中利用特定的植物种；气候或是季节条件会影响植物生长，减缓修复效果，延长修复期；修复技术的应用需要大的表面区域；一些有毒物质对植物生长有抑制作用，因此植物修复多用于低污染水平的区域。有毒或有害化合物可能会通过植物进入食物链，所以要控制修复后植物的利用。污染深度不能超过植物根之所及。较之其他修复技术，植物修复具有良好的美学效果和较低的操作成本，比较适合与其他技术结合使用。

（2）适用范围。植物修复对于特定重金属吸收具有较好的效果和应用，针对 PAHs、DDT 和 POPs 等污染物也有过使用先例，但尚不能达到完全修复有机污染土壤的目的。目前植物修复大多只能针对一种或两种重金属进行累积，对于几种重金属的复合污染的处理效果一般。某些重金属，如铅和镉，尚未发现自然中的超累积植物。本技术一般仅适用于浅层污染的土壤。

3. 动物修复

有机污染土壤的动物修复技术是指利用土壤动物的直接作用（如吸收、转化和分解）或间接作用（如改善土壤理化性质、提高土壤肥力、促进植物和微生物的生长）而修复土壤污染的过程。土壤中的一些大型土壤动物，如蚯蚓和某些鼠类，能吸收或富集土壤中的残留有机污染物，并通过其自身的代谢作用，把部分有机污染物分解为低毒或无毒产物。动物对某种污染物的积累及代谢符合一级动力学，某种有机污染物经动物体内的代谢，有一定的半衰期，一般经过 5 ～ 6 个半衰期后，动物积累有机污染物达到极限值，意味着动物对土壤中有机污染物的去除作用已完成，后采用电激、灌水等方法从土壤中驱赶出这些动物集中处理。此外，土壤中还存在着大量的小型动物群，如线虫纲、弹尾类、稗螨属、蜈蚣目、蜘蛛目、土蜂科等昆虫，均对土壤中的有机污染物存在一定的吸收和富集作用，能促进土壤中有机污染物的去除。动物修复技术不能处理高浓度重金属污染土壤，除蚯蚓外，对于其他也具有很强修复能力的土壤动物有待于深入研究。

14.3 受污染土壤修复模式

14.3.1 重金属污染土壤修复模式

1. 各种土壤修复技术的对比

虽然土壤的修复技术很多，但没有一种修复技术可以针对所有污染土壤。不同的污染状况、土壤性质和修复需求，也会限制一些修复技术的使用。另外，大多数修复技术对土壤或多或少带来一些副作用。在选择污染土壤微生物修复技术时，应充分考虑各种修复方法的优缺点，结合污染物的类型、污染场地、污染状况等因素，充分发挥每种微生物修复方法的长处，加以灵活运用。各种土壤修复技术的对比见表 14-1。

表 14-1 各种土壤修复技术的对比

类型	修复技术	优 点	缺 点	适用类型
生物修复	植物修复	成本低、不改变土壤性质、没有二次污染	耗时长、污染程度不能超过修复植物的正常生长范围	重金属、有机物污染等
	原位生物修复	快速、安全、费用低	条件严格、不宜用于治理重金属污染	有机物污染
	异位生物修复	快速、安全、费用低	条件严格、不宜用于治理重金属污染	有机物污染

续表

类型	修复技术	优点	缺点	适用类型
化学修复	原位化学淋洗	长效性、易操作、费用合理	治理深度受限，可能会造成二次污染	重金属、苯系物、石油、卤代烃、多氯联苯等
	异位化学淋洗	长效性、易操作、治理深度不受限	费用较高、有淋洗液处理问题，有二次污染	重金属、苯系物、石油、卤代烃、多氯联苯等
	溶剂浸提技术	效果好、长效性、易操作、治理深度不受限	费用高、需解决溶剂污染问题	多氯联苯等
	原位化学氧化	效果好、易操作、治理深度不受限	使用范围较窄、费用较高、可能存在氧化剂污染	多氯联苯等
	原位化学还原与还原脱氯	效果好、易操作、治理深度不受限	使用范围较窄、费用较高、可能存在氧化剂污染	有机物
	土壤性能改良	成本低、效果好	使用范围窄、稳定性差	重金属
物理修复	蒸汽浸提技术	效率较高	成本高、时间长	VOCs
	固化修复技术	效果较好、时间短	成本高、处理后不能再农用	重金属等
	物理分离修复	设备简单、费用低、可持续处理	筛子可能被堵、扬尘污染、土壤颗粒组成被破坏	重金属等
	玻璃化修复	效率较高	成本高，处理后不能再农用	有机物、重金属等
	热力学修复	效率较高	成本高，处理后不能再农用	有机物、重金属等
	热解吸修复	效率较高	成本高	有机物、重金属等
	电动力学修复	效率较高	成本高	有机物、重金属等，低渗透性土壤
	换土法	效率较高	成本高、污染土还需处理	有机物、重金属等

2. 重金属污染土壤修复模式

随着矿产资源的大量开发利用，工业生产的迅猛发展和各种化学产品、农药及化肥的广泛使用，含重金属的污染物通过各种途径进入环境，造成土壤，尤其是农田土壤重金属污染日益严重。重金属污染物不能被化学或生物降解、易通过食物链途径在植物、动物和人体内积累，毒性大，对生态环境、食品安全和人体健康构成严重威胁。农田土壤中重金属污染主要来源于污染物的大气沉降、污水农灌、农用物质施用和固体废弃物堆放等。

受无机物及重金属污染的土壤的处理方法目前主要有填埋、固化稳定化、化学氧化还原、覆盖、植物修复和淋洗等。可将污染物进行固定，降低其迁移性；或改变其化学性质，使其变为无毒或低毒的化合物；或对其进行富集，集中处理，最终降低对人体和生态健康的威胁。填埋、固化稳定化或者覆盖等是一类阻隔污染物传播途径的修复方法，并未消除污染物，只是以某种方法封闭污染物。目前应用较多的重金属污染土壤修复技术是植物修复。

根据其作用过程和机理，农田土壤重金属污染的植物修复技术可分为植物稳定化、植物挥发和植物提取 3 种类型。植物稳定化利用具有重金属耐性的植物降低土壤中有毒金属的移动性，从而降低重金属进入食物链的可能性。植物稳定化主要通过根部累积、沉淀、转化重金属形态，或通过根表面吸附作用固定重金属，降低重金属渗漏污染地下水和向四周迁移污染周围环境的风险。但是植物稳定化只是暂时将重金属固定，在土壤环境发生变化时，重金属的生物有效性也可能会发生变化，存在潜在风险。植物挥发是指被植物吸收的污染物在植物体内代谢，然后以可挥发的气态形式向大气释放的过程，通常应用于汞和硒污染的土壤，但存在大气污染的风险。植物提取是通过植物根系吸收重金属并将其富集于植物体内，而后将植物体收获、集中处置，也称为植物萃取技术。植物提取技术被认为是最为有效的植物修复策略之一，但在研究和实践应用中还存在选择合适的超累积植物以及科学合理地处置收获的重金属富集植物生物质两类科学问题。

在实际应用中，经常使用组合技术来完成重金属污染土壤的修复。

（1）电动力学 + 植物修复。此方法可用来处理无机物污染的土壤，先采用电动力学修复技术对土壤中的污染物进行富集和提取，对富集的部分单独进行回收或者处理。然后利用植物对土壤中残留的无机物进行处理，可将高毒的无机污染物变为低毒的无机污染物，或者利用超累积植物对土壤中的污染物进行累积后集中处置。

（2）氧化还原 + 固化稳定化。此方法适用于无机物污染土壤的处理。无机污染物，特别是重金属类污染物的毒性与价态相关，在自然界的各种作用下其价态可发生变化。此联合方式是先采用氧化还原的方法将高毒的无机物氧化还原成低毒或者无毒的无机物，为避免逆反应的发生，需在处理后加入固化剂等物质降低污染物的迁移性，从而保证污染土壤的处理效果。

14. 3. 2 有机物及其他污染土壤修复模式

1. 有机物污染土壤的修复模式

近年来，有机污染物是土壤中普遍存在的主要污染物之一，可通过化肥及农药的大量施用、污水灌溉、大气沉降、有毒有害危险废物的事故性泄漏等多种途径进入土壤系统，造成土壤严重污染和地表水及地下水次生污染，已引起广泛关注。例如多氯有机物 DDT 带来的环境污染，农用污泥造成土壤的多环芳烃（PAHs）污染，农用地膜导致土壤的邻苯二甲酸酯（PAEs）污染等。因此，土壤有机污染的修复与安全利用成为了一个亟待解决的问题。

针对土壤有机污染物的土壤修复技术的选择，一般需要考虑：①保护人体健康与环境；②短期效果和长期效果；③对污染物毒性、迁移性和数量减少的程度；④可操作性；⑤成本；⑥符合应用与其他相关要求；⑦政府部门和公众的接受程度；⑧优先处理高风险污染物（如高毒性、迁移性强、对人或环境风险较大的污染物）。

针对土壤有机污染物，土壤修复技术可以分为原位修复技术与异位修复技术。相比较而言，原位修复技术更为经济，异位修复技术的环境风险较低、处理效果较易控制。原位修复技术包括原位热处理技术、土壤蒸汽抽提技术、原位玻璃化技术、原位生物修复技术以及植物修复技术等。异位修复技术包括高温焚烧技术、水泥窑共处置技术、低温热脱附技术、异位生物修复技术等。

挥发性有机物毒性大，挥发性强，易暴露在空气中，造成大气污染，影响人体健康。在处理挥发性有机物赋存的土壤时，宜将挥发性污染物收集起来集中处理，因此可根据此原理选择土壤气相抽提、生物通气、填埋、热解吸、焚烧、生物堆、化学氧化还原、植物修复和化学萃取等方法。

半挥发性有机污染土壤与挥发性有机污染土壤类似，但有些半挥发性有机污染物在土壤中的吸附性较好，采用分离的方法（如生物通气、热解吸等）成本较高且修复效果不好，因此除分离方法外还可采用填埋、焚烧、化学氧化、固化稳定化和覆盖等技术，需针对其特性进行选择。

其他类型污染物目前可选用填埋、生物堆、植物修复、生物通气、化学氧化、热解吸和焚烧等方法处理。目前利用微生物方法分解石油是研究的热点，考虑到石油某些组分燃点较低，也可采用热解吸或焚烧的修复技术进行处理。

在实际应用中，经常使用组合技术来完成有机物污染土壤的修复。

（1）气相抽提 + 氧化还原。此技术可用来处理挥发性卤代和非卤代化合物污染的土壤，先采用气相抽提的方法将土壤中易挥发的组分抽取至地面，对富集的污染物可利用氧化还原的方法进行处理，或采用活性炭或液相炭进行吸附。对于吸收过污染物的活性炭和液相炭采用催化氧化等方法进行回收利用。

（2）气相抽提 + 生物降解。此技术适用于半挥发卤代化合物的处理，可采用气相抽提的方法将污染物进行富集，富集后的污染物可集中处理。由于半挥发性卤代化合物的特性，使其可能在土壤中残留，从而影响气相抽提的处理效率。因此，在剩余的污染土壤中通入空气和营养物质，利用微生物对污染物的降解作用处理其中残留的污染物，从而达到修复的目的。

（3）空气注入 + 土壤气相抽提。此法适用于土壤和地下水中挥发性有机物的处理。在土壤和地下水污染处设置曝气装置，一方面通过增加氧气含量促进微生物降解，一方面利用空气将其中的挥发性污染物气化使其进入包气带。利用土壤气相抽提系统将气化的污染物抽出到地面集中处理。这是一种较好的修复技术组合方法。

2. 重金属 - 有机物复合污染土壤的修复模式

对于农田土壤污染，有机污染物和重金属复合污染往往是共存的，而有机、重金属污染物不同的浓度水平和污染组合方式会产生不同的环境行为和环境效应。在有机污染物 - 重金属的复合污染体系下，一种污染物的行为必然要受到其他污染物的影响，进而影响土壤修复的效率。因此，当面对一个由有机污染物 - 重金属污染物组成的复合污染修复体系时，寻找高效率、生态环境友好、成本低廉的修复技术具有重大的现实意义。由于常规物理、化学修复技术成本太高，目前对于受重金属 - 有机物污染的农业土壤修复，通常采用以植物与微生物修复为主，以化学、物理方法为辅的方法。以植物、微生物修复为核心，成本较低且生态环境友好的联合修复方式有3种。

1）“化学改良＋植物”联合修复

目前，常规的化学氧化还原、淋洗、浸提工艺由于需要大量昂贵的药剂、复杂的施工机械等条件，即使是仅仅作为后续植物与微生物修复的预处理，其常规化学处理成本也较大，较适用于污染严重的工业用地土壤修复。在农用地土壤修复尤其是重金属－有机物复合污染修复过程中，常用的是对土壤进行化学改良辅以植物修复技术。

在常见的“化学改良＋植物”联合修复工艺中，通常适当地加入一些化学改良剂如赤泥、城市污泥和熟石灰、骨炭、磷矿粉、沸石等调节土壤营养及物理化学条件，以改良植物的生长环境，促进植物对重金属的吸收而去除重金属。

某些表面活性剂、螯合剂具有润滑、增溶、分散、洗涤等特性，可改变土壤表面电荷和吸收位能，或从土壤表面将重金属置换出来，以络合物、螯合物的形式存在于土壤溶液中，也提高了重金属在自然环境中的可流动性，从而加速重金属的去除。重金属－有机物复合污染的土壤修复试验表明，表面活性剂与化学调控剂的投加不仅能够促进重金属离子的植株吸收，而且对芘、DDT 等的植物降解有促进作用。

2）“微生物＋植物”联合修复

根际微生物与植物根系的联合作用对重金属－有机物复合污染起到非常重要的影响。一方面，植物根部表皮细胞的脱落、酶和营养物质的释放，为微生物提供了更好的生长环境，增加微生物的活动和生物量。另一方面，根际微生物群落能够增强植物对营养物质的吸收，提高植物对病原的抵抗能力，合成生长因子，降解腐败物质等。这些对维持土壤肥力和植物的生长都是必不可少的。

首先，某些根际微生物在土壤中独立生长的速度很慢，但是与植物共生后则快速生长。其次，微生物与植物联合作用可以改变污染物的性质。通过释放螯合剂、酸类物质和氧化还原作用，根际微生物不仅影响土壤中重金属的流动性，而且增加植物的利用度。

3）“化学改良＋微生物＋植物”联合修复

在化学土壤改良的过程中，土壤生物数量一般会有明显增加，而土壤中微生物的存在如硅酸盐细菌等可以将土壤中的云母、长石、磷灰石等含钾、磷的矿物转化为有效钾，提高土壤中有效元素的含量，促进超富集植物的生长。由此可知，“化学改良＋微生物＋ 植物”联合修复工艺并不是单独工艺的叠加。

3.DDT 污染土壤的修复模式

根据前期调研和土壤污染现状采样检测结果，示范区域周边农田土壤中 DDT 存在超标现象。DDT（双对氯苯基三氯乙烷）是一种典型的有机氯杀虫剂。从20世纪60年代起，人类发现 DDT 具有强烈的致癌、致畸、致突变性，大多数国家现已禁止使用。由于 DDT 的化学性质稳定、半衰期长，因此当土壤受到该物质污染后，污染土壤将成为一个持续的长期的污染源。同时，污染土壤引起农作物中污染物含量超标，并通过食物链富集到人体和动物体中，引发人类癌症和其他疾病，严重危害人类健康。DDT 也是 2001 年联合国环境规划署（UNEP）通过的《关于持久性有机污染物的斯德哥尔摩公约》中要求全球统一行动优先控制和消除的 12 种持久性有机污染物（POPs）之一。

DDT 的环境修复技术包括填埋法、换土法、化学清洗法、微生物修复、植物修复、堆肥法等，推荐采用“植物－微生物联合定向修复”技术。该技术是利用土壤－植物－微生物组成的复合体系来共同降解污染物，利用生态优势种植物的根基效应，定向植入经筛选的对 DDT 降解能力较强的优势菌群，有针对性地降解 DDT。这一技术的关键是根据土壤的土质状况和 DDT 类污染的实际情况寻找合适的植物－微生物的匹配组合。与其他的土壤修复技术相比，该技术属于原位修复的方法，利用太阳能作驱动力，能量消耗少，对环境的破坏小，成本低、效果好，可大面积使用，且可以带来显著的经济效益，具有重要的实用价值和推广价值。

参考文献

[1] 樊霆，叶文玲，陈海燕，等．农田土壤重金属污染状况及修复技术研究 [J]．生态环境学报，2013,22(10):1727-1736.

[2] 卢欢亮，曾祥专，丁劲新，等．重金属 - 有机物复合污染农田土壤修复策略研究 [J]．安徽农业科学，2013,41(26):10633-10636，10652.

[3] 杨小敏，何文，简红忠，等．农田重金属污染土壤修复技术研究进展 [J]．绿色科技，2016,(14):140-141，144.

[4] 周际海，袁颖红，朱志保，等．土壤有机污染物生物修复技术研究进展 [J]．生态环境学报，2015,24(02):343-351.

[5] 周启星，宋玉芳．植物修复的技术内涵及展望 [J]. 安全与环境学报，2001，1(3)：48-53.

[6] 胡春华，邓先珍，汪茜．土壤修复技术研究综述 [J]. 湖北林业科技，2005，135：44-47.

[7] 环境保护部办公厅．农用地污染土壤修复项目管理指南（试行）．2014 年 10 月 30 日．

[8] 环境保护部．农用地污染土壤植物萃取技术指南（试行）[Z]．2014 年 10 月 29 日．

[9] 环境保护部．污染场地土壤修复技术导则 (HJ25.4—2014) [Z]．2014 年 2 月 19 日．

第 15 章 畜禽养殖污染防治和资源化技术

15.1 概论

15.1.1 畜禽养殖业发展概况

改革开放 30 多年来，我国畜牧业实现了快速发展，畜禽产品总产量和人均产量均大幅增加，畜牧业产值在我国农业总产值中的比例大幅提高，是我国农业的重要组成部分。根据国家统计局发布的数据，2015 年牧业总产值已达到 29 780.38 亿元，占农林牧渔业总产值的 27.8%。2015 年我国肉类总产量 8 625.04 万吨，牛奶总产量 3 754.67 万吨，禽蛋总产量 2 999.22 万吨，分别是 1980 年的 7.3 倍、32.9 倍、11.7 倍；人均肉类总产量 62.75 kg、牛奶 27.3 kg、禽蛋 21.81 kg，分别是 1980 年人均总产量的 5.14 倍、23.53 倍、8.39 倍。按当年价格计算，1980 年我国畜牧业总产值 354.23 亿元，占当年全国农林牧渔业总产值的 18.4%，2015 年我国畜牧业总产值 29 780.38 亿元，占当年全国农林牧渔业总产值比例达到 27.8%。自 1991 年至今，我国肉类产量和禽蛋总产量稳居世界第一，2015 年我国肉类总产量占世界肉类总产量的 24.3%，其中猪肉产量占 49.2%，牛肉产量占 12%，羊肉产量占 30%。2014 年，全国生猪、蛋鸡、奶牛规模养殖比例分别达到 42%、69%、45%，畜牧业正由传统的农户散养向集约化饲养转变，即由过去的分散经营、饲养量小且主要分布在农区转变为集中经营、饲养量大且分布在城市郊区或新城区，并涌现出温氏、罗牛山、新希望、中粮肉食、雨润、双汇、六和、雏鹰农牧、河南牧源、新五丰等一大批大型畜牧集团公司，推动了我国畜牧业的现代化进程。

15.1.2 畜禽养殖污染现状

1. 新形势下畜禽养殖的污染特征

随着我国畜禽养殖业的迅猛发展，畜禽养殖污染特别是规模化畜禽养殖污染已经成为城镇环境污染的主要来源之一。一些研究表明，随着我国农户畜禽养殖从散养向规模化养殖方式的转变，畜禽粪便的利用率逐渐下降，畜禽粪便对环境的污染有日益加重的趋势。在散养方式下，农户将畜禽养殖和种植业相结合，畜禽粪便的还田率较高；而当畜禽养殖业集约化、专业化不断提高时，种、养分离成为普遍趋势。加上近年来建设的专业化、规模化养殖场主要分布在我国东部和城市郊区，这些都导致了缺乏足够的配套耕地循环利用专业养殖场产生的畜禽粪便。但与此同时，畜禽粪便又是一种宝贵资源，畜禽粪便通过一定的技术工艺的处理可以制成饲料或肥料。畜禽粪便通过加工处理可以充分利用其中含有大量氮、磷等的营养物质，生产出优质饲料或有机复合肥料。据统计，目前我国每年的畜禽粪便排放量达 38 亿吨，综合利用率不到 60%。开发利用畜禽粪便不仅能变废为宝，解决农村能源问题，而且可减少环境污染，防止疫病蔓延，保护和改善农村生态环境，有效治理农村污染，促进农业可持续发展。畜禽养殖业污染防治已成为目前农村经济发展急待解决的环境问题。

专业化、规模化的畜禽饲养模式直接导致了我国畜禽粪便排放密度增加、农牧脱节严重，进而对环境造成严重威胁。为摸清我国畜牧业环境污染状况，2000 年，国家环境保护部对我国畜禽养殖较为集中的 23 个省（市、自治区）32 564 个规模化养殖场的调查表明：1999 年，我国畜禽粪便排放估算总量为 19 亿吨，是当年全国工业固体废弃物排放总量的 2.4 倍；畜禽养殖业水污染物 COD 排放总量为 797.31 万吨，分别超过了当年全国工业废水的 COD 排放总量（691.74 万吨）和生活污水排放总量（697 万吨）；规模化畜禽养殖场种养分离严重，畜禽污染防治水平低下，通过环境影响评价的规模化养殖场仅占 10%，投资开展粪污治理的养殖场仅占 20%，对畜禽粪便采取干湿分离的养殖场仅占 40%，仅有少量的养殖场配套有足够的土地用于消纳畜禽粪便，环境污染形势十分严峻。

2010 年，环境保护部、国家统计局和农业部共同发布的《第一次全国污染源普查公报》显示：2007 年度，我国农业源普查对象为 2 899 638 个，其中畜禽养殖业 1 963 624 个，畜禽养殖业粪便排放量 2.43 亿吨，尿液 1.63 亿吨，COD 1 268.26 万吨、总氮 102.48 万吨、总磷 16.04 万吨、铜 2 397.23 吨和锌 4 756.94 吨，分别占农业污染源排放总量的 95.78%、37.89%、56.34%、94.03% 和 97.83%。根据第一次全国污染源普查动态更新数据显示，2010 年我国畜禽养殖业主要水污染物排放量中 COD、NH_3-N 排放量分别为当年工业源排放量的 3.23 倍、2.3 倍，分别占全国污染物排放总量的 45%、25%。畜牧业已成为我国环境污染的重要来源。

2015 年，环保部发布《全国环境统计公报（2013 年）》，相对历年的公报而言，它提供了详实的畜禽养殖污染情况数据。调查统计的规模化畜禽养殖场共有 138 730 家，规模化畜禽养殖小区 9 420 家，排放 COD 312.1 万吨、氨氮 31.3 万吨、总氮 140.9 万吨、总磷 23.5 万吨。其中 COD 和氨氮的排放量分别占农业源的 27.7% 和 40.2%，占总排放量的 13.3% 和 12.8%。与工业污染排放相比，畜禽养殖业污染物的 COD 与工业污染相当，而氨氮的排放量超过了工业排放 27.7%。加之对环境影响较大的大中型养殖场 80% 分布在人口集中、水系发达的大城市周围和东部沿海地区，集约化畜禽养殖对生态环境造成了严重的影响。

此外，畜牧业还是重要的温室气体排放源，反刍动物瘤胃发酵和畜禽粪便处理过程中产生的 CH_4 及粪便还田利用过程中直接或间接的 N_2O 排放，已成为农业温室气体排放的主要来源。2006 年，联合国粮农组织发布关于全球畜牧业环境污染形势的研究报告《畜牧业长长的阴影——环境问题与解决方案》。该报告指出，若将畜牧业饲料生产用地及养殖场土地占用引起的土地用途变化考虑在内，全球畜牧业分别占人类活动所

排放 CO_2、N_2O、CH_4 和 NH_3 总量的 9%、65%、37% 和 64%。按 CO_2 当量计算，畜牧业温室气体排放量占人类活动温室气体排放总量的 18%，畜牧业已成为造成全球气候变化的重要威胁。根据中国气候变化初始国家信息通报公布的数据显示，2004 年我国畜牧业动物肠道发酵和动物粪便管理系统的 CH_4 排放分别占农业领域排放的 59.21% 和 5.04%，两者分别占我国当年 CH_4 排放总量的 29.70% 和 2.53%，畜牧业已成为我国农业领域最大的 CH_4 排放源。推动畜牧业温室气体减排已成为我国政府履行《联合国气候变化框架公约》，实现温室气体减排量化目标的重要组成部分。

2. 畜禽养殖对水体的污染

畜禽养殖已成为我国水体污染的主要来源。畜禽粪便中含有大量的有机质、氮、磷、钾、硫及致病菌等污染物，排入水体后会使水体溶解氧含量急剧下降、水生生物过度繁殖，从而导致水体富营养化。不恰当地还田施肥还会导致区域内地下水 NO_3-N 浓度增加，试验表明下渗进入地下水的硝酸盐量与粪便排放量呈一种函数关系。中国农业科学院土壤肥料研究所研究得出：堆放或贮存畜禽粪便的场所中，即使只有 10% 的粪便流失进入水体，也会对流域水体产生影响，对氮素富营养化的贡献率约为 10%，对磷素富营养化的贡献率为 10% ～ 20%。在太湖流域，畜牧业总磷和总氮排放量分别占流域地区排放总量的 32% 和 23%，已成为该流域主要污染源，是造成水体富营养化的主要原因。从全国来看，各地畜禽粪便进入水体的流失率在 2% 以上，而尿和污水等液体排泄物的流失率则高达 50% 左右。据计算，2002 年我国畜禽粪便的氮素养分总量约为 1 598.8 万吨，22% 的氮素养分进入水体，对水体造成污染。洪华生等（2004）选择福建省九龙江流域的 34 家生猪养殖系统进行氮、磷的养分平衡分析，结果表明：流域范围内大规模养殖场的氮、磷流失率低于中小型养殖场，养殖场粪肥管理是解决养分失衡问题的重要环节。马林等（2006）估算了东北 3 省畜禽粪尿产生量及其氮、磷和 COD 含量，结果表明：2003 年辽宁、吉林、黑龙江 3 省禽粪尿排泄物中进入水体的 COD 含量分别占畜禽粪便、工业和生活排放 COD 总量的 52%、65% 和 40%。宋大平等（2012）计算得出，安徽省 2008—2009 年畜牧业水环境等污染负荷指数为 7.03，磷污染比例呈上升趋势。孟祥海等（2012）采用面板数据分析得出，水体环境污染是我国畜牧业发展面临的首要环境约束。

3. 畜禽养殖对农田土壤的污染现状

畜禽养殖对农田土壤的污染主要表现为畜禽粪便还田不当导致的养分过剩和重金属等有害污染物累积。畜禽粪便中含有作物生长所需的氮、磷、钾和有机质等养分。传统散养方式下的畜禽粪便还田不仅能提高农作物产量，还能起到改良土壤和培肥地力的作用，但过量施用也会造成农作物减产与产品质量下降。研究表明，高氮施肥条件下（纯氮 138 kg/hm^2），作物体内积存大量氮素，导致其农艺性状变劣，水稻的空秕率增加 6%，千粒重下降 7.5%。集约化规模养殖场畜禽粪便排放量大且集中，由于缺乏足够的耕地承载，导致农牧脱节，粪污密度增大，若持续运用过量养分，土壤的贮存能力会迅速减弱，过剩养分将通过径流和下渗等方式进入河流或湖泊中，造成水环境污染。朱兆良（2000）认为大面积施肥时施氮量应控制在 150 ～ 180 kg/hm^2，欧盟农业政策规定土壤类肥年施氮量上限为 170 kg/hm^2。阎波杰等（2010）以地块为单元对北京市大兴区畜禽粪便氮素负荷进行估算，研究表明，2005 年该地区农用地氮负荷平均值为 214.02 kg/hm^2，有近一半的农用地受到了不同程度的畜禽粪便氮污染威胁。王奇等（2011）对 2007 年我国畜禽粪便排放量进行估算，得出当年我国畜禽粪便中的总氮和总磷排放量分别为 1 476 万吨和 460 万吨，而当年我国耕地的氮素和磷素最大可承载量分别为 2 069.50 万吨和 426.07 万吨，与耕地的承载力基本持平。景栋林等（2012）根据 2009 年佛山市畜禽养殖数据估算畜禽粪便产生量及其主要养分含量，得出当年佛山市农田畜禽粪便负荷密度（以猪粪当量计）为 74.07 t/hm^2，氮、磷养分负荷密度分别为 436.83、186.55 kg/hm^2，已超出当地农田承载能力。侯勇等（2012）对北京郊区某村大型集约化种猪场、种养结合小规模生态养殖园和集约化单一种植区这 3 种不同类型农牧生产系统的氮素流动特征进行分析，结果显示：这 3 种类型农牧生产系统的氮素利用效率分别为 18.8%、20.6% 和 17.3%，均处于较低水平，提出优化氮素管理、确定合理的消纳畜禽粪尿的农田面积和调整畜禽养殖密度是解决该问题的关键。

饲料添加剂和预混剂在畜禽养殖业中的广泛使用，导致畜禽粪便中重金属、兽药残留、盐分和有害菌等有害污染物增加，引起农田土壤的健康功能降低，生态环境风险增加，并对食品安全构成威胁。李组章等（2010）通过长期定位试验得出：稻田猪粪施用量为 20 t/(hm^2•a) 时，土壤中重金属 Cu、Zn 和 As 均有一定积累，建议稻田猪粪施用量应控制。潘霞等（2012）认为农田土壤长期大量施用畜禽有机肥可引起重金属和抗生素的复合污染，存在生态风险。猪粪、羊粪和鸡粪中最易造成土壤污染的是猪粪，猪粪中的 Cu、Zn 和 Cd 含量分别为 197.0、947.0 和 1.35 mg/kg，设施菜地表层土壤抗生素含量为 39.5 μg/kg，积累和残留明显高于林地和果园，特别是四环素类和氟喹诺酮类，含量分别为 34.3、4.75 μg/kg。

4. 畜禽养殖对大气环境的污染现状

畜禽养殖对大气环境的污染主要来自畜禽粪便的恶臭和畜禽养殖引起的温室气体排放两个方面。畜禽养殖场的恶臭主要来源于畜禽粪便排出体外后，腐败分解所产生的硫化氢、胺、硫醇、苯酚、挥发性有机酸、吲哚、粪臭素、乙醇、乙酸等上百种有毒有害物质。畜牧业温室气体排放主要包括畜禽饲养、粪便管理阶段和后续的加工、零售以及运输阶段直接或间接的 CO_2、CH_4 和 N_2O 排放，其中畜禽饲养与粪便管理阶段直接排放的温室气体占主导。畜牧业已成为我国农业领域最大的 CH_4 排放源。与其他食品生产相比，畜禽产品对温室气体的排放贡献更大。

基于生命周期方法的测算，家禽和猪将植物能量转化为动物能量的效率明显高于反刍动物，所排放的 CH_4 也更少，温室效应压力相对较小，用猪肉、禽肉替代反刍动物类食品消费被认为是减少畜牧业温室气体排放的有效途径。畜牧业扩张使得需要更多的土地种植大豆、谷物等饲料作物，从而会间接增加温室气体排放：一方面，在土地稀缺的情况下，饲料作物种植导致森林砍伐，直接降低森林对温室气体的吸收；另一方面，饲料作物种植占用的土地若用作造林可间接减少温室气体排放量，可减缓温室效应。

15.2 畜禽养殖污染防治和资源化常用技术

15.2.1 畜禽养殖废水处理技术

1. 畜禽养殖废水处理常用技术

畜禽养殖废水的常用处理技术包括厌氧处理技术、好氧处理技术、厌氧－好氧联合处理技术。

1）畜禽养殖废水的预处理

畜禽养殖废水无论以何种工艺或综合措施进行处理，都要采取一定的预处理措施。通过预处理可使废水污染物负荷降低，同时防止大的固体或杂物进入后续处理环节，造成设备的堵塞或破坏等。针对废水中的大颗粒物质或易沉降的物质，畜禽养殖业采用过滤、离心、沉淀等固液分离技术进行预处理，常用的设备有格栅、沉淀池、筛网等。格栅是污水处理工艺流程中必不可少的部分，其作用是阻拦污水中粗大的漂浮和悬浮固体，以免阻塞孔洞、闸门和管道，并保护水泵等机械设备。沉淀法是在重力作用下将重于水的悬浮物从水中分离出来的处理工艺，是废水处理中应用最广的方法之一。目前，凡是有废水处理设施的养殖场基本上都是在舍外串联 2 ～ 3 个沉淀池，通过过滤、沉淀和氧化分解对粪水进行处理。筛网是筛滤所用的设施，废水从筛网中的缝隙流过，而固体部分则凭机械或其本身的重量被截流下来，或被推移到筛网的边缘排出。常用的畜禽粪便固液分离筛网有固定筛、振动筛和转动筛。此外，还有常用的机械过滤设备，如自动转鼓过滤机、转辊压滤机、离心盘式分离机等。

2）厌氧处理技术

厌氧处理技术是最为常见的养殖场高浓度有机粪污废水的有效处理技术。因为厌氧消化可以将大量的可溶性有机物去除（去除率可达 85% ～ 90%），并且综合运行成本较低。这是固液分离、沉淀和气浮等物化处理工艺难以取代的处理工艺。厌氧处理技术的特点是造价低，占地少，能量需求低，还可以产生沼气；而且处理过程不需要氧，不受传氧能力的限制，因而具有较高的有机物负荷潜力，能使一些好氧微生物所不能降解的部分进行有机物降解。

目前，应用于养殖废水处理的较为成熟的厌氧处理技术主要有：厌氧消化池处理、厌氧滤器（AF）处理、上流式厌氧污泥床（UASB）处理、厌氧复合床反应器（UBF）处理、两段厌氧消化法处理、升流式污泥床反应器（USR）处理等。目前国内养殖场废水处理主要采用的是上流式厌氧污泥床及升流式固体反应器工艺。图 15-1 为开敞式和封闭式 UASB 反应器。

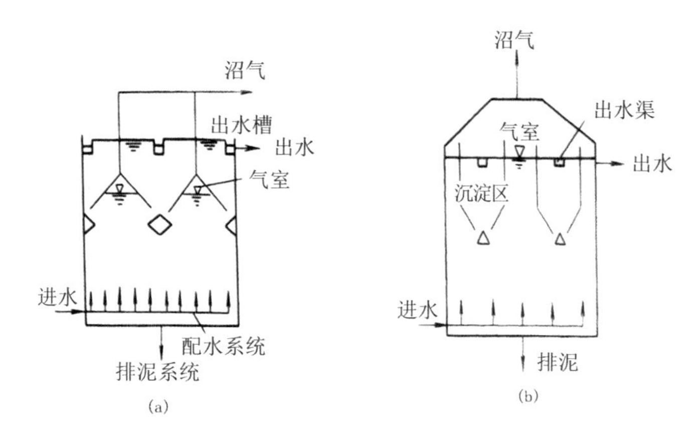

图 15-1 开敞式和封闭式 UASB 反应器

(a) 开敞式；(b) 封闭式

3）好氧处理技术

好氧处理的基本原理是利用微生物在好氧条件下分解有机物，同时合成自身细胞（活性污泥）。在好氧处理中，可生物降解的有机物最终可被完全氧化为简单的无机物。好氧处理技术主要包括活性污泥、生物滤池、生物接触氧化、序批式活性污泥（SBR）、生物转盘等。目前，采用好氧技术对畜禽废水进行生物处理研究较多的是水解与 SBR 结合的工艺。SBR(Sequencing Batch Reactor) 工艺，即序批式活性污泥法，是基于传统的 Fill-Draw 系统改进并发展起来的一种间歇式活性污泥工艺。它把污水处理构筑物从空间系列转化为时间系列，在同一构筑物内进行进水、反应、沉淀、排水、闲置等周期循环。SBR 与水解方式结合处理畜禽废水时，水解过程对 COD_{Cr} 有较高的去除率，SBR 对总磷去除率为 74.1% ，高浓度氨氮去除率达 97% 以上。

由于养殖场废水系高浓度有机废水，采用好氧处理工艺直接进行处理需对废水进行稀释，或采用很长的水力停留时间（ 一般 6 d 以上， 有的甚至长达 16 d)，这都需建大型处理装置，投资大。如果采用好氧生物处理技术将要比厌氧处理消耗近 10 倍的电能，长期的运行费用将是个沉重的负担。图 15-2 是活性污泥法流程，图 15-3 为生物接触氧化法基本流程。

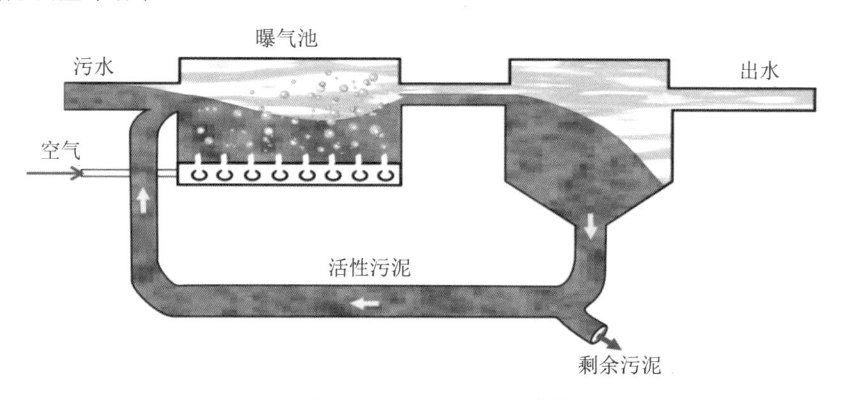

图 15-2 活性污泥法流程

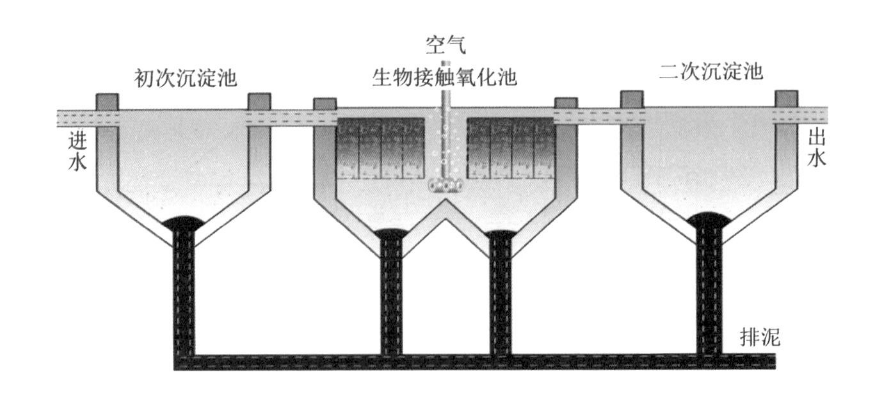

图 15-3 生物接触氧化法基本流程

4）厌氧－好氧联合处理技术

一般而言，活性污泥等好氧处理法，其 COD、BOD、SS 去除率较高，可以达到排放标准，但是工程投资大、运行费用高。自然处理方法其 COD、BOD、SS、N、P 去除率较高，可以达到排放标准，且成本低，但占地面积太大，周期太长，且强烈依赖于环境温度，使其在土地紧缺或冬季温度较低的地方难以推广。厌氧生物法可处理高浓度有机质的污水，且具有耗能少、运行费用少的特点，但是高浓度有机污水经过厌氧处理后，水中的 BOD 浓度较高，难达到排放标准。

厌氧－好氧联合处理技术的主要方式包括 A/O、A^2/O、A-O-A-O，这是现阶段规模化养殖场工厂化处理的主要方式。图 15-4 是 A^2/O 工艺图。厌氧－好氧联合处理技术则既可以较好地克服好氧处理耗能大和自然处理需要较大土地空间的不足，又可以克服厌氧处理达不到要求的缺陷，具有投资少，运行费用低，除污效果好等特点，特别适用于产生高浓度有机废水的畜禽养殖场的污水处理。如规模化养殖场采用高效厌氧反应器（UASB）作为厌氧处理单元，COD 去除率可达 80% 到 90%，然后采用活性污泥或生物接触氧化法作为好氧处理单元，COD 去除率可达 50% 到 60%，最后采用氧化塘等作为最终出水利用单元，出水可以达到排放标准。缺点是进入沉淀池的处理水要保持一定浓度的溶解氧，除磷效果难以再行提高，污泥增长有一定的限度，不易提高；脱氮效果也难以进一步提高。

2. 畜禽养殖废水处理模式

目前，畜禽养殖废水的处理模式主要有还田模式、自然处理模式和工业化处理模式。

1）还田模式

畜禽养殖污水还田作肥料为传统而经济有效的处理方法，可使畜禽粪尿不排往外界环境，达到污染物零排放，同时又能将其中有用的营养成分循环于土壤植物生态系统中。该模式适用于远离城市、土地宽广且有足够农田消纳粪便污水的经济落后地区，特别是种植常年需施肥作物的地区，家庭分散养殖或规模较小的养殖场均可采用该法。

由于长期使用高浓度有机污水灌溉农田，不但使过量的养分得不到有效利用，也易造成土壤板结、盐渍化，甚至毒害作物出现大面积腐烂，还会污染土壤和地下水。因此养殖污水必须经过处理，达到一定的浓度后才能进行污水灌溉。美国畜禽养殖污水还田前一般需贮存一定时间后直接灌田。德国等欧洲国家则将畜禽粪便污水经过中温或高温厌氧消化后再进行还田利用，以达到杀灭寄生虫卵和病原菌的目的。我国一般采用厌氧消化后再还田利用，可避免有机物浓度过高而引起的作物烂根和烧苗，同时经过厌氧发酵可回收能源 CH_4，减少温室气体排放，且能杀灭部分寄生虫卵和病原微生物。

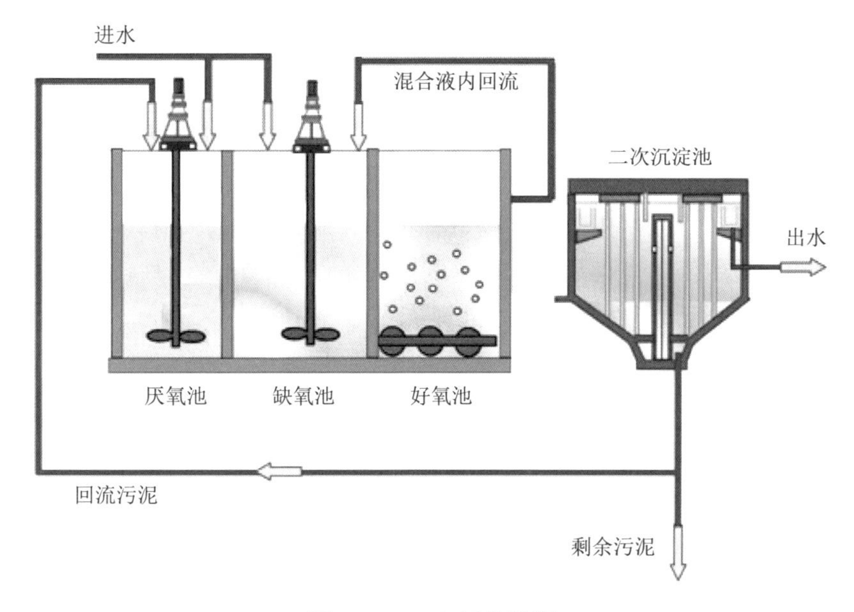

图 15-4 A2/O 工艺流程

还田模式的主要优点为：一是污染物零排放，最大限度实现资源化，可减少化肥施用量，提高土壤肥力；二是投资省，不耗能，不需专人管理，运转费用低。其存在的主要问题是：一是需要大量土地利用粪便污水，每万头猪场至少需 7 hm^2 土地消纳粪便污水，故其受条件所限而适应性弱；二是雨季及非用肥季节必须考虑粪便污水或沼液的出路；三是存在着传播畜禽疾病和人畜共患病的危险；四是不合理的施用方式或连续过量施用会导致 NO_3^-、P 及重金属沉积，成为地表水和地下水污染源之一；五是恶臭以及降解过程所产生的氨、硫化氢等有害气体释放，对大气环境构成污染威胁。

2）自然处理模式

自然处理模式主要采用氧化塘、土地处理系统或人工湿地等自然处理系统，利用天然水体、土壤和生物的物理化学与生物的综合作用，对养殖废水进行处理。其净化机理主要包括过滤、截留、沉淀、物理和化学吸附、化学分解、生物氧化以及生物的吸收等。其原理涉及生态系统中物种共生、物质循环再生原理、结构与功能协调原则，分层多级截留、储藏、利用和转化营养物质机制等。这一模式适用于距城市较远、气温较高且土地宽广，有滩涂、荒地、林地或低洼地可作污水自然处理系统、经济欠发达的地区，要求养殖场规模中等。

氧化塘又称为生物稳定塘，是一种利用天然或人工整修的池塘进行污水生物处理的构筑物。其对污水的净化过程和天然水体的自净过程很相似，污水在塘内停留时间长，有机污染物通过水中微生物的代谢活动而被降解，溶解氧则由藻类通过光合作用和塘面的复氧作用提供，亦可通过人工曝气法提供。作为环境工程构筑物，氧化塘主要用来降低水体的有机污染物，提高溶解氧的含量，并适当去除水中的氮和磷，减轻水体富营养化的程度。土壤处理系统不同于季节性的污水灌溉，是常年性的污水处理方法。将污水施于土地上，利用土壤－微生物－植物组成的生态系统对废水中的污染物进行一系列物理的、化学的和生物净化过程，使废水的水质得到净化，并通过系统的营养物质和水分的循环利用，使绿色植物生长繁殖，从而实现废水的资源化、无害化和稳定化。人工湿地可通过沉淀、吸附、阻隔、微生物同化分解、硝化、反硝化以及植物吸收等途径去除废水中的悬浮物、有机物、氮、磷和重金属等。由于自然处理法投资少，运行费用低，在有足够土地可利用的条件下，它是一种较为经济的处理方法，特别适宜于小型畜禽养殖场的废水处理。

该模式在美国、澳大利亚和东南亚一些国家应用较多，且国外的畜禽粪便污水一般不经厌氧处理而直接进入氧化塘处理，往往采用多级厌氧塘、兼性塘、好氧塘与水生植物塘，污水停留时间长（水力停留时间长达 600 d)，占地面积大，多数情况下氧化塘只作为人工湿地的预处理单元。欧洲及美国较多采用人工湿地处理畜禽养殖废水，美国自然资源保护服务组织（NRCS）编制了养殖废水处理指南，建议人工湿地生化需氧量（BOD_5）负荷为 73 kg/($hm^2 \cdot d$)，水力停留时间至少 12 d。墨西哥湾项目（GMP）调查收集了 68 处共 135 个中试和生产规模的湿地处理系统约 1 300 个运行数据，并建立了养殖废水湿地处理数据库，发现污染物平均去除效率生化需氧量（BOD_5）为 65%，总悬浮物 53%，NH_4^+－N 48%，总氮 42%，总磷 42%。我国南方地区如江西、福建和广东等省也多应用自然处理模式，但大多采用厌氧预处理后再进入氧化塘进行处理，厌氧处理系统分地上式和地下式，氧化塘为多级塘串联。

自然处理模式的主要优点：一是投资较省，能耗少，运行管理费用低；二是污泥量少，不需要复杂的污泥处理系统；三是地下式厌氧处理系统厌氧部分建于地下，基本无臭味；四是便于管理，对周围环境影响小且无噪声；五是可回收能源 CH_4。其主要缺点是：一是土地占用量较大；二是净化功能受自然条件的制约；三是建于地下的厌氧系统出泥困难，且维修不便；四是有污染地下水的可能。

3）工业化处理模式

随着社会经济的发展，用于消纳或处理粪便污水的土地将越来越少，加之还田与自然处理模式均会带来二次污染的问题，工业化处理模式受到了更为广泛的关注，并逐渐成为今后的研究重点。工业化处理模式包括厌氧处理、好氧处理以及厌氧－好氧处理等不同处理组合系统。对那些地处经济发达的大城市近郊、土地紧张且无足够农田消纳粪便污水或进行自然处理的规模较大的养殖场，采用工业化处理模式净化处理畜禽养殖污水为宜。

工业化处理模式主要优点：一是占地少；二是适应性广，不受地理位置限制；三是季节温度变化的影响较小。主要缺点：一是投资大，有报道称，每万头猪场粪便污水处理投资为 120 万～150 万元；二是能耗高，每处理 1 m^3 污水耗电 2～4 kW•h；三是运转费用高，每处理 1 m^3 污水需运转费 2 元左右；四是机械设备多，维护管理量大；五是需专门技术人员管理。在韩国、意大利和西班牙等国少部分养殖场应用工业化模式处理粪便污水，而日本则大量应用该模式，美国亦开始对工业模式的研究与应用，我国目前已有相当多的养殖场采用该模式处理粪便污水。

15.2.2 畜禽粪便资源化利用技术

畜禽粪便虽然是污染物，但同时也是宝贵的资源，其中含有大量的氮、磷等营养物质，经适当的加工处理后，可生产出优质饲料、有机复合肥料或沼气等生物质能源，对促进农牧结合、有机农业和持续农业的发展及农业良性循环，起着保持生态平衡的重要作用。开发利用畜禽粪便不仅能变废为宝，解决农村能源问题，而且可减少环境污染，防止疫病蔓延，保护和改善农村生态环境，有效治理农村污染，促进农业可持续发展。

1. 畜禽粪便资源化利用常用技术

畜禽粪便资源化利用技术是根据自然条件、经济条件、养殖规模、环境承载能力等因素，采用多种技术和模式，科学组合，对畜禽粪便进行综合治理，以达到无害化、减量化处理和生态化、资源化利用的目的。

1）生产有机肥技术

以畜禽粪便、作物秸秆等农业废弃物为原料，通过微生物高温发酵等无害化处理，杀灭病虫卵，可以配制具有吸附特性和生态培肥地力及定向改善作物品质作用的生物有机肥料。生物有机肥含有较高的有机质，还含有改善肥料或土壤中养分释放能力的功能菌，对缓解我国化肥供应中氮、磷、钾比例失调，解决我国磷、钾资源不足，促进养分平衡、提高肥料利用率和保护环境等功能都有重要作用。

（1）堆肥技术。堆肥技术是我国民间处理养殖场粪便的传统方法。将经过预处理的物料堆成长、宽、高分别为 10～15 m、2～4 m、1.5～2 m 的条垛，在 20℃、15～20 d 的腐熟期内，将垛堆翻倒 1～2 次，起供氧、散热和使发酵均匀的作用，此后静置堆放 3～5 个月即可完全腐熟。为加快发酵速度和免去翻垛的劳动，可在垛底设打孔的供风管，用鼓风机在堆垛后的头 20 d 内经常强制通风，此后静置堆放 2～4 个月即可完全腐熟。此法基本上是利用自然环境条件堆肥，虽然成本低，但占地面积大、腐熟慢、效率低，易受天气的影响，对地表水及地下水易造成污染。

（2）好氧高温发酵。好氧高温发酵对有机物分解快、降解彻底、发酵均匀；发酵温度高，一般在 55～65 ℃，高的可达 70 ℃以上；脱水速度快，脱水率高，发酵周期短，经试验一般经 15 d 左右的高温发酵，畜禽粪便含水率即从 70%～80% 降至 40%～50%；杀灭病菌、寄生虫（卵）和杂草种子及除臭效果好，但起始发酵适宜的粪料含水率为 55%～65%。

2）生产沼气技术

畜禽粪便厌氧发酵生产沼气是畜禽粪便能源化利用的重要手段。沼气发酵又称为厌氧消化、厌氧发酵和甲烷发酵，是指有机物质（如人畜家禽粪便、秸秆、杂草等）在一定的水分、温度和厌氧条件下，通过种类繁多、数量巨大且功能不同的各类微生物的分解代谢，最终形成甲烷和二氧化碳等混合性气体（沼气）的复杂生物化学过程。进行沼气发酵，达到了粪便资源化、生态化、减量化和无害化的目的。

产生的沼气经净化后可直接用作生活燃气和生产用能源，供农户采暖或炊用、贮粮防虫、贮藏水果、大棚蔬菜进行二氧化碳气体施肥或温室提供热能，或通过沼气发电机组发电自用或上网；沼渣可作果园和花卉肥料或饲料，用于食用菌栽培、蚯蚓养殖、育秧等；沼液可用作饲料添加剂、喂鱼、追肥和无土栽培营养液。目前最有效的办法是将畜禽粪便和秸秆等一起进行发酵产生沼气，不仅能提供清洁能源，也解决了我国广大农村燃料短缺和大量焚烧秸秆的矛盾。

受各地地形地貌、气候特征、种养特点的影响，沼气处理技术衍生出多种处理工艺。从规模上来看，可分为户用沼气技术和大中型沼气工程技术。

（1）农村户用沼气技术。农村户用沼气技术是利用沼气发酵装置，将农户养殖产生的畜禽粪便和人粪便以及部分有机垃圾进行厌氧发酵处理，生产的沼气用于炊事和照明，沼渣和沼液用于农业生产。农村户用沼气池一般为 6～10 m^3，包括沼气发酵装置、沼渣沼液利用装置和沼气输配系统等。

（2）集约化畜禽养殖场大中型沼气工程技术。畜禽养殖场大中型沼气工程技术是以规模化畜禽养殖场禽畜粪便污水的污染治理为主要目的，以禽畜粪便的厌氧消化为主要技术环节，集污水处理、沼气生产、资源化利用为一体的系统工程技术。主要由前处理、厌氧消化、后处理、综合利用 4 个环节组成。

一个完整的沼气工程应同时具备治理污染、生产能源和综合利用三大功能。也就是说，畜禽粪便和污水经过厌氧消化后，既可处理废弃物，净化环境，获得优质能源（沼气），还可进行生物质资源的多层次综合利用。由于畜禽养殖场沼气工程技术集环保、能源、资源再利用为一体，又被称为畜禽养殖能源环境工程技术。

畜禽粪便发酵生产沼气技术可将能源、环保与生态良性循环有机结合起来。厌氧发酵过程中无须供氧，动力消耗和后续处置费用低，可以同时处理畜禽养殖粪便、尿及冲洗水，全面解决畜禽养殖场的环境污染问题。发酵产生的沼气可直接利用或发电上网，沼液和沼渣可用于生产有机肥，综合效益显著。但沼气技术也存在一定的缺点，例如沼液、沼渣虽为理想的有机肥料，但受到储运限制，不易远距离输送；沼气发电上网手续繁杂，且投入较大，并受工程规模限制，在沼气产量不大时，经济上不合理。

3）用作饲料

畜禽粪便不仅是优质的有机肥料，而且也是很好的畜禽饲料资源。特别是鸡粪中含有大量未消化的粗蛋白质、B族维生素、矿物质元素、粗脂肪和一定数量的碳水化合物，可作为家禽和水产养殖饲料使用。但是畜禽粪便不仅含有很多水分，而且还含有各种细菌，这就需要经过高温高压、热化、灭菌和脱臭等过程，将粪便制成粉状饲料添加剂。畜禽粪便只有经过加工处理后方可成为很好的饲料资源。畜禽粪便饲料化的方法主要有干燥法、青贮法（无氧发酵法）、有氧发酵法和分离法。

（1）干燥法。干燥法是饲料化的常用处理方法，尤以鸡粪处理用的最多。干燥法以是否加入人为动力可分为自然干燥法和人工干燥法。人工干燥是通过高温烘干处理同时达到消毒、灭菌、除臭的目的，再制成干粉状饲料添加剂。

（2）青贮法。青贮发酵是一种简便易行且经济效益较高的固体有机废弃物处理方法。青贮方法是将畜禽粪便与适量玉米、麸皮和米糠等混合装缸或入袋厌氧发酵，使其具有酒香味，营养丰富，含粗蛋白 20% 和粗脂肪 57%，高于玉米等粮食作物，是牛、猪和鱼的廉价而优质的再生饲料。青贮法可平衡全年的饲料供应。

（3）有氧发酵法。发酵处理是利用某些细菌和酵母菌通过好氧发酵有效利用畜禽粪便中的尿素，提高其蛋白质和氨基酸含量。该方法投资少，改变了粪便本身的许多特点，产品可作为动物的饲料。在处理过程中需要充气、加热、干燥产品，所以消耗大量的能源。

（4）分离法。目前，许多牧场采用冲洗式的清洗系统（尤其是猪场），收集的粪便大多是液体或半液体。若采用干燥法、青贮法处理粪便，消耗能源过大，造成资源的浪费。分离法就是选用一定的冲洗速度，将畜禽粪便中的固体和液体分开，可以获得满意的结果。

畜禽粪便作饲料可能会对畜产品的安全性产生威胁。为防止禽病对人类造成危害，不宜大力发展。

4）其他资源化处理技术

（1）用于养殖。畜禽粪便资源化利用还可用于养殖。利用经过发酵的畜禽粪便养殖蚯蚓，其有机质通过蚯蚓的消化系统，在蛋白酶、脂肪酶、纤维酶、淀粉酶的作用下，能迅速分解、转化成为蚯蚓自身或其他生物易于利用的营养物质，既可以生产优良的动物蛋白，又可以生产肥沃的生物有机肥。畜禽粪便分别还可用于养殖藻类，藻类能将畜禽粪便中的氨转化为蛋白质，而养殖获得的藻类可用作饲料。

（2）直接还田利用。畜禽粪便是饲料经畜禽消化后未被吸收利用的残渣，其中除含有大量有机质和氮、磷、钾及其他微量元素外，还含有各种生物酶（来自畜禽消化道、植物性饲料和肠道微生物）和微生物等。畜禽粪便在固、液分离后直接还田作肥料是一种传统的、经济有效的粪污处置方式，可以在不外排污染的情况下，充分循环利用粪污中有用的营养物质，改善土壤中营养元素含量，提高土壤的肥力，增加农作物的产量，从而达到循环利用营养物质的目的。土地利用还田技术从经济和环境保护角度应遵循 3 个步骤：第一是确定粪便营养成分含量；第二是根据植物养分需求，给以稳定的施用率；第三是调整肥料施用率以补充粪便养分的不足。

2. 畜禽粪便资源化利用技术模式

2014—2015 年，全国畜牧总站组织全国各省区市畜牧技术推广单位和专家学者、有关企业开展联合攻关和试验示范，总结出 4 种畜禽养殖粪便资源化利用模式，分别是种养结合、集中处理、清洁回用和达标排放。

1）种养结合

种养结合是一种结合种植业和养殖业的生态农业模式，该模式是将禽畜养殖产生的粪便、有机物作为有机肥的基础，为种植业提供有机肥来源；同时种植业生产的作物又能够给畜禽养殖提供食源。其核心是种养平衡，其中的关键技术涉及从饲料到粪肥还田全产业链的各个环节。

2）集中处理

集中处理模式即在养殖密集区，依托规模化养殖场或专门的粪便处理中心，对周边养殖场（小区、养殖大户）的粪便或污水进行收集并集中处理。处理后的产物作为有机肥、能源等进行利用。目前，中小型养殖场仍是我国养殖业的主体，其粪便处理亟需政策、资金、技术支持，集中处理是适宜的方法，小型分散养殖模式、规模化养殖场的分点饲养模式、“公司 + 农户”一条龙养殖模式都适合使用集中处理方式。

3）清洁回用

清洁回用模式的回用指污水处理要达到回用的要求，处理后的污水主要用于场内冲洗粪沟和圈栏等，且无废水排放；固体粪便则通过堆肥、生产基质、牛床垫料、种植蘑菇、养殖蚯蚓和蝇蛆等方式处理利用。该模式适用于周围农田面积不足或缺乏，无法对粪肥进行农田利用（种养结合）的养殖场，尤其适用于城市周边以及使用自来水、用水费用高的养殖场。该模式的特点是养殖全程节水，可减少养殖业的水资源消耗；污水产生量减少，降低粪便处理成本，通过再生利用增加收入，促进畜牧业可持续发展。

4）达标排放

达标排放模式是在耕地畜禽承载能力有限的区域，大型规模养殖场（小区）采取机械干清粪、干湿分离等节水控污措施，控制污水产生量和污染物浓度。污水通过氧化塘、人工湿地等自然处理、厌氧 - 好氧生化处理及物化深度处理，出水水质达到国家排放标准和总量控制要求。固体粪便通过堆肥发酵等方式生产有机肥。其中的自然处理方式运行管理简单，费用低；但占地面积较大，气候影响处理效果，存在污染地下水的风险。好氧处理及厌氧 - 好氧处理占地面积小，处理效果稳定；但投资高，运行管理复杂，产生泥污量大，运行费用昂贵。物化处理占地面积小，出水水质好；但投资运行管理复杂，运行费用高昂。

15.2.3 畜禽养殖恶臭气体净化处理技术

规模养殖场恶臭气体主要指氨气、硫化氢、一氧化碳等有毒有害气体，这些气体不但严重危害畜禽的健康，还会对大气环境造成污染。废气按照气体来源大致可分为外源性废气和内源性废气。外源性废气主要来源于粪尿、垫料、残余饲料、畜禽尸体等的分解。内源性废气一是来源于畜禽的呼吸，二是来源于畜禽体表蛋白质分解代谢，三是来源于畜禽肠道内有机物、脱落的消化道黏膜上皮、消化道分泌物或排泄物以及消化道内死亡微生物的分解。

现阶段，畜禽养殖过程中的恶臭气体对人们的危害有目共睹，但是针对此项污染的治理工程尚鲜有报道，主要问题在于治理成本费用高，包括一次性投入及后续运行成本等。因此，养殖过程中主要采用以下措施，尽量降低恶臭气体浓度。

（1）改造畜禽舍结构，安装通风换气系统。

（2）及时清理粪污，并严格消毒。

（3）搞好畜禽舍周围的绿化，降低高温季节畜禽舍温度。

（4）合理加工、调配日粮，通过改变配合饲料的组成，减少废气的排放。

（5）在充分满足畜禽营养需要的前提下，分阶段饲喂，提高饲料转化率。

（6）使用环境改良剂，快速分解圈舍内残留的有机物，吸附代谢产物。

（7）改进生产工艺，改水冲粪为干清粪，改明沟排污为暗道排污，改无限用水为控制用水，实行固液分离等。

15.3 畜禽养殖污染治理和资源化利用技术模式

为加快推进畜禽养殖废弃物资源化利用，促进农业可持续发展，2017 年 5 月，国务院办公厅印发了《关于加快推进畜禽养殖废弃物资源化利用的意见》（国办发〔2017〕48 号），要求到 2020 年，要建立科学规范、权责清晰、约束有力的畜禽养殖废弃物资源化利用制度，构建种养循环发展机制，全国畜禽粪污综合利用率达到 75% 以上。2017 年 7 月，农业部制定并印发了《畜禽粪污资源化利用行动方案（2017—2020 年）》，提出要根据我国现阶段畜禽养殖的现状和资源环境特点，因地制宜地确定主推技术模式，以源头减量、过程控制、末端利用为核心，重点推广经济适用的通用技术模式。

（1）源头减量。推广使用微生物制剂、酶制剂等饲料添加剂和低氮、低磷、低矿物质饲料配方，提高饲料转化效率，促进兽药和铜、锌饲料添加剂减量使用，降低养殖业排放。引导生猪、奶牛规模养殖场改水冲粪为干清粪，采用节水型饮水器或饮水分流装置，实行雨污分离、回收污水循环清粪等有效措施，从源头上控制养殖污水产生量。粪污全量利用的生猪和奶牛规模养殖场，采用水泡粪工艺的，应最大限度降低用水量。

（2）过程控制。规模养殖场根据土地承载能力确定适宜的养殖规模，建设必要的粪污处理设施，使用堆肥发酵菌剂、粪水处理菌剂和臭气控制菌剂等，加速粪污无害化处理过程，减少氮、磷和臭气排放。

（3）末端利用。肉牛、羊和家禽等以固体粪便为主的规模化养殖场，鼓励进行固体粪便堆肥或建立集中处理中心生产商品有机肥；生猪和奶牛等规模化养殖场鼓励采用粪污全量收集还田利用和“固体粪便堆肥 + 污水肥料化利用”等技术模式，推广快速低排放的固体粪便堆肥技术和水肥一体化施用技术，促进畜禽粪污就近就地还田利用。在此基础上，各区域应因地制宜，根据区域特征、饲养工艺和环境承载力的不同，分别推广以下模式。

1. 京津沪地区

该区域经济发达，畜禽养殖规模化水平高，但由于耕地面积少，畜禽养殖环境承载压力大，重点推广的技术模式有以下几种。一是“污水肥料化利用”模式。养殖污水经多级沉淀池或沼气工程进行无害化处理，配套建设肥水输送和配比设施，在农田施肥和灌溉期间，实行肥水一体化施用。二是“粪便垫料回用”模式。对规模奶牛场的粪污进行固液分离，固体粪便经过高温快速发酵和杀菌处理后作为牛床垫料。三是“污水深度处理”模式。对于无配套土地的规模养殖场，养殖污水固液分离后进行厌氧、好氧深度处理，达标排放或消毒回用。

2. 东北地区

此地区包括内蒙古自治区、辽宁、吉林和黑龙江 4 省。该区域土地面积大，冬季气温低，环境承载力和土地消纳能力相对较高，重点推广的技术模式如下。一是“粪污全量收集还田利用”模式。对于养殖密集区或大规模养殖场，依托专业化粪污处理利用企业，集中收集并通过氧化塘贮存对粪污进行无害化处理，在作物收割后或播种前利用专业化施肥机械将其施用到农田，减少化肥施用量。二是“污水肥料化利用”模式。对于有配套农田的规模养殖场，养殖污水通过氧化塘贮存或沼气工程进行无害化处理，在作物收获后或播种前作为底肥施用。三是“粪污专业化能源利用”模式。依托大规模养殖场或第三方粪污处理企业，对一定区域内的粪污进行集中收集，通过大型沼气工程或生物天然气工程，进行沼气发电上网或提纯生物天然气，沼渣用来生产有机肥，沼液通过农田利用或浓缩使用。

3. 东部沿海地区

此地区包括江苏、浙江、福建、广东和海南 5 省。本区域经济较发达，人口密度大，水网密集，耕地面积少，环境负荷高，重点推广的技术模式如下。一是“粪污专业化能源利用”模式。二是“异位发酵床”模式。粪污通过漏缝地板进入底层或转移到舍外，利用垫料和微生物菌进行发酵分解。采用“公司 + 农户”模式的家庭农场宜采用舍外发酵床模式，规模生猪养殖场宜采用高架发酵床模式。三是“污水肥料化利用”模式。对于有配套农田的规模养殖场，养殖污水通过厌氧发酵进行无害化处理，配套建设肥水输送和配比设施，在农田施肥和灌溉期间，实行肥水一体化施用。四是“污水达标排放”模式。对于无配套农田的养殖场，养殖污水固液分离后进行厌氧、好氧深度处理，达标排放或消毒回用。

4. 中东部地区

此地区包括安徽、江西、湖北和湖南 4 省，是我国粮食主产区和畜产品优势区，位于南方水网地区，环境负荷较高，重点推广的技术模式如下。一是“粪污专业化能源利用”模式。二是“污水肥料化利用”模式。对于有配套农田的规模养殖场，养殖污水通过三级沉淀池或沼气工程进行无害化处理，配套建设肥水输送和配比设施，在农田施肥和灌溉期间，实行肥水一体化施用。三是“污水达标排放”模式。

5. 华北平原地区

此地区包括河北、山西、山东和河南 4 省，是我国粮食主产区和畜产品优势区，重点推广的技术模式如下。一是“粪污全量收集还田利用”模式。在耕地面积较大的平原地区，依托专业化的粪污收集和施肥企业，集中收集粪污并通过氧化塘贮存进行无害化处理，在作物收割后和播种前采用专业化的施肥机械集中进行施用，减少化肥施用量。二是“粪污专业化能源利用”模式。三是“粪便垫料回用”模式。规模奶牛场粪污进行固液分离，固体粪便经过高温快速发酵和杀菌处理后作为牛床垫料。四是“污水肥料化利用”模式。对于有配套农田的规模养殖场，养殖污水通过氧化塘贮存或厌氧发酵进行无害化处理，在作物收获后或播种前作为底肥施用。

6. 西南地区

此地区包括广西壮族自治区，重庆、四川、贵州、云南和西藏自治区 6 省（市、自治区）。除西藏自治区外，该区域 5 省（区、市）均属于我国生猪主产区，但畜禽养殖规模水平较低，以农户和小规模饲养为主，重点推广的技术模式如下。一是“异位发酵床”模式。二是“污水肥料化利用”模式。对于有配套农田的规模养殖场，养殖污水通过三级沉淀池或沼气工程进行无害化处理，配套建设肥水贮存、输送和配比设施，在农田施肥和灌溉期间，实行肥水一体化施用。

7. 西北地区

此地区包括陕西、甘肃、青海、宁夏回族自治区和新疆维吾尔自治区 5 省（区）。该区域水资源短缺，主要是草原畜牧业，农田面积较大，重点推广的技术模式如下。一是“粪便垫料回用”模式。规模奶牛场粪污进行固液分离，固体粪便经过高温快速发酵和杀菌处理后作为牛床垫料。二是“污水肥料化利用”模式。对于有配套农田的规模养殖场，养殖污水通过氧化塘贮存或沼气工程进行无害化处理，在作物收获后或播种前作为底肥施用。三是“粪污专业化能源利用”模式。

参考文献

[1] 孟祥海，况辉，孟桃，等．规模化畜禽养殖场污染防治意愿影响因素分析 [J]. 湖北农业科学，2015, 54(6): 1502-1507.

[2] 仇焕广，井月，廖绍攀，等．我国畜禽污染现状与治理政策的有效性分析 [J]. 中国环境科学，2013, 33(12): 2268-2273.

[3] 孟祥海，张俊飚，李鹏，等．畜牧业环境污染形势与环境治理政策综述 [J]. 生态与农村环境学报，2014, 30(1): 1-8.

[4] 孔源，韩鲁佳．我国畜牧业粪便废弃物的污染及其治理对策的探讨 [J]. 中国农业大学学报，2002，7(6): 92-96.

[5] 薛智勇，汤江武．畜禽废弃物的无害化处理与资源化利用技术进展（上）[J]. 浙江农业科学，2002(1): 47-49.

[6] 薛智勇，汤江武．畜禽废弃物的无害化处理与资源化利用技术进展（下）[J]. 浙江农业科学，2002(2): 51-52.

[7] 王凯军．畜禽养殖污染防治技术与政策 [M]. 北京：化学工业出版社，2004.

[8] 朱建国，陈维春，王亚静．农业废弃物资源化综合利用管理 [M]. 北京：化学工业出版社，2015.

[9] 邓良伟．规模化畜禽养殖废水处理技术现状探析 [J]. 中国生态农业学报，2006(02): 23-26.

[10] 潘琼．畜禽养殖废弃物的综合利用技术 [J]. 畜牧兽医杂志，2007(02): 49-51.

[11] 王顺清．畜禽粪污生物发酵处理工艺和塔式发酵设备 [J]. 当代畜牧，2000(06): 43-44.

[12] 王新兰，刘文革，李精超．畜禽业实现清洁生产的途径 [J]. 辽宁城乡环境科技，2002(01): 47-49，51.

[13] 黄炎坤．应用酶制剂减轻畜禽粪便对环境的污染 [J]. 农业环境与发展，2000(02): 39-41.

[14] 王岩．养殖业固体废弃物快速堆肥化处理 [M]. 北京：化学工业出版社，2005.

[15] 国务院办公厅．国务院办公厅关于加快推进畜禽养殖废弃物资源化利用的意见 [Z]. 2017-06-12.

[16] 农业部．畜禽粪污资源化利用行动方案（2017—2020 年）[Z]. 2017-07-07.